礦物與岩石完全圖鑑

陳長偉 著者
含章新實用編輯部 編著

國家圖書館出版品預行編目（CIP）資料

礦物與岩石完全圖鑑／陳長偉著；含章新實用編輯部編著. -- 初版. -- 臺北市：台灣東販股份有限公司, 2024.06
240 面；17×24 公分
ISBN 978-626-379-372-9（平裝）

1.CST：礦物學 2.CST：岩石學

357　　113005170

本書透過四川文智立心傳媒有限公司代理，經鳳凰含章文化傳媒（天津）有限公司授權，同意由台灣東販股份有限公司在台灣、澳門、新加坡、馬來西亞地區發行中文繁體字版本。非經書面同意，不得以任何形式任意重製、轉載。

礦物與岩石完全圖鑑

2024 年 6 月 1 日初版第一刷發行

著　　者　陳長偉
編　　著　含章新實用編輯部
主　　編　陳其衍
美術編輯　林泠
發 行 人　若森稔雄
發 行 所　台灣東販股份有限公司
　　　　　＜地址＞台北市南京東路 4 段 130 號 2F-1
　　　　　＜電話＞(02)2577-8878
　　　　　＜傳真＞(02)2577-8896
　　　　　＜網址＞http://www.tohan.com.tw
郵撥帳號　1405049-4
法律顧問　蕭雄淋律師
總 經 銷　聯合發行股份有限公司
　　　　　＜電話＞(02)2917-8022

前言 PREFACE

礦物與岩石是地殼的基本組成部分。在我們的生活中，它們隨處可見，形態多種多樣，包括光滑的鵝卵石、靚麗的翡翠、粗糙的石塊、絢麗的大理石等，早已融入我們生活的各個方面，成為人類社會不可或缺的一部分。

礦物是由一定的化學物質組成的天然化合物或混合物，是在地質作用下自然形成的固態無機物，具有固定的化學成分和穩定的化學性質。礦物一共約有 7000 種，其中絕大多數為晶質礦物，只有少數屬於非晶質礦物。礦物是極為重要的自然資源，廣泛應用於工農業等各個領域。就單體而言，它們大小懸殊，有的肉眼可見，有的需用放大鏡才能觀察到，有的則需借助顯微鏡才能分辨；形態也不相同，有的呈規則的幾何多面體形態，有的則呈不規則的顆粒狀。

岩石由一種或多種礦物混合而成，是具有一定結構的集合體。按照成因可分為岩漿岩、沉積岩、變質岩，其中大理石、花崗岩等可作建材，鑽石、水晶等可作首飾等裝飾品，金礦、黃銅礦等可提煉金屬，還有一些如藍銅礦等可作顏料……用途極廣。

近些年來，收藏品市場異常火爆，除了字畫等傳統收藏項目，礦物與岩石作為冷門的收藏品之一也逐漸走入人們的視野。採集礦物與岩石的過程會把你帶到另一個世界，可能是海邊、河邊的峭壁，也可能是採石場、道路或鐵路路塹等人工開採場所，還有可能是幾百萬年前的火山活動地。在這個過程中，你不僅能夠體會到採集的樂趣，還可以領略到不一樣的風景。

本書選取了具有代表性的礦物與岩石，對其進行了詳細介紹，包括類別、成分、硬度、特徵、成因、鑑定、比重、解理、斷口、晶系等，並且還為每種礦物與岩石配了多角度的高解析度彩色圖片，展示礦物與岩石的各部位特徵，以方便讀者辨認。

在本書的編寫過程中，我們得到了多位專家的鼎力支持，也有一些礦物與岩石愛好者對本書的編寫提出了寶貴意見，在此一併表示感謝！由於編者能力有限，書中難免存在不足之處，歡迎廣大讀者批評指正。

目錄 CONTENTS

第一部分：礦物

礦物的形成 … 2
礦物的成分 … 2
礦物的性質 … 4
自然金 … 6
自然銀 … 7
自然鉑 … 8
自然銅 … 9
自然砷 … 10
自然銻 … 11
自然硫 … 12
自然汞 … 13
鉍 華 … 14
鎳鐵礦 … 14
石 墨 … 15
金剛石 … 16
水羥砷鋅石 … 17

▲紫水晶

◀玉髓

方鈷礦 … 17
砷鎳礦 … 18
輝鉍礦 … 18
方鉛礦 … 19
辰 砂 … 20
閃鋅礦 … 21
輝銻礦 … 22
斑銅礦 … 23
黃銅礦 … 24
輝銅礦 … 25
銅 藍 … 26
雌 黃 … 27
雄 黃 … 28
黃鐵礦 … 29
磁黃鐵礦 … 30
白鐵礦 … 31
鎳黃鐵礦 … 32
輝鉬礦 … 33
毒 砂 … 34
輝砷鈷礦 … 34
黝銅礦 … 35
車輪礦 … 36
硫銻鉛礦 … 37
深紅銀礦 … 38
淡紅銀礦 … 39
軟錳礦 … 40
尖晶石 … 41
鋅鐵尖晶石 … 41
赤銅礦 … 42
鉻鐵礦 … 43
磁鐵礦 … 44
鈦鐵礦 … 45
赤鐵礦 … 46
剛 玉 … 46
錫 石 … 47
藍寶石 … 48
紅寶石 … 49
鈣鈦礦 … 49
金紅石 … 50
晶質鈾礦 … 51

瀝青鈾礦 … 52
玉 髓 … 53
蛋白石 … 54
紫水晶 … 55
煙水晶 … 55
水 晶 … 56
髮 晶 … 57
水晶晶簇 … 57
紅鋅礦 … 58
鏡鐵礦 … 59
鈮鉭鐵礦 … 59
貴蛋白石 … 60
火蛋白石 … 60
石 英 … 61
脈石英 … 62
乳石英 … 62
虎眼石 … 63
瑪 瑙 … 64
水膽水晶 … 65
銻 華 … 65
壓電石英 … 66
薔薇石英 … 67
假藍寶石 … 68
青田石 … 69
蘇紀石 … 69
硬錳礦 … 70
藍剛玉 … 70
易解石 … 71
金綠寶石 … 71
板鈦礦 … 72
銳鈦礦 … 73
針鐵礦 … 74
褐鐵礦 … 75
鋁土礦 … 76
鋯 石 … 77
氫氧鎂石 … 78
硬水鋁石 … 79
文 石 … 80
方解石 … 81
白雲石 … 82
鐵白雲石 … 82
菱鐵礦 … 83
菱鎂礦 … 84
毒重石 … 85
碳酸鍶礦 … 86
白鉛礦 … 87
孔雀石 … 88
藍銅礦 … 89
綠銅鋅礦 … 90
天然鹼 … 91
水鋅礦 … 91
菱錳礦 … 92
菱鋅礦 … 93
石 膏 … 94
硬石膏 … 95
透石膏 … 95
天青石 … 96
重晶石 … 97
硫酸鉛礦 … 98
膽 礬 … 99
水膽礬 … 100
明礬石 … 100
重晶石晶簇 … 101
重晶石玫瑰花 … 101
天青石晶洞 … 102
瀉利鹽 … 102
鈣芒硝 … 103
青鉛礦 … 103
鉻鉛礦 … 104
黑鎢礦 … 105
白鎢礦 … 106
天藍石 … 107
藍鐵礦 … 108
綠松石 … 109
磷氯鉛礦 … 110
鈣鈾雲母 … 111
銀星石 … 112
磷灰石 … 113
磷鋁石 … 114
鉬鉛礦 … 115
水砷鋅礦 … 116
鈷 華 … 117
橄欖銅礦 … 117
砷鉛礦 … 118
鎳 華 … 119
鉀石鹽 … 120
石 鹽 … 121

◀ 瑪瑙

▲黃玉

螢 石 … 122
光鹵石 … 123
氯銅礦 … 124
釩銅礦 … 125
釩鉛礦 … 125
四水硼砂 … 126
斜鋇鈣石 … 126
硬硼酸鈣石 … 127
橄欖石 … 128
黃 玉 … 129
藍晶石 … 130
矽硼鈣石 … 131
綠簾石 … 132
異極礦 … 133
綠柱石 … 134
電氣石 … 135
堇青石 … 136
斧 石 … 137
透輝石 … 138
硬 玉 … 138
鐵閃石 … 139
透閃石 … 139
針鈉鈣石 … 140
滑 石 … 140
矽灰石 … 141
柱星葉石 … 142
纖蛇紋石 … 142
矽孔雀石 … 143
矽鈹石 … 143
葉蠟石 … 144
白雲母 … 145
鋰雲母 … 146
蛭 石 … 147
黑雲母 … 148
葡萄石 … 149
魚眼石 … 150
微斜長石 … 151
培斜長石 … 152
綠泥石 … 152
透長石 … 153
正長石 … 154
青龠石 … 155
方鈉石 … 156
霞 石 … 157
鈉沸石 … 157
輝沸石 … 158
鈉長石 … 159
海泡石 … 159
高嶺石 … 160
鋰輝石 … 161
藍錐礦 … 162
符山石 … 162
黝簾石 … 163
中沸石 … 163
方沸石 … 164
藍線石 … 164
紅柱石 … 165
鐵鋁榴石 … 166
鈣鋁榴石 … 167
鈉閃石 … 168
石榴子石 … 168
鐵電氣石 … 169
黑電氣石 … 169
鋰電氣石 … 170
鎂電氣石 … 171
透視石 … 172
鐵斧石 … 173
賽黃晶 … 173
陽起石 … 174
方柱石 … 175
海藍寶石 … 176
天河石 … 176
綠鋰輝石 … 177

▲藍晶石

鐵鋰雲母 … 177
冰長石 … 178
錳鋁榴石 … 178
黃榴石 … 179
丁香紫玉 … 179
拉長石 … 180
水矽銅鈣石 … 181
鎂鋁榴石 … 181
十字石 … 182
金雲母 … 182
榍 石 … 183
頑火輝石 … 183
普通輝石 … 184
薔薇輝石 … 184
矽鎂鎳礦 … 185
星葉石 … 185
中長石 … 186
透鋰長石 … 186

第二部分：岩石

岩石的形成 … 188
岩漿岩的性質 … 188
沉積岩的性質 … 189
變質作用的類型 … 189
變質岩的性質 … 190
花崗岩 … 192
輝長岩 … 194
鈣長岩 … 195
蘇長岩 … 195
閃長岩 … 196
流紋岩 … 198
浮 石 … 199
黑曜岩 … 200
玄武岩 … 201
雲母偉晶岩 … 202
松脂岩 … 202
金伯利岩 … 203
安山岩 … 204
輝綠岩 … 205
石英斑岩 … 206
石英二長岩 … 206
正長岩 … 207
文象偉晶岩 … 208
純橄欖岩 … 208
蛇紋岩 … 209
粗面岩 … 209
雲母片岩 … 210
片麻岩 … 211
角閃岩 … 211
大理岩 … 212
黑板岩 … 213
千枚岩 … 213

▲ 片麻岩

黑色頁岩 … 214
化石頁岩 … 214
白 堊 … 215
鐘乳石 … 216
貝殼石灰岩 … 216
無煙煤 … 217
白雲岩 … 218
煙 煤 … 219
褐 煤 … 220
泥 炭 … 221
燧 石 … 222
鐵隕石 … 223
角礫岩 … 224
鉀 鹽 … 224
黃 土 … 225
砂 岩 … 226
泥 岩 … 227
竹葉狀石灰岩 … 228
礫 岩 … 228
玻璃石英砂岩 … 229
泉 華 … 230
石灰華 … 230
採集礦物與岩石 … 231

PART I

第一部分：

礦物是組成岩石的基本單元，根據其主要化學成分的不同，可分為自然元素、硫化物及其類似化合物、鹵化物、氧化物及氫氧化物類、含氧鹽礦物類（如矽酸鹽、碳酸鹽、硫酸鹽等）五大類。

礦物，或是游離而未化合的自然元素，如金、銀、銅等；或是元素的化合物，如長石、輝石、閃石和雲母等。除少數如水銀、蛋白石等礦物外，自然界中的大多數礦物為固體。

礦物的形成

礦物一般形成於地殼裂隙循環流動的熱液當中。

● 礦脈

礦脈即岩層發生錯動和位移的斷層帶，或岩層未發生錯動和位移的破裂帶，並且礦脈中礦物資源豐富。

▲剛玉

● 岩漿岩

形成於岩漿岩的礦物，由岩漿（地下熔化的岩石）或熔岩（噴出地表熔化的岩石）冷卻而形成。

● 變質岩

形成於變質岩的礦物，或是由溫度和壓力的作用重組了原岩中的化學成分，或是由具有化學活性的流體在循環流動中為礦物增添了新成分冷卻結晶而成，如石榴子石、雲母和藍晶石等。岩漿溫度較高時，形成的礦物密度較大，如橄欖石、輝石等；岩漿溫度較低時，形成的礦物密度較小，如長石、石英等。

▲金紅石

● 沉積岩

形成於沉積岩的礦物，如赤鐵礦、鋁土等，由接近地表的低溫熱液而形成。

▲白雲石

礦物的成分

礦物的成分可用化學式表示，如螢石的化學式為CaF_2，表示鈣原子（Ca）與氟原子（F）化合在一起，而下方的數字2則表示氟原子是鈣原子的兩倍。可根據礦物的化學成分和晶體結構將其分為自然元素、鹵化物、氧化物和氫氧化物、硫化物、碳酸鹽、硫酸鹽、磷酸鹽、矽酸鹽等。

● 自然元素

自然元素是游離的、未化合的元素。這類礦物較少，約有50種，其中一些具有商業價值，如金、銀等。

▲自然銅

● 鹵化物

鹵化物是含有鹵族元素氟、氯、溴、碘的礦物。它們一般與金屬原子化合成礦物，如石鹽由鈉和氯組成，螢石由鈣和氟組成。鹵化物的數量比較少，約有100種。

▲石鹽

氧化物和氫氧化物

氧化物是由一種或兩種金屬元素氧化而成的化合物；氫氧化物則是由一種金屬元素與水和羥基化合而成的礦物。這類礦物約有250種。

▲赤鐵礦

硫酸鹽

硫酸鹽由一種或多種金屬元素與硫酸根SO_4^{2-}化合而成。

▲天青石

硫化物

硫化物是由硫與金屬、半金屬元素化合而成的礦物。它最為常見，如黃鐵礦和雄黃等，大約有300種。

▲黃鐵礦

磷酸鹽

磷酸鹽由一種或多種金屬元素與磷酸根PO_4^{3-}化合而成。這類礦物一般色彩鮮豔，且多與砷酸鹽和釩酸鹽伴生。

▲磷灰石

碳酸鹽

碳酸鹽由一種或多種金屬元素與碳酸根CO_3^{2-}化合而成，約有200種。方解石是最常見的碳酸鹽，由鈣與碳酸根化合而成。

▲方解石

矽酸鹽

矽酸鹽由金屬元素與單個或連結的Si-O（矽-氧）四面體SiO_4^{4-}化合而成。這是一類重要而常見的礦物，約有500種。

▲藍晶石

礦物的性質

測試礦物的性質，必須測礦物的顏色、光澤、集合體形態以及解理、斷口、硬度、比重和條痕等。

● 晶系

根據晶體的對稱性和幾何形狀，礦物晶體可分為六大晶系，包括單斜晶系、等軸晶系、三斜晶系、斜方晶系、正方晶系、六方晶系或三方晶系。每個晶系都有多種不同的形態，同一個晶系內的所有形態都應該與該晶系的對稱性有關。

▲ 光鹵石

● 解理

解理是指沿礦物薄弱面的裂開方式，這些面一般處於原子層間或原子化學鍵力最弱的方向。儘管礦物的解理面不如晶面那樣光滑，但仍然能均勻地反射光線。可將解理描述為完全、清楚、不清楚和無解理。

▲ 鎳鐵礦

● 集合體

集合體是晶體的外部特徵，決定礦物的主要形態，包括樹枝狀、片狀、柱狀、針狀、塊狀、腎狀等。

▲ 雌黃

● 雙晶

雙晶是指同一種礦物的兩個或多個晶體彼此有規律地連在一起，可分為接觸雙晶、穿插雙晶、聚片雙晶。接觸雙晶，從外觀上看，呈放射狀塊體；穿插雙晶，為兩個晶體連生在一起；聚片雙晶是兩個以上的晶體彼此平行重複地連在一起。

● 斷口

用地質錘敲打礦物，它就會裂開，然後露出粗糙的表面，這就是斷面。可用參差狀、貝殼狀、鋸齒狀和裂片狀描述。

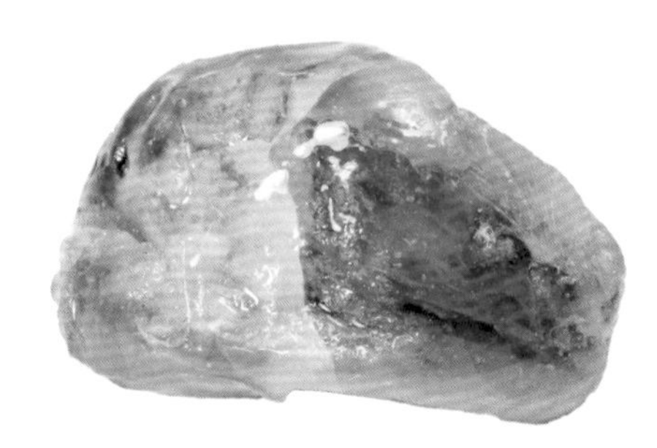

▲ 藍寶石

● 硬度

硬度是指礦物抵抗刻劃的能力。我們一般使用莫斯發明的硬度標準去判斷礦物的硬度，即莫氏硬度。它分為10級：滑石（1級）、石膏（2級）、方解石（3級）、螢石（4級）、磷灰石（5級）、正長石（6級）、石英（7級）、黃玉（8級）、剛玉（9級）、金剛石（10級）。其中滑石（1級）硬度最小，金剛石（10級）硬度最大。在莫氏硬度中，等級高的礦物可以刻劃等級低的礦物，如方解石能刻劃石膏，但不能刻劃螢石。

除了莫氏硬度，也可用日常用品來測定礦物硬度，如先用硬幣，再用小刀、玻璃或石英。

現在已有專門測試礦物硬度的測試器，即硬度測試器，測定範圍從3～10，可以很方便地測出礦物硬度。

▲剛玉

● 比重

礦物的比重是指礦物的重量與同體積水的重量之比。可用數字表示，如比重2.5表示該礦物重量是同體積水重量的2.5倍。

▲赤鐵礦

● 顏色

礦物的顏色是指礦物在自然光狀態下呈現出來的顏色。它能夠幫助我們鑑定色彩鮮明的礦物。但是鑑定時不能完全依靠這項特徵，因為有些礦物有多種顏色，還有些礦物為白色或無色，所以，鑑定礦物需綜合各種不同的因素，才能夠得出準確的鑑定結論。

● 條痕

條痕是指礦物粉末的顏色。一般可在白色無釉瓷板上刻劃得到礦物粉末，如果礦物較堅硬，則可用地質錘敲碎一部分或用堅硬的表面與它摩擦，進而得到礦物粉末。由於礦物的條痕色比礦物的顏色穩定，所以它是礦物鑑定的重要特徵。

▲蛋白石

● 透明度

礦物的透明度是指礦物能夠透過可見光的程度。這與礦物晶體結構的原子連接方式有關。當礦物被切成0.03公釐的薄片時，如果能清晰地透視其他物體為透明；如果能通過光線，但不能清晰透視其他物體為半透明；而光線完全不能通過的為不透明。

● 光澤

光澤是礦物表面對於光的反射能力。它主要由礦物的表面性質和反射率大小決定，常用暗淡、金屬、珍珠、玻璃、油脂和絲絹等術語描述。

▲辰砂

自然金

自然金是一種產自礦床或砂礦的金元素礦物，因為它的形狀像狗的頭，故又稱「狗頭金」。其顏色為金黃色，具有金屬光澤，硬度低，延展性強。自然金形成的條件和因素有很多，主要與產地的地質環境、載金礦物的成分和數量有關。

顏色為金黃色至淺黃色的是含雜質較少的，若含銀量增加，顏色會逐漸變淺至乳白色

主要用途

自然金是一種貴金屬，它可以用來提取黃金，還可以用來製作飾品、貨幣及一些工業零件，同時也是唯一一種在國際上流通的金屬。

自然成因

自然金主要在高、中溫熱液成因的含金石脈，或火山熱液與火山岩系的中、低溫熱液礦床中產生，並時常伴有自然銀、黃銅礦、黃鐵礦等其他礦物。多見於一些砂積礦床、砂岩和礫岩中，也可以在一些河床中找到顆粒狀或塊狀的砂金，海水中也存在。

等軸晶系

產地區域

● 世界主要的產地有南非、美國、澳洲、加拿大及俄羅斯西伯利亞等。

● 中國主要產地有山東、黑龍江、河南、湖南及青海可可西里等。

特徵鑑別

自然金的顏色和條痕都是金黃色的，在空氣之中不容易被氧化，錘擊不易碎，更不怕火煉，並且不能被除王水外的其他任何一種單獨酸性溶液溶解。

自然金有三種基本形狀：粒狀、鱗片狀和樹枝狀。也有少數其他不規則的塊狀

溶解度

自然金不溶於酸，溶於王水及氰化鉀、氰化鈉溶液。

具有金屬光澤，不透明

成分：Au	硬度：2.5~3.0	比重：15.6~19.3	解理：無	斷口：鋸齒狀

自然銀

自然銀是一種自然產生的銀元素礦物，常有金、汞等雜質伴生。其顏色與條痕均為銀白色，具有金屬光澤，硬度低，延展性強。它的性質較為穩定，但接觸到空氣中的硫，發生化學反應失去光澤，變成灰色或黑色的硫化銀。

等軸晶系

新斷口通常為銀白色，接觸空氣中的硫會氧化為灰黑的鏽色

自然成因

自然銀主要形成於一些中、低溫熱液礦床和含鉛鋅的硫化物礦床中，也見於變質礦床、火山沉積中，常與鈷鎳砷化物、含銀硫鹽礦物、自然鉍以及瀝青鈾礦等共生。此外，自然銀也出現在含有機質的方解石脈內，但其中往往含有汞。

主要用途

自然銀可從常見銀礦中提取，但它的主要提煉來源，還是在輝銀礦等含銀礦物。可用來提取白銀。

產地區域

● 主要的產地有挪威、德國、加拿大、捷克、墨西哥、法國、美國、義大利、俄羅斯、哈薩克、印尼、澳洲、秘魯、玻利維亞、智利、南非等。

特徵鑑別

自然銀表面呈銀白色，有條紋，具有金屬光澤，延展性強。因其比重大，能夠溶於硝酸；熔點低，易熔；是熱和電的良導體。如果自然銀暴露於硫化氫中，會失去光澤。

集合體通常呈不規則的薄片狀、塊狀、粒狀或樹枝狀，極少呈立體或八面體狀

當自然銀含金、汞等其他雜質較多時，便會呈現黃色等其他顏色，但不透明

溶解度

自然銀溶於硝酸。

成分：Ag	硬度：2.5~3.0	比重：10.1~11.1	解理：無	斷口：鋸齒狀

自然鉑

自然鉑，又稱「白金」，是一種自然產生的鉑元素礦物，常含有鐵、鈀、銥、銠等礦物元素。它具有金屬光澤，顏色多為銀白色至鋼灰色，呈粒狀或鱗片狀，晶體較為少見。高比重，硬度大，延展性強。但如果自然鉑中含有鐵，顏色則會偏黑，並微具磁性，同時還有良好的導電性，且化學性質穩定。

具金屬光澤，但不透明，無螢光

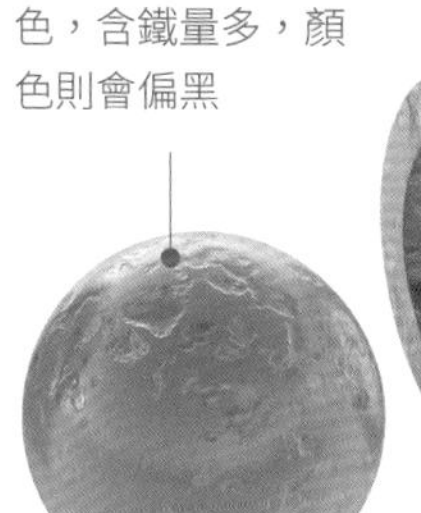

自然鉑的顏色一般呈銀白色至暗鋼灰色，含鐵量多，顏色則會偏黑

產地區域

● 主要產地有俄羅斯諾里爾斯克、加拿大安大略的薩德柏立和亞伯達、南非德蘭士瓦的蘭德地區、美國的蒙大拿州和奧勒岡州、澳洲西部的坎巴大、哥倫比亞考卡、巴西米納斯吉拉斯的塞蘇等。

主要用途

自然鉑也是一種貴金屬，多用於提煉金屬鉑。因其色澤美觀，延展性強，常用來製作首飾及工業材料等。

自然成因

自然鉑主要產於基性和超基性的火成岩中，在純橄欖岩中最為常見，多與橄欖石、鉻鐵礦、輝石和磁鐵礦等共生。

等軸晶系

微具磁性，有良好的導電性

呈不規則的粒狀或鱗片狀，也有少數為較大的塊狀

特徵鑑別

自然鉑具有良好的抗氧化性和催化性，耐酸能力強。

溶解度

能溶於熱王水，但不溶於硫酸、硝酸等強酸。

成分：Pt	硬度：4.0~4.5	比重：21.4	解理：無	斷口：鋸齒狀

自然銅

自然銅是一種自然產生的銅元素礦物，主要成分為銅單質，常含有金、銀、鐵等其他礦物元素。其顏色多為紅色，呈各種片狀、板狀及塊狀。它極容易被氧化，被氧化後通常會呈棕黑色或綠色，也可變為孔雀石、赤銅礦、藍銅礦等銅的氧化物和碳酸鹽。

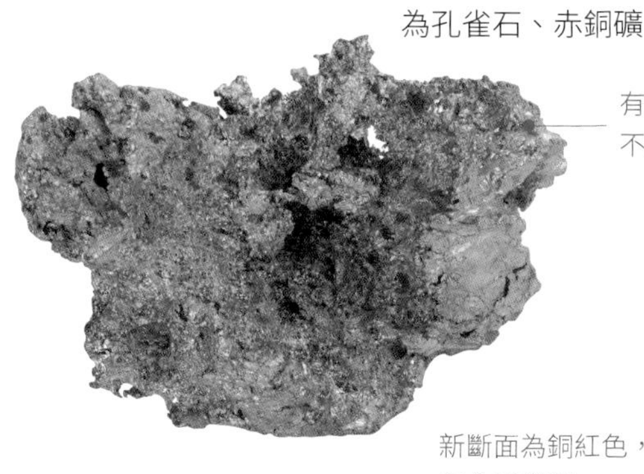

有金屬光澤，
不透明，密度大

極容易氧化，氧化後
則呈棕黑色或綠色

新斷面為銅紅色，
有金屬光澤

主要用途

自然銅也是一種重要的金屬，產量多時可作為銅礦石開採，因延展性、導熱性、導電性均良好，在車輛、電器、船舶工業和民用器具等都有廣泛的應用。

自然成因

自然銅主要產於熱液礦床中，也多見於含銅硫化物礦床的氧化帶下部以及砂岩銅礦床，由銅的硫化物還原而成，常與赤鐵礦、孔雀石、輝銅礦等伴生。

溶解度

自然銅溶於硝酸，溶於熱的濃硫酸。

特徵鑑別

自然銅呈銅紅色，表面常有棕黑色氧化膜，在吹管焰下易熔，燃燒時火焰呈綠色，也能溶於硝酸。

集合體通常呈不規則的片狀、板狀及塊狀等

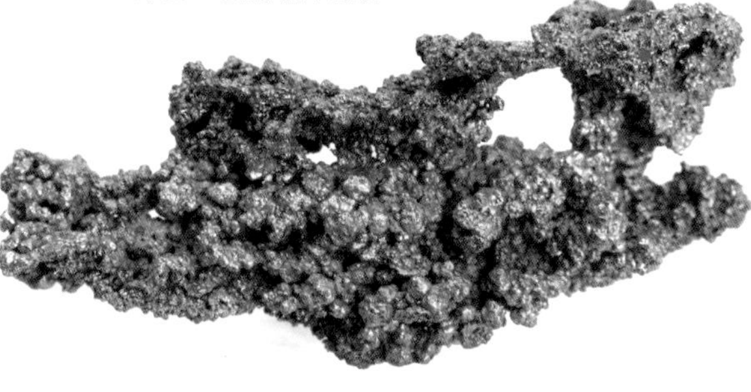

產地區域

- 世界著名產地有美國的蘇必略湖、義大利的蒙特卡蒂尼和俄羅斯的圖林斯克。
- 中國主要產地有湖北大冶、安徽銅陵、江西德興、雲南東川、四川會理及湖南麻陽的九曲灣銅礦床、長江中下游等地的銅礦床氧化帶。

成分：Cu	硬度：2.5~3.0	比重：8.9	解理：無	斷口：鋸齒狀

自然砷

自然砷是由化學元素砷所自然產生的一種礦物，主要成分為砷，也含有少量的銀、鐵、鎳、銻和硫黃。其晶體在自然界中並不多見，集合體多呈細粒狀、塊狀、腎狀及鐘乳狀，也常呈同心圓構造。

主要用途

天然形成的砷含有毒性，是一種劇毒物質。多用於提煉砷和製造三氧化二砷（砒霜）等砷化合物。也可用來製作玻璃、殺蟲劑、電腦晶片及繪圖和焰火中的顏料。

六方晶系，極為罕見

多呈細粒狀、塊狀、腎狀及鐘乳狀的集合體，是一種劇毒物質

新鮮斷面為錫白色，遇空氣氧化後易變為暗灰色或黑色

產地區域

● 主要的產地有美國、德國、加拿大、法國、日本、羅馬尼亞、澳洲、秘魯、捷克、智利及馬來西亞砂拉越等。

自然成因

自然砷主要產生於熱液礦脈中，常與輝銻礦、方鉛礦、雄黃、雌黃、辰砂、重晶石等伴生。

具有亞金屬光澤，但不透明

特徵鑑別

自然砷新鮮斷面及條痕均呈錫白色，有金屬光澤，加熱或敲打後會散發出一股大蒜的味道。

成分：As	硬度：3.0~4.0	比重：5.7	解理：完全	斷口：參差狀

自然銻

有金屬光澤，不透明

自然銻是自然產生的一種含銻元素的礦物，主要成分為銻，也常伴有少量的砷、銀、鐵以及硫黃等其他礦物元素。其顏色通常為錫白色至淺灰色，失去光澤後變為深灰色。中國的銻礦資源相當豐富，儲量、產量以及出口量等在全世界均名列前茅。

主要用途

自然銻主要用於提煉銻和製造銻白等銻化合物，也常用於製造合金及半導體。

自然成因

自然銻主要產生於熱液礦脈中，常有自然砷和銻硫化物相伴而生。

六方晶系

多呈粒狀、葡萄狀或鐘乳狀的集合體

條痕為灰色

特徵鑑別

自然銻具有脆性，遇冷會膨脹，受熱則會散發出大蒜的味道。

產地區域

- 世界著名產地有德國的黑森林和哈茲山及法國、澳洲、芬蘭、南非等。
- 中國有世界上儲量最大的銻礦——湖南錫礦山。

成分：Sb	硬度：3.0~3.5	比重：5.7	解理：完全	斷口：參差狀

自然硫

自然硫是一種由火山作用和沉積作用產生的含硫元素的礦物。火山作用形成的硫通常會含有少量硒、碲、砷、鈦等，沉積作用形成的硫常夾雜有機質、方解石、黏土、瀝青等泥沙。自然硫的晶體通常呈粒狀、條帶狀、密塊狀、球狀及鐘乳狀的集合體。

純淨的硫為黃色，若含不同的雜質則會呈現出不同色調的黃色

主要用途

自然硫主要用來製作硫黃和硫酸，也可用來製作化學品，如藥品、染料、紙張填料、顏料、合成洗滌劑、合成樹脂、合成橡膠、石油催化劑、炸藥等。在石油和鋼鐵工業中也有少量應用。

自然成因

自然硫主要形成於沉積岩、岩漿岩以及硫化礦床的風化帶中，常與白雲石、方解石、石英等共生，還可由活動或休眠火山噴出的氣體或經細菌硫化作用形成。

常呈厚板狀或雙錐狀

特徵鑑別

自然硫呈黃色，油脂光澤，易燃，燃燒的火焰呈藍紫色，並伴有刺鼻的硫黃味。摩擦會帶負電。

產地區域

- 世界主要產地有墨西哥、日本、阿根廷，智利的奧亞圭及美國的夏威夷、德克薩斯州、路易斯安那州等。
- 台灣北部的大屯火山區。

斜方晶系

晶面有金屬光澤，斷口有油脂光澤，半透明至透明

溶解度

自然硫不溶於水、硫酸和鹽酸，溶於二硫化碳、四氯化碳和苯等，在硝酸和王水中則會被氧化成硫酸。

成分：S	硬度：1.0~2.0	比重：2.05 ~2.08	解理：不完全	斷口：貝殼狀

自然汞

自然汞是自然產生的汞元素的集合體，主要成分為汞，也是俗稱的水銀。它內聚力強，在常溫下為液態，呈水滴狀或小球珠狀，顏色通常呈銀白色。在−38.87°C時可凝結成固態。

在−38.87°C以下，晶體會呈菱面體，也呈薄膜狀或細小粒狀

自然成因

自然汞常由汞礦床氧化帶的辰砂分解而成，也形成於低溫熱液礦脈，或重晶石脈、石英脈、碳酸鹽脈及白雲岩裂隙中，往往與黑辰砂、辰砂、輝銻礦、閃鋅礦、黃鐵礦、硫銅銻礦等伴生。

主要用途

自然汞是自然界中唯一的一種液體礦物，比重較大，多與其他藥物配製成各種加工品，以供藥用。

自然汞性辛、寒、有毒。有殺蟲、滅疥癬、驅梅毒之效。

主治惡瘡、疥癬、梅毒。汞的化合物能阻斷病原微生物酶系統的巰基，抑制其活力，以達到抑制與殺滅的作用。

有金屬光澤，不透明

產地區域

● 中國主要產地有青海同德及陝西、四川、西藏等。

特徵鑑別

自然汞在溫度高於360°C的時候會氣化，蒸氣有劇毒。破碎後會呈球珠狀，流過處不顯汙痕。

溶解度

自然汞在固態和液態水銀狀態下均溶於鹽酸或硝酸。

成分：Hg	硬度：液體	比重：14.26	解理：無	斷口：無

鉍華

鉍華是自然產生的一種次生礦物，主要是由輝鉍礦或含自然鉍礦物氧化形成。其顏色呈淺黃至黃色、黃綠至綠黃色或淺綠至橄欖綠，條痕同顏色。通常為塊狀、粉末狀、樹枝狀、網狀、土狀和被膜狀集合體，有時呈輝鉍礦的假象產出，產量較多時可作為鉍礦石來使用。

軟鉍華屬等軸晶系，為五角三四面體晶類，集合體呈細粒狀或土狀。

細薄碎片會透光，質地較軟

表面略帶微紅或暈彩，有金剛光澤或暗淡光澤

自然成因

鉍華一般形成於熱液礦脈和偉晶岩中，並與氯鉍礦、泡鉍礦、釩鉍礦等緊密共生。

主要用途

鉍華主要用於提煉鉍和製取氧化鉍、鹼式硝酸鉍、硝酸鉍等。

產地區域

● 世界主要產地有墨西哥杜蘭戈礦床氧化帶。

● 中國主要產地有雲南、贛南鎢鉍礦床氧化帶。

特徵鑑別

鉍華在低溫下易熔化；在吹管焰下也易熔化，被還原出金屬鉍。

溶解度

鉍華溶於硝酸，並且不會起泡。

成分：Bi	硬度：2.0~2.5	比重：9.7~9.8	解理：完全底面	斷口：參差狀

鎳鐵礦

等軸晶系

鎳鐵礦屬於紅土鎳礦的一種，在自然界中並不常見，主要的金屬礦物成分為鎳鐵礦和赤鐵礦。其顏色呈鐵灰色、深灰色或黑色，條痕為鐵灰色。常以塊狀和粒狀的集合體產出。

斷口呈參差狀

自然成因

鎳鐵礦多形成於蝕變後的玄武岩，或因蛇紋岩化作用發生蝕變後的超基性岩石中。

新鮮鎳鐵礦的斷面有金屬光澤

主要用途

鎳鐵礦可用來提煉鐵。

特徵鑑別

鎳鐵礦具有較強的磁性。

成分：Ni, Fe	硬度：4.0~5.0	比重：7.3~8.2	解理：立方狀	斷口：參差狀

石墨

石墨是碳元素的一種同素異形體，別名有石黑、石黛、畫眉石等，是自然界中最軟的一種礦物。通常呈鱗片狀、塊狀或土狀的集合體。它化學性質較為穩定，耐腐蝕性強，同酸、鹼等試劑不易發生反應，同時具有良好的導熱性。石墨無毒，但吸入其粉塵則會引起呼吸道疾病。

不透明，有半金屬光澤

六方晶系

石墨的質地較軟，觸摸有滑感，可汙染紙張

主要用途

石墨在日常生活中的應用極為廣泛，可用作潤滑劑、抗磨劑，高純度石墨可用作原子反應堆中的中子減速劑，還可以用於製造電極、乾電池、石墨纖維、冷卻器、換熱器、電弧爐、弧光燈、鉛筆的筆芯等。

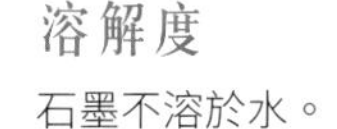

溶解度

石墨不溶於水。

石墨的顏色為黑灰色，條痕為黑色

自然成因

石墨一般是在高溫、高壓下形成的，並常見於大理岩、片麻岩或片岩等變質岩中。

但有些石墨是由含有機質或碳質的沉積岩經區域變質或煤層經熱變質作用形成，還有些則是岩漿岩的原生礦物。

產地區域

● 主要產地有中國、印度、巴西、墨西哥、加拿大、捷克等。

特徵鑑別

石墨摸起來有種滑膩感，在紙上摩擦時會留下痕跡。

成分：C	硬度：1.0~2.0	比重：2.1~2.3	解理：完全	斷口：參差狀

金剛石

金剛石，又稱「金剛鑽」，主要礦物成分為碳元素，是石墨的同素異形體，同時也是鑽石的原石，屬於自然界中存在的最堅硬的物質。其顏色會根據所含雜質的多少呈現出不同的色彩。不含雜質的呈透明狀，含雜質的則呈半透明或不透明。

特徵鑑別

金剛石耐酸、鹼，在高溫下不會與硝酸、濃氫氟酸、氯化氫產生作用。它的折射率高，在陰極射線、X射線和紫外線的照射下，會發出天藍色、綠色、紫色、黃綠色或其他螢光；在陽光下還會發出淡青藍色的磷光。

顏色為黃色、綠色、藍色、紫色、灰色、乳白色以及褐色等，以無色狀態為最佳

主要用途

金剛石是一種貴重寶石，應用廣泛，常用於製作飾品或工業中的切割工具。

自然成因

金剛石只產生於金伯利岩或少數鉀鎂煌斑岩中，有時也在河流、冰川等外力作用下出現在其他地方，常與石榴石和橄欖石兩種礦物伴生。

少數有金屬光澤或油脂光澤

正八面體晶體，通常呈粒狀

產地區域

● 金剛石在世界各地均有發現，俄羅斯、澳洲、波札那、剛果和南非是著名的五大產地。

成分：C	硬度：10.0	比重：3.52	解理：完全或不完全	斷口：貝殼狀或參差狀

水羥砷鋅石

水羥砷鋅石是一種由含水的砷酸鋅形成的礦物。其顏色通常為無色透明或鮮黃色。其性質也較脆，解理不發育。

主要用途

水羥砷鋅石應用不廣，主要用來磨製翻面寶石和收藏。

自然成因

水羥砷鋅石主要呈脈狀，產於石灰岩中。

產地區域

● 透明晶體主要來自墨西哥的凱利。

特徵鑑別

水羥砷鋅石性脆。

成分：$Zn_2(AsO_4)(OH)\cdot H_2O$	硬度：4.5~5.0	比重：5.7	解理：完全	斷口：參差狀

方鈷礦

方鈷礦是鈷和鎳的砷化物，含有少量的鐵和鎳。其晶體呈立方體、八面體，或者兩者兼具，呈緻密粒狀的集合體，但很少見。

等軸晶系

主要用途

方鈷礦是提煉鈷的重要礦物原料。

自然成因

方鈷礦一般形成於熱液礦脈中，同時與砷鎳礦、紅鎳礦、砷鈷礦等鈷鎳砷化物伴生。

不透明，
具金屬光澤

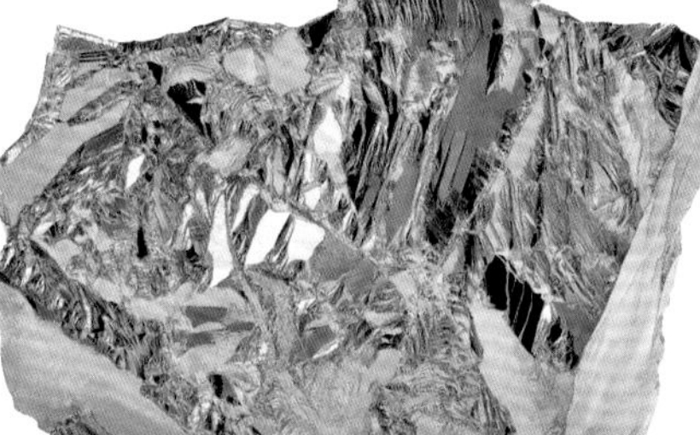

條痕為黑色

產地區域

● 世界著名產地有加拿大安大略省等。

顏色為錫白色至鋼灰色，
偶爾也帶淺灰色或虹彩鏽色

特徵鑑別

方鈷礦具有良好的導電性，加熱後會釋放出濃烈的大蒜味。

成分：$(Co, Ni)As_3$	硬度：5.5~6.0	比重：6.8	解理：不完全	斷口：參差狀

砷鎳礦

砷鎳礦是自然形成的一種含鎳的砷化物，又名鎳方鈷礦，常含少量的鈷和鐵。一般呈粒狀、塊狀和柱狀的集合體。其顏色為錫白色至鋼灰色，條痕為灰黑色。具有導電性。若接觸地表則易氧化，變成鎳華。

主要用途

砷鎳礦是提煉鎳的重要礦物原料。

產地區域

● 主要產地有德國圖林根州等。

自然成因

砷鎳礦主要形成於熱液礦脈之中，常與砷鈷礦、紅砷鎳礦、方鉑礦、輝砷鈷礦等礦物共生，也可與紅砷鎳礦相伴產於超基性岩中。

溶解度

砷鎳礦溶於硝酸後形成綠色溶液。

特徵鑑別

砷鎳礦易熔，加熱後會釋放出大蒜的味道。同時具有鎳的微化反應。

成分：$NiAs_3$	硬度：5.5~6.0	比重：7.7~7.8	解理：不完全	斷口：參差狀

輝鉍礦

具有金屬光澤，
易風化

呈放射柱狀或緻密
粒狀的集合體

輝鉍礦是一種自然產生的硫化物礦物，分布比較廣，因極少形成獨立的礦床，所以常產於其他的金屬礦床中。其晶體多呈針狀或長柱狀。其顏色一般為帶鉛灰色的錫白色。

主要用途

輝鉍礦是提煉鉍的礦物原料。

溶解度

輝鉍礦溶於硝酸，並會在表面留下片狀的硫顆粒。

產地區域

● 世界主要產地有俄羅斯、秘魯、玻利維亞。

● 中國主要產地為贛南的鎢錫礦床。

自然成因

輝鉍礦產於高溫熱液鎢錫礦床中，也常與輝鉬礦、黑鎢礦、毒砂和黃玉等共生，偶爾在中溫熱液礦床和接觸交代礦床中也會有產出。

特徵鑑別

輝鉍礦的光澤較強，比重也更大，解理面上沒有橫紋。

成分：Bi_2S_3	硬度：2.0~2.5	比重：6.8	解理：完全	斷口：參差狀

方鉛礦

方鉛礦屬於硫化鉛，是一種常見礦物，分布較為廣泛，在中國古代被稱為草節鉛。其晶體通常為粒狀或緻密塊狀的集合體。其顏色為鉛灰色，條痕為灰黑色。同時，鉛還是具有很強毒性的重金屬元素。

具有金屬光澤，不透明

主要用途

方鉛礦不僅是提煉鉛的重要礦物，它還含有銀，也可提煉出銀。同時在冶金工業、國防、科技、電子工業等也有廣泛應用。

自然成因

方鉛礦主要形成於中、低溫熱液礦床中，常與黃鐵礦、磁鐵礦、磁黃鐵礦、黃銅礦、閃鋅礦、石英、方解石、重晶石等共生。如果在氧化帶中形成，則易轉變為鉛礬、白鉛礦等。

等軸晶系，晶形呈立方體

具有弱導電性和良檢波性

產地區域

● 中國主要產地有雲南、廣東、青海，一些鉛鋅礦同時會有方鉛礦產出，一些煤礦中有時也會發現它們。

溶解度

方鉛礦溶於硫酸。

特徵鑑別

方鉛礦具有強金屬光澤，硬度小，密度大，溶於硫酸後會產生帶臭雞蛋味的硫化氫。總是與閃鋅礦共生，在地表易風化成鉛礬和白鉛礦。

成分：PbS	硬度：2.5	比重：7.58	解理：完全	斷口：亞貝殼狀

辰砂

辰砂是一種自然產生的硫化汞礦物，含汞量86.2%，也常含有黏土、地瀝青、氧化鐵等雜質，又被稱為鬼仙朱砂、丹砂、汞砂。其晶體常呈菱面體狀或板狀，穿插雙晶，集合體則呈粒狀、緻密塊狀或皮膜狀。在中國古代，它曾是煉丹的重要原料，同時也是一種中藥材，具有鎮靜、安神和殺菌等功效。

若不含雜質，則具有金剛光澤，呈朱紅色；含有雜質，則光澤暗淡，呈褐紅色

主要用途

辰砂是提煉汞的主要礦物原料，也是雷射技術的重要材料。因顏色經久不褪，也多作為顏料應用。

自然成因

辰砂主要形成於低溫熱液礦床中，與近代火山作用有關。常與雄黃、雌黃、石英、方解石、輝銻礦、黃鐵礦等共生。此外，它可由產於氧化帶下部的黑黝銅礦分解形成。

具有金剛光澤，半透明至不透明

產地區域

- 世界主要產地有美國加利福尼亞的太平洋沿岸山脈、義大利尤得里奧、西班牙阿爾馬登、墨西哥等。
- 中國主要產地有湖南新晃、貴州銅仁、雲南等地。

溶解度

辰砂溶於硫化鈉和王水，不溶於強酸。

特徵鑑別

辰砂在溶於硫化鈉和王水後，會產生有臭雞蛋味的硫化氫。

晶簇常呈菱形雙晶體、大顆粒單晶體，晶體表面具有紅色條痕，半透明

三方晶系或六方晶系

成分：HgS	硬度：2.0~2.5	比重：8.0~8.2	解理：完全	斷口：貝殼狀至參差狀

閃鋅礦

閃鋅礦是一種含鋅的硫化物，是提煉鋅的主要礦物原料，含鋅達67.1%。通常也含鐵，當含鐵量大於10%時則被稱為鐵閃鋅礦。此外它還時常含有錳、銦、鉈、鎵、鎘、鍺等稀有元素。當閃鋅礦不含雜質時，顏色近於無色，條痕的顏色會因含鐵量不同而由淺變深，從白色至褐色。部分閃鋅礦有摩擦發光性，不導電。

等軸晶系，
晶體呈四面體或菱形體，
集合體呈粒狀

主要用途

閃鋅礦是提煉鋅的主要礦物原料，成分之中含有的稀有元素也可以綜合利用。最大的用途是鍍鋅工業。此外，鋅和許多有色金屬能形成合金，可廣泛應用於機械製造、醫藥、橡膠、油漆等工業，還可製作顏料。

自然成因

閃鋅礦主要是形成於中、低溫熱液成因和接觸矽卡岩型礦床中，且分布較廣，常與方鉛礦共生。氧化後易成菱鋅礦。

因含鐵量的不同，顏色會呈淺黃色、黃褐色、棕色，甚至黑色

特徵鑑別

純閃鋅礦不易熔，但會隨含鐵量的增加，熔點慢慢降低。

產地區域

● 世界著名的產地有美國密西西比河谷、澳洲布羅肯希爾等。

● 中國主要的產地有青海錫鐵山、廣東韶關仁化縣凡口礦、雲南金頂等。

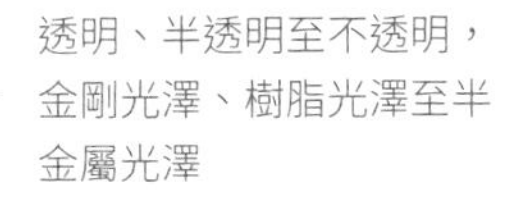

透明、半透明至不透明，金剛光澤、樹脂光澤至半金屬光澤

成分：ZnS	硬度：3.5~4.0	比重：3.9~4.1	解理：完全	斷口：貝殼狀

輝銻礦

斜方晶系，
顏色為鉛灰色，
條痕為黑灰色

輝銻礦是一種含銻的硫化物，是提煉銻的最重要的礦物原料，含銻量71.69%。其晶體較為常見，斷面具有縱紋，常呈塊狀、柱狀、針狀、粒狀或放射狀的集合體。鉛灰色，有金屬光澤，性較脆，易熔。

主要用途

輝銻礦是提煉銻的重要礦物原料之一，應用也較為廣泛，可用來製作安全火柴和膠皮，耐摩擦的合金、軸承，槍彈的材料，以及印刷機、抽水機、起重機等的零件，也可用於醫藥等。

晶體較為常見，
呈錐面的長柱狀或針狀

特徵鑑別

輝銻礦易熔，蠟燭加熱便可熔化，性脆，遇冷會膨脹。

自然成因

輝銻礦分布較廣，主要形成於中、低溫熱液礦床中，常集中分布在石英礦脈或碳酸鹽礦層中，同時常與雌黃、雄黃、黃鐵礦、辰砂、方解石、石英等共生。

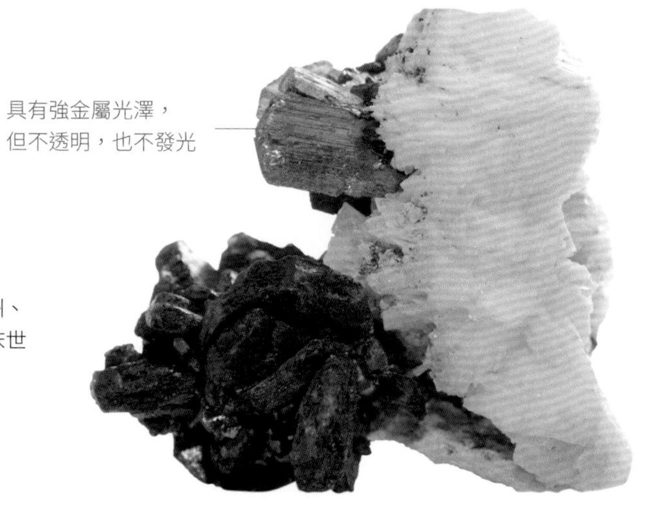

具有強金屬光澤，
但不透明，也不發光

產地區域

● 中國主要產地有湖南、廣東、廣西、貴州、雲南等，湖南冷水江錫礦山的大型輝銻礦床世界聞名。

溶解度

輝銻礦溶於鹽酸。

成分：Sb_2S_3	硬度：2.0~2.5	比重：4.52~4.62	解理：完全	斷口：參差狀至亞貝殼狀

斑銅礦

斑銅礦是一種銅鐵硫化物，含銅量63.3%。其新鮮斷面呈暗銅紅色，氧化後呈藍紫斑狀的銹色，條痕為灰黑色，常呈緻密塊狀或分散粒狀的集合體，並有黃銅礦伴生。

具有金屬光澤，不透明

主要用途

斑銅礦是提煉銅的主要礦物原料之一。

自然成因

斑銅礦主要形成於熱液成因的斑岩銅礦床當中，分布比較廣，常與黃銅礦、黃鐵礦、黝銅礦、方鉛礦、硫砷銅礦、輝銅礦等共生；也會在銅礦床的次生富集帶形成，但同時也被次生輝銅礦和銅藍替換。氧化後會形成孔雀石和藍銅礦。

產地區域

- 世界主要產地有美國蒙大拿州的比尤特、墨西哥卡納內阿和智利丘基卡馬塔等。
- 中國主要產地有雲南東川等。

性脆，有導電性

等軸晶系，晶體可見等軸狀的立方體、八面體和菱形十二面體等假象外形

溶解度

斑銅礦溶於硝酸。

特徵鑑別

斑銅礦易被氧化，被氧化後呈紫藍斑雜的銹色。

成分：Cu_5FeS_4	硬度：3.0	比重：4.9~5.3	解理：不完全	斷口：參差狀至貝殼狀

黃銅礦

黃銅礦是一種銅鐵硫化物，常含有微量的金、銀等礦物。因時常被誤認為是黃金，也被稱為「愚人金」。黃銅礦是一種較為常見的銅礦物，晶體呈四面體狀。顏色為銅黃色至黃褐色，條痕則為微帶綠的黑色。

多呈不規則的粒狀、緻密塊狀、腎狀及葡萄狀的集合體，表面常呈藍色、紫褐色的斑狀銹色

具有金屬光澤，不透明

主要用途

黃銅礦是提煉銅的主要礦物原料之一。

自然成因

黃銅礦主要在熱液作用和接觸交代作用下形成，分布較為廣泛。

特徵鑑別

黃銅礦易熔，燃燒時火焰呈綠色。

溶解度

黃銅礦溶於硝酸。

性脆，有導電性

產地區域

● 世界主要產地有美國亞利桑那州的克拉馬祖、猶他州的賓厄姆，蒙大拿州的比尤特，西班牙的里奧廷托，墨西哥的卡納內阿，智利的丘基卡馬塔等。

● 中國的主要產地集中在長江中下游地區、山西南部中條山地區、川滇地區、甘肅的河西走廊以及西藏等。以江西德興、西藏玉龍等銅礦最著名。

成分：$CuFeS_2$	硬度：3.0~4.0	比重：4.3~4.4	解理：不清楚	斷口：參差狀至貝殼狀

輝銅礦

輝銅礦是一種由原生硫化物經氧化分解，再經還原作用而形成的次生礦物。其晶體新鮮斷面呈暗鉛灰色。輝銅礦延展性較好，硬物劃過不成粉末，有光亮刻痕。此外，還具有良好的導電性。

斜方晶系，氧化後表面呈黑色或錆色，不發光

主要用途

輝銅礦因含銅量較高，是提煉銅的主要礦物原料，也是電的良導體。

自然成因

輝銅礦主要形成於熱液成因的銅礦床中，常與斑銅礦伴生，偶爾也會見於含銅硫化物礦床的氧化帶下部。

條痕為暗灰色

特徵鑑別

輝銅礦易汙手，並易熔，燃燒時火焰呈綠色，並釋放出二氧化硫氣體。
常與斑銅礦共生。
外生輝銅礦見於含銅硫化物礦床氧化帶下部。

產地區域

● 世界著名產地有美國、英國、義大利、西班牙和納米比亞等。
● 中國主要產地為雲南東川。

溶解度

輝銅礦溶於硝酸。

具有金屬光澤，不透明

成分：Cu_2S	硬度：2.5~3.0	比重：5.5~5.8	解理：不清楚	斷口：貝殼狀

銅藍

銅藍是一種主要成分為硫化銅的礦物，含銅量66%，因顏色呈靛藍色，具有金屬光澤，故得名。其晶體在自然界中比較少見，通常呈片狀或細薄六方板狀，或像一層膜覆蓋在其他礦物或岩石上，有時也像一團煙灰。

六方晶系，
顏色呈靛藍色

主要用途

銅藍是提煉銅的主要礦物原料，常與其他銅礦物一同應用。

特徵鑑別

銅藍易熔，燃燒後火焰呈藍色。

溶解度

銅藍難溶於水。

集合體多呈薄膜片狀、
被膜狀或煙灰狀

自然成因

銅藍主要產於含銅硫化物礦床或次生硫化物富集帶中，是一種較為常見的礦物，多與輝銅礦伴生，極少因熱液作用形成。也曾在火山熔岩中發現銅藍，在硫質噴氣作用下產生。

具有金屬光澤或
光澤暗淡，不透明

產地區域

- 主要產地有俄羅斯烏拉的布利亞溫、美國蒙大拿州的比尤特、塞爾維亞的博爾等。德國、英國等地也有產出。

成分：CuS	硬度：1.5~2.0	比重：5.5~5.8	解理：完全	斷口：參差狀

雌黃

雌黃的主要成分是三硫化二砷，砷含量61%，硫含量39%，有劇毒。其晶體多呈粒狀、鱗片狀、不規則塊狀的集合體。其顏色為檸檬黃色，條痕為鮮黃色。晶體微帶特異的臭氣，味道較淡。因質地較脆，用手捏即成橙黃色的粉狀，無光澤。

單斜晶系

主要用途

雌黃是一種中藥；在中國古代，也常用來修改錯字。

自然成因

雌黃主要形成於低溫熱液礦床和硫質火山噴氣孔內，常與雄黃共生，因此又被稱為「礦物鴛鴦」，偶爾也有一些雌黃形成於溫泉周圍沉積的皮殼內。

性脆，
晶體多呈短柱狀或板狀

有時會因含有雄黃而呈橙黃色，
表面也常覆有一層黃色粉末

產地區域

- 世界主要產地有羅馬尼亞、德國薩克森自由州等。
- 中國主要產地有湖南和雲南等。

具有金剛石光澤至
油脂光澤，半透明

特徵鑑別

雌黃易熔，燃燒後生成的液體呈紅黑色，同時產生黃白色煙，並散發出強烈的大蒜味道。

溶解度

雌黃不溶於水和鹽酸，但溶於硝酸和氫氧化鈉溶液。

成分：As_2S_3	硬度：1.5~2.0	比重：3.4~3.5	解理：完全	斷口：參差狀

雄黃

雄黃的主要成分是四硫化四砷，是砷的硫化物礦物之一，別名為黃金石、雞冠石、石黃。其晶體通常也呈緻密粒狀或土狀的集合體。其顏色通常呈橘紅色或橙黃色，具有金剛光澤，透明至半透明。

單斜晶系，晶體一般呈柱狀或針狀，較為少見

主要用途

雄黃加熱後會在空氣的氧化作用下產生劇毒，即砒霜，可藥用。

條痕為淺橘紅色，性脆

自然成因

雄黃主要產於低溫熱液礦床或溫泉沉積物和硫質火山噴氣孔內，常有雌黃、輝銻礦、辰砂等伴生。

新鮮斷面呈油脂光澤

藥用功效

▲ 抗腫瘤，對細胞有腐蝕作用，能抑制移植性小鼠肉瘤S-180的生長。

▲ 對神經有鎮痙、止痛作用。

▲ 有殺蟲作用。

▲ 水浸劑可抑制金黃色葡萄球菌、人體結核桿菌、變形桿菌、綠膿球菌及多種皮膚真菌。

▲ 被腸道吸收會引起嘔吐、腹瀉、眩暈、驚厥等症狀，慢性中毒會損害肝、腎的生理功能。

產地區域

● 主要產地有美國及中國湖南、雲南等。

溶解度

雄黃不溶於水，但溶於硝酸，形成黃色溶液。

特徵鑑別

雄黃易熔，燃燒後會產生白煙，並發出大蒜味。若放置在太陽光下曝曬，則會變成黃色的雌黃和砷華。

成分：As_4S_4	硬度：1.5~2.0	比重：3.56	解理：良好	斷口：貝殼狀

黃鐵礦

黃鐵礦主要是含鐵的二硫化物（FeS_2），同時常含微量的鈷、鎳、銅、金、硒等元素。其晶體完整，通常呈立方體、八面體、五角十二面體的集合體。其顏色呈淺黃銅色，具有明亮的金屬光澤，「黃鐵礦」和「黃銅礦」在野外都很容易被誤認為是黃金，因此都被稱為「愚人金」。黃鐵礦也是一種半導體礦物，具有檢波性。

主要用途

黃鐵礦可提取硫，製造硫酸、催化劑，可供藥用，也可製作飾品。

產地區域

● 世界著名產地有美國、西班牙、捷克、斯洛伐克等。

● 中國著名產地有廣東英德和雲浮，甘肅白銀，安徽馬鞍山等。

藥用功效

黃鐵礦別名為石髓鉛，砸碎或煅用有散瘀止痛、接骨療傷的功效，成藥製劑有「活血止痛散」、「軍中跌打散」等。

晶體多呈塊狀或粒狀，集合體則常呈緻密塊狀、粒狀或結核狀

自然成因

黃鐵礦主要產生於岩漿岩或熱液作用中，是分布較廣的硫化物，常與其他硫化物、氧化物、石英等共生。氧化後易分解形成氫氧化鐵，如針鐵礦等。

等軸晶系，
常呈黃褐色銹色，條痕為綠黑色或褐黑色

特徵鑑別

黃鐵礦易熔化。

成分：FeS_2	硬度：6.0~6.5	比重：5.0	解理：不清楚	斷口：貝殼狀至參差狀

磁黃鐵礦

磁黃鐵礦是一種含鐵的硫化礦物，含硫量40%，偶爾會含鎳，因此也會用作提煉鎳的原料。其單晶體較為少見，通常呈六方板狀、柱狀或桶狀。其顏色呈暗青銅黃色，微微帶紅。具有導電性和磁性。

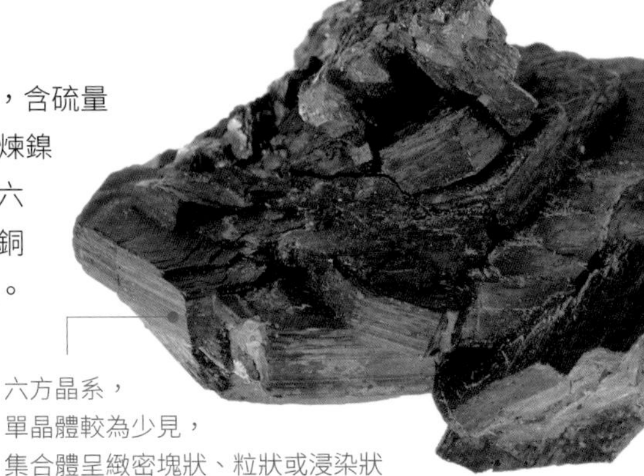

六方晶系，
單晶體較為少見，
集合體呈緻密塊狀、粒狀或浸染狀

條痕為灰黑色

主要用途

磁黃鐵礦主要用來提煉硫及製作硫酸，也可用於含重金屬廢水的淨化處理。

自然成因

磁黃鐵一般產於銅鎳硫化礦床和基性岩體內的銅鉬硫化物岩漿床中，常與鎳黃鐵礦、黃銅礦、黃鐵礦、磁鐵礦、毒砂等共生。易氧化，氧化後易分解為褐鐵礦。

具有金屬光澤，不透明

產地區域

- 主要產地有美國、加拿大、德國、墨西哥、巴西、瑞典、俄羅斯、芬蘭、挪威等。

特徵鑑別

磁黃鐵礦具有強磁性。
有時在礦床中可形成巨大的聚集。

成分：FeS	硬度：3.5~4.5	比重：4.6~4.7	解理：平行	斷口：不完全

白鐵礦

白鐵礦是一種含鐵的硫化物礦物，通常會含有金、銅、鋅、硒等礦物。其顏色為淺灰或淺綠色，條痕為灰綠色，新鮮斷面呈錫白色。其晶體通常呈平行板狀或雙錐狀，偶爾呈短柱狀。具有一定的導電性。

氧化後呈淺黃銅色，略帶淺灰色或淺綠色

主要用途

白鐵礦是提煉硫酸的主要礦物原料之一，也可用來提煉硫黃。焙燒後形成的鐵渣根據純度可作顏料或鐵礦石。

產地區域

● 主要產地有美國、德國、英國等。

自然成因

白鐵礦在自然界中分布較少，內生的白鐵礦形成於晶洞中，常與黃鐵礦、黃銅礦、方鉛礦、磁黃鐵礦、雄黃、雌黃等硫化物共生；外生的白鐵礦則以結核狀產於碳泥質岩的地層中。當溫度高於350°C時，變為黃鐵礦。

溶解度

白鐵礦溶於硝酸，表面變為灰色且會起泡，至完全溶解後會出現絮狀硫。

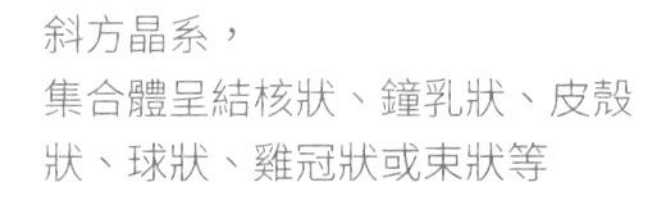

斜方晶系，
集合體呈結核狀、鐘乳狀、皮殼狀、球狀、雞冠狀或束狀等

有金屬光澤，不透明

特徵鑑別

白鐵礦暴露在空氣中易被分解。

成分：FeS_2	硬度：5.0~6.0	比重：4.6~4.9	解理：不完全	斷口：參差狀

鎳黃鐵礦

鎳黃鐵礦是自然產生的一種含有鎳和鐵的硫化物礦物，是提煉鎳的主要礦物原料，世界上90%的鎳都是從其中提取的。其顏色為古銅黃色，條痕為綠黑色，若在氧化帶中則易氧化成鮮綠色被膜狀鎳華或含水硫酸鎳。

具有金屬光澤

不透明

自然成因

鎳黃鐵礦主要在基性岩的銅鎳硫化物礦床中產生，常與磁黃鐵礦、黃銅礦共生，偶也見於超基性岩的鉻鐵礦中。

主要用途

鎳黃鐵礦主要用來提煉鎳，因常含有鈷，也可用來提煉鈷。

等軸晶系，通常呈細粒狀

產地區域

● 主要產地有中國、俄羅斯、加拿大、澳洲、南非、辛巴威和波札那等。

特徵鑑別

鎳黃鐵礦無磁性，熔點低，燃燒之後會產生淺灰色的小珠，與磁黃鐵礦極為相似，但磁黃鐵礦通常具有磁性。

顯微鏡下，鎳黃鐵礦比磁黃鐵礦顏色稍淡，可根據鎳黃鐵礦的色調、條痕、裂理與磁黃鐵礦相區分。

成分：（Fe, Ni）$_9$S$_8$	硬度：3.0	比重：4.5~5.0	解理：完全	斷口：貝殼狀

輝鉬礦

輝鉬礦的主要成分為二硫化鉬，是一種含有鉬的硫化物礦物，含鉬量59.94%，是自然界中含鉬最高的礦物，也常含有錸。它有兩種不同的類型：六方晶系和三方晶系。晶體通常呈片狀、鱗片狀或細小分散粒狀的集合體。硬度低，顏色及條痕較淡，鉛灰色，光澤較強，有金屬光澤。

有較強的金屬光澤，不透明，不發光

主要用途

輝鉬礦是提煉鉬和錸的主要礦物原料，常用來製造鉬鋼、鉬酸、鉬酸鹽和其他鉬的化合物。

三方晶系、六方晶系，晶體常呈六方板狀，顏色為鉛灰色，條痕為亮灰色

自然成因

輝鉬礦是分布較廣的一種礦物，主要在高、中溫熱液礦床以及矽卡岩礦床中產生；有時會與錫石、輝鉍礦、黑鎢礦、毒砂等共生；也會與綠簾石、透輝石、白鎢礦等共生。

薄片有撓性和油膩感

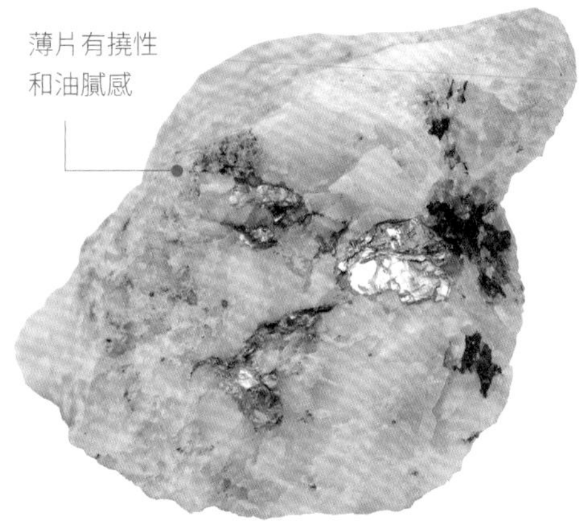

產地區域

- 世界著名產地有美國、澳洲新南威爾斯州、加拿大魁北克和安大略省、英國、瑞典、挪威、墨西哥等。
- 中國主要的產地有遼寧、河南、山西、陝西等。

特徵鑑別

當輝鉬礦燃燒或在硝酸中加熱時，可以得到三氧化鉬。

具有導電性，耐高溫，會隨著溫度的增高而增強導電性。

與石墨相似，但和石墨比起來較重，色澤偏藍。石墨呈黑色略帶棕色；輝鉬礦條痕呈綠色。

成分：MoS_2	硬度：1.0~1.5	比重：4.62~5.06	解理：完全	斷口：參差狀

毒砂

單斜晶系或三斜晶系，
顏色為錫白色，條痕為灰黑色

毒砂是一種自然產生的含有鐵砷元素的硫化物礦物，又稱為砷黃鐵礦，是金屬礦床中分布最廣的原生砷礦物，含砷量46.01%。其晶體呈現柱狀，晶面常帶有條紋，晶體結構為白鐵礦型的衍生結構，通常呈粒狀或緻密塊狀的集合體。毒砂在中國的舊稱為白砒石，可以從中提取砒霜。

主要用途

毒砂是提煉砷和製取砷化物的主要礦物原料。
還可以用來提取鈷。

集合體呈粒狀
或致密塊狀

自然成因

毒砂的分布較為廣泛，主要產於中、低溫熱液礦床之中，也可產於矽卡岩型和高溫熱液礦床中，常與自然金、黑鎢礦、黃鐵礦、錫石等共生。

產地區域

- 世界主要產地有英國的康瓦爾、德國的弗賴貝格、加拿大的科博爾等。
- 中國的主要產地有甘肅、山西、湖南、江西、雲南等。

特徵鑑別

毒砂加熱燃燒後會產生磁性，用力捶打會產生大蒜味，即砷的味道。
毒砂像錫一樣發亮。

成分：FeAsS	硬度：5.5~6.0	比重：5.9~6.3	解理：不完全	斷口：鋸齒狀

輝砷鈷礦

等軸晶系或斜方晶系，
顏色通常呈錫白色略帶玫瑰紅色，
條痕為灰黑色

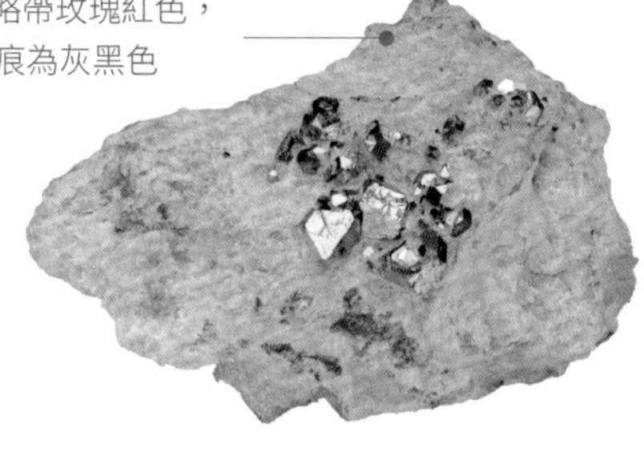

輝砷鈷礦又稱輝砷礦，是一種含鈷的硫砷化物，含鈷量35.5%，一般為25%～34%。

晶體呈立方體、八面體、五角十二面體或聚形，集合體呈粒狀或緻密塊狀。呈現略帶玫瑰紅的錫白色。條痕為灰黑色，具有金屬光澤，硬度為5～6，比重為6.0～6.5。

輝砷鈷礦可溶於硝酸

主要用途

是提煉鈷的主要礦物原料。

自然成因

輝砷鈷礦主要產生於熱液成因或接觸交代礦床和含鈷的熱液礦脈中，同時易氧化成玫瑰色的鈷華。

產地區域

- 著名產地有加拿大安大略的科博爾特、瑞典的圖納貝里、中亞高加索地區的達什克桑以及中國海南。

特徵鑑別

輝砷鈷礦易熔，燃燒後會形成略帶磁性的小珠粒。
等軸晶系或斜方晶系。

成分：CoAsS	硬度：5.0~6.0	比重：6.0~6.5	解理：完全	斷口：貝殼狀至參差狀

黝銅礦

黝銅礦是一種硫鹽礦物，含有銀、銅、鐵、鋅等常見礦物元素，是重要的銅礦石礦物，同時也是重要的銀礦石礦物。它的毒性很低。黝銅礦中的銅元素可被其他元素置換，且多到一定數量後，會變成另外一種礦物，如黑黝銅礦、銀黝銅礦、砷黝銅礦等。

等軸晶系，
顏色呈鋼灰色至黑色，
條痕為黑色或棕色至深紅色

主要用途

黝銅礦可以用來提煉銅和銀。

自然成因

黝銅礦主要產於中、低溫的熱液礦床和接觸變質礦床之中，常與黃銅礦、閃鋅礦、方鉛礦、毒砂等共生。被氧化後易分解為銅的次生礦物，如孔雀石、銅藍等。

晶體通常呈塊狀或粒狀

特徵鑑別

黝銅礦的斷口呈黝黑色，性質較脆。隨著砷含量的增加，它會向砷黝銅礦過渡。黝銅礦和砷黝銅礦的晶體外形及物理性質非常相似，必須用化學方法才能區別它們。

溶解度

黝銅礦溶於硝酸

產地區域

- 世界主要產地有美國、智利等。
- 中國的一些多金屬礦床也產黝銅礦。

具有金屬光澤，不透明

成分：$Cu_{12}Sb_4S_{13}$	硬度：3.0~4.0	比重：4.6~5.1	解理：無	斷口：參差狀至亞貝殼狀

車輪礦

車輪礦是一種硫鹽礦物，含鉛量42.5%，還常含有銅、銻、鐵、銀、鋅等其他微量礦物元素。其晶體顏色為鋼灰色至黑色，常帶煙褐銹色，條痕為暗灰色或黑色。

斜方晶系，
晶體常呈短柱狀和板狀，
又常呈雙晶狀，形狀如同車輪

主要用途

車輪礦可用來提煉鉛和銅。

自然成因

車輪礦的分布較廣，主要在中、低溫熱液礦床中產生，但數量並不大，也常與黃銅礦、黝銅礦、閃鋅礦、方鉛礦、菱鐵礦、石英和輝銻礦等共生。

集合體呈塊狀、粒狀和緻密塊狀

產地區域

- 世界著名產地有英國康瓦爾、德國薩克森州的哈茲山等。
- 中國的主要產地在湖南周邊及內蒙古一帶，以郴州瑤崗仙最為著名。

有金屬光澤，
不透明

溶解度

車輪礦溶於硫酸。

特徵鑑別

車輪礦熔點低，在木炭吹管焰下會熔成黑色小球。溶於硫酸後會生成淡藍色的溶液。

在顯微鏡下，車輪礦的反射色為白色，在油中則有淡淡的藍灰色調。其外形似黝銅礦，但比黝銅礦的光澤更強。

成分：$PbCuSbS_3$	硬度：2.5~3.0	比重：5.7~5.9	解理：不完全	斷口：半貝殼狀或參差狀

硫銻鉛礦

硫銻鉛礦屬於單斜晶系，晶體通常呈塊狀、纖維狀或羽毛狀的集合體。其顏色呈鉛灰色至鐵黑色，條痕為灰黑色，微帶棕色。

單斜晶系，
晶體通常呈長柱狀

具有金屬光澤

主要用途

大量聚積時可作為鉛礦石利用。

溶解度

硫銻鉛礦可溶於熱強酸。

自然成因

硫銻鉛礦主要產生於鉛鋅熱液礦床和錫石硫化物礦床中，常與黃鐵礦、方鉛礦、閃鋅礦等共生。

特徵鑑別

硫銻鉛礦加熱後極易熔化，不會與冷稀酸發生反應。

不透明，性脆

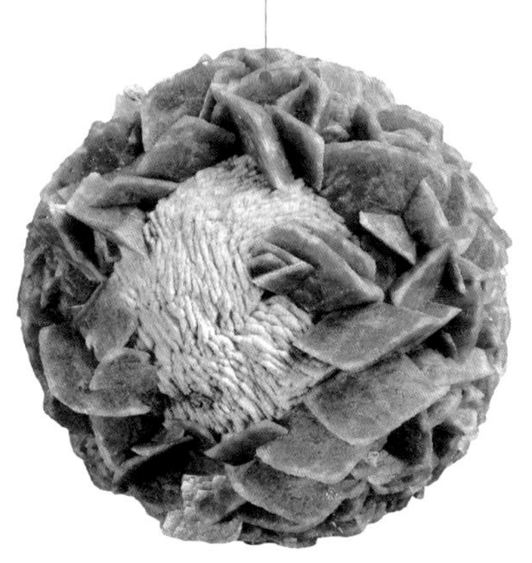

成分：$Pb_5Sb_4S_{11}$	硬度：2.5~3.0	比重：5.8~6.2	解理：良好	斷口：參差狀

深紅銀礦

深紅銀礦是銀礦的一種，又稱為硫銻銀礦。其晶體呈各種形式的短柱狀，集合體則呈緻密塊狀或粒狀。晶體的性質較脆，光照下顏色會變暗。

主要用途

深紅銀礦可用來提煉銀。

三方晶系，
顏色多為黑紅色、
深紅色或暗灰色

產地區域

● 主要產地有美國內華達州的維吉尼亞市，加拿大安大略省，西班牙的瓜達拉哈拉省，墨西哥的弗雷斯尼略、薩卡特卡斯和瓜納華托，捷克，玻利維亞，秘魯以及澳洲新南威爾斯州布羅肯希爾等。

自然成因

深紅銀礦主要在中、低溫鉛鋅礦床中產生，也可以在次生富集中形成，與銀礦以及黃鐵礦、方鉛礦、白雲石、方解石和石英等共生。

條痕為暗紅色

溶解度

深紅銀礦可溶於硝酸。

有金剛光澤，半透明

特徵鑑別

深紅銀礦易熔化。
它與淡紅銀礦很難區分，只能依據淡紅銀礦吹管試驗加以區別。

成分：Ag_3SbS_3　硬度：2.0~2.5　比重：5.8~5.9　解理：完全　斷口：貝殼狀到參差狀

淡紅銀礦

淡紅銀礦是銀礦的一種，又稱硫砷銀礦。其晶體兩端不對稱，通常呈柱狀、菱面體和偏三角面體。其顏色為鮮紅色，但氧化之後會逐漸變為暗黑色，條痕為磚紅色，且在光照下顏色會變暗。

主要用途

淡紅銀礦是提煉銀的主要礦物原料之一。人工晶體可作為鐳射材料。

六方晶系或等軸晶系，集合體常呈塊狀或緻密狀

自然成因

淡紅銀礦主要於低溫熱液礦脈中形成，常與黝銅礦、砷黝銅礦、方鉛礦、石英、方解石等共生。

溶解度

淡紅銀礦可溶於硝酸。

具有金剛光澤到半金屬光澤

半透明到不透明

產地區域

- 世界著名的產地有墨西哥、玻利維亞、德國、智利等。
- 中國主要產地有遼寧、江西、青海、廣東等。

特徵鑑別

淡紅銀礦熔點低。
斷口貝殼狀至參差狀，性脆。
以塊狀或緻密狀集合體產出。

成分：Ag_3AsS_3	硬度：2.0~2.5	比重：5.57~5.64	解理：平行菱面體	斷口：貝殼狀至參差狀

軟錳礦

軟錳礦主要成分為二氧化錳，含錳量63.19%，在自然界中較為常見。其晶體通常呈塊狀、腎狀或土狀，偶爾具有放射纖維狀。有些會呈樹枝狀附於岩石表面，被稱為假化石。軟錳礦的光澤和硬度會因結晶的粗細和形態而產生變化，結晶好的會具有半金屬光澤，硬度也較高；而隱晶質塊體和粉末，光澤較為暗淡，硬度低，且極易汙手。

斜方晶系，集合體呈塊狀或粉末狀

顏色呈淺灰色到黑色，條痕呈藍黑色至黑色

主要用途

軟錳礦是重要的錳礦石，可用來提煉錳。
可以與過氧化氫劇烈反應，起泡並釋放出大量氧氣。
可以和鹽酸緩慢生成氯氣，溶液逐漸呈淡綠色。

具有半金屬光澤

溶解度

軟錳礦不溶於水、硝酸和冷硫酸，可以緩慢溶於鹽酸，同時釋放出氯氣，使溶液變為淡綠色。

特徵鑑別

軟錳礦容易汙手，性質較脆。具有半金屬光澤，顏色從淺灰到黑色。

自然成因

軟錳礦主要在沼澤、湖海等處由其他錳礦石沉積形成，通常與硬錳礦共生。

功用價值

軟錳礦漿可吸收工業廢氣中的SO_2，吸收率達90%以上。比傳統方法產生的經濟效益更好。

成分：MnO_2	硬度：2.0~6.5	比重：5.06	解理：完全	斷口：參差狀

尖晶石

等軸晶系，
集合體通常呈玻璃狀八面
體或顆粒狀和塊體

尖晶石是一種由鎂鋁氧化物組成的礦物，同時還含有鐵、鋅、錳等其他礦物元素。因其含有多種元素，所以也有多種不同的顏色，如鎂尖晶石顏色為紅、綠、藍、褐或無色；鐵尖晶石則是黑色；鋅尖晶石為暗綠色等。

主要用途

透明並且顏色鮮豔漂亮的尖晶石可以製作寶石，有些則可以用作含鐵的磁性材料。

自然成因

尖晶石主要在片岩、蛇紋岩、花崗偉晶岩和變質石灰岩等岩石之中形成；也可在大理岩中產生，並與紅寶石、藍寶石等共生；而寶石級的尖晶石則通常出現在沖積扇中。

常呈八面體，也
呈八面體與菱形
十二面體、立方
體的聚形

產地區域

● 主要產地有美國、越南、緬甸的抹谷、斯里蘭卡、肯亞、奈及利亞、坦尚尼亞、塔克吉和阿富汗等。

特徵鑑別

尖晶石熔點高，具有螢光性。具有變色效應，少量有星光效應。

溶解度

尖晶石可溶於鹽酸，但不會產生氣泡。

成分：$MgAl_2O_4$	硬度：7.5~8.0	比重：3.5~3.9	解理：無	斷口：貝殼狀至參差狀

鋅鐵尖晶石

新鮮斷面有
金屬光澤

鋅鐵尖晶石是一種含有鋅、鐵的尖晶石族礦物，也是尖晶石亞族的典型礦物。晶體主要呈八面體，稜線常呈圓形。常見顏色為藍灰色，條痕為紅棕色至黑色。

主要用途

鋅鐵尖晶石的晶體大、質優，可用作寶石，也可用作磨料。因其具有較高的熔點，也常用作耐火材料。

等軸晶系，
集合體常呈圓粒狀或塊狀

自然成因

鋅鐵尖晶石主要在侵入岩與白雲岩或鎂鐵質灰岩的接觸交代礦床中產生，常與紅鋅礦、矽鋅礦、鎂橄欖石、透輝石等共生。作為副礦物，也常在基性、超基性火成岩中產生。

溶解度

鋅鐵尖晶石可溶於鹽酸，但不會產生氣泡。

特徵鑑別

鋅鐵尖晶石在加熱後磁性會增強。

成分：（Zn, Mn）Fe_2O_4	硬度：6	比重：5.07~5.22	解理：無	斷口：參差狀至亞貝殼狀

赤銅礦

赤銅礦是一種化學成分為氧化亞銅的礦物，含銅量88.8%以上，在自然界中分布較少，因此只作為次要的銅礦物利用。新鮮斷面為洋紅色，氧化後呈暗紅色且光澤暗淡。赤銅礦的晶形常沿立方體稜的方向生長形成毛髮狀或交織成毛絨狀，被稱為毛赤銅礦。

主要用途

赤銅礦是提煉銅的重要礦物原料。
從赤銅礦床中開採的銅礦石，選礦後成為含銅量較高的銅精礦或銅礦砂。銅精礦冶煉提純後，才能成為精銅及銅製品。

自然成因

赤銅礦主要在銅礦床的氧化帶之中形成，常與藍銅礦、自然銅、孔雀石、矽孔雀石、褐鐵礦等共生。

產地區域

- 世界主要產地有美國、法國、智利、玻利維亞、澳洲等。
- 中國主要產地有雲南、江西、甘肅等。

條痕為棕紅色

溶解度

赤銅礦溶於硝酸等酸性溶液。

等軸晶系，
晶體通常呈立方體、八面體，或與菱形十二面體形成聚形，
集合體則呈緻密塊狀、粒狀或土狀

具有金剛光澤
或半金屬光澤

特徵鑑別

赤銅礦易熔，燃燒時產生綠色的火焰。表面有時為鉛灰色，刻痕為深淺不同的棕紅色，帶金剛光澤至半金屬光澤。

成分：Cu_2O	硬度：3.5~4.0	比重：6.14	解理：無	斷口：貝殼狀至不規則狀

鉻鐵礦

鉻鐵礦是尖晶石的一種，主要成分為鐵、鎂和鉻，質地較為堅硬，是自然界中唯一可開採的鉻礦石，屬短缺礦種，因儲量少，產量極低。具有微磁性，若含鐵量高，則磁性較強。

主要用途

鉻鐵礦是提煉鉻鐵合金和金屬鉻的主要礦物原料，也可用於製造耐火材料，如鉻磚。作為鋼的添加料，可生產多種高強度、抗腐蝕、耐磨、耐高溫、耐氧化的特種鋼。

自然成因

鉻鐵礦主要在超基性或基性岩中產生，是岩漿作用的礦物，常與橄欖石共生，也常見於砂礦中。

顏色為黑色，條痕為深棕色

產地區域

- 世界主要產地有巴西、古巴、印度、伊朗、巴基斯坦、阿曼、辛巴威、土耳其和南非等。
- 中國主要產地有四川、西藏、甘肅、青海等。

有金屬光澤，不透明

特徵鑑別

鉻鐵礦熔點高。

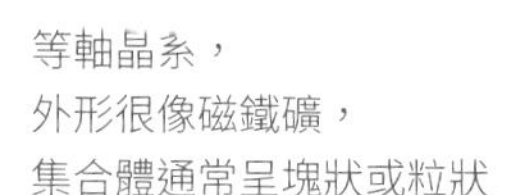

等軸晶系，
外形很像磁鐵礦，
集合體通常呈塊狀或粒狀

溶解度

鉻鐵礦不溶於任何酸性溶液。

成分：$FeCr_2O_4$	硬度：5.5~6.5	比重：4.3~4.8	解理：無	斷口：參差狀

磁鐵礦

磁鐵礦是一種氧化物類的礦物，含鐵量為72.4%，是自然界中最重要的鐵礦石，也常伴有鈦、釩、鉻等礦物元素。其顏色通常呈鐵黑色或暗藍靛色，條痕為黑色。它具有超強磁性，接觸空氣被氧化後會變為赤鐵礦或褐鐵礦。

主要用途

磁鐵礦可以提煉鐵，同時也是傳統的中藥材。

集合體呈粒狀或緻密塊狀

等軸晶系，
晶體通常呈八面體或菱形十二面體，
晶面伴有條紋

自然成因

磁鐵礦主要在岩漿岩、變質岩和高溫熱液礦床中產生，有時也產於海濱沙中。
主要成因類型有：岩漿型、接觸交代型、高溫熱液型、區域變質型。

產地區域

- 世界主要產地有俄羅斯、澳洲、北美、巴西等。
- 中國主要的產地有山東、河北、河南、遼寧、黑龍江、山西、江蘇、安徽、湖北、四川、廣東、內蒙古、雲南等。

具有金屬光澤或半金屬光澤，不透明

特徵鑑別

磁鐵礦具有超強磁性，能夠吸起鐵屑，同時還能使指南針偏轉。性脆。無臭無味。

成分：Fe_3O_4	硬度：5.5~6.5	比重：5.2	解理：無	斷口：亞貝殼狀至參差狀

鈦鐵礦

鈦鐵礦是一種主要成分為鐵和鈦的氧化物礦物，又名鈦磁鐵礦。其顏色通常呈鋼灰色至鐵黑色，條痕則呈鋼灰色至黑色，但當它被赤鐵礦外包時，則會呈褐色或褐紅色。鈦鐵礦具有弱磁性，性脆。

主要用途

鈦鐵礦是提煉鈦的主要礦物原料，常應用於製造飛機機體及噴氣發動機等重要零件，在化學工業上也有廣泛應用，如製造反應器、熱交換器、管道等。

產地區域

- 世界主要產地有俄羅斯伊爾門山、挪威克拉格勒、美國懷俄明州、加拿大魁北克等。
- 中國主要產地有四川攀枝花。

自然成因

鈦鐵礦一般產於超基性岩、基性岩、酸性岩、鹼性岩、火成岩及變質岩中，常與斜長石、頑輝石等共生，也可形成砂礦。

三方晶系，晶體通常呈板狀

特徵鑑別

鈦鐵礦溶於磷酸，稀釋冷卻後，再加入過氧化鈉或過氧化氫，溶液會變成黃褐色或橙黃色。

具有金屬至半金屬光澤，不透明

集合體呈塊狀、不規則粒狀、板狀、鱗片狀或片狀

溶解度

鈦鐵礦溶於氫氟酸和熱鹽酸，並且還溶於磷酸。

成分：$FeTiO_3$	硬度：5.0~6.0	比重：4.7~4.78	解理：無	斷口：貝殼狀至參差狀

赤鐵礦

赤鐵礦是一種自然產生的氧化鐵礦物，在自然界中分布較廣。其晶體的集合體形狀多樣，有片狀、鱗片狀、腎狀、塊狀、土狀或是緻密塊狀等。顏色呈紅褐色、鋼灰色至鐵黑色。

六方晶系，晶體常呈板狀或菱面體

主要用途

赤鐵礦可以提煉鐵，也可用作紅色顏料。

自然成因

赤鐵礦主要在熱液作用或沉積作用中形成。

產地區域

● 主要產地有中國、美國、俄國、巴西等。

顏色常帶有淡藍錆色，條痕為櫻紅色

特徵鑑別

赤鐵礦加熱之後具有磁性。

成分：Fe_2O_3	硬度：5.5~6.5	比重：4.9~5.3	解理：無	斷口：參差狀至貝殼狀

剛玉

剛玉是一種主要成分為氧化鋁的礦物，硬度僅次於金剛石。因含有多種微量元素，它的顏色也十分豐富，紅、黃、藍、綠、青、紫、橙，幾乎包含可見光譜中的所有顏色。除了星光效應外，只有半透明至透明，但色彩較為鮮豔的才能用作寶石。

無雜質的剛玉無色

主要用途

剛玉相比鑽石，價格低廉，因此也可作為砂紙及研磨工具的主要材料。

自然成因

剛玉的形成主要與岩漿作用、接觸變質及區域變質作用有關。

特徵鑑別

剛玉硬度強，熔點較高，在紫外線照射下會發出螢光。

屬三方晶系，通常呈六方柱狀或桶狀，柱面上常有斜條紋或橫紋，集合體呈粒狀

產地區域

● 主要的產地有中國、緬甸、泰國、斯里蘭卡、澳洲、柬埔寨拜林及喀什米爾地區等。

成分：Al_2O_3	硬度：9.0	比重：4.0~4.1	解理：無	斷口：貝殼狀至參差狀

錫石

錫石是一種十分常見的錫礦物，含錫量78.6%。其晶體常呈粒狀或塊狀的集合體，膝狀雙晶比較常見。當其含有雜質時會呈黃棕色至棕黑色，條痕為白色至淺褐色。由膠體溶液形成的呈纖維狀的錫石稱為木錫石，同時呈葡萄狀或鐘乳狀，具有同心帶狀構造。

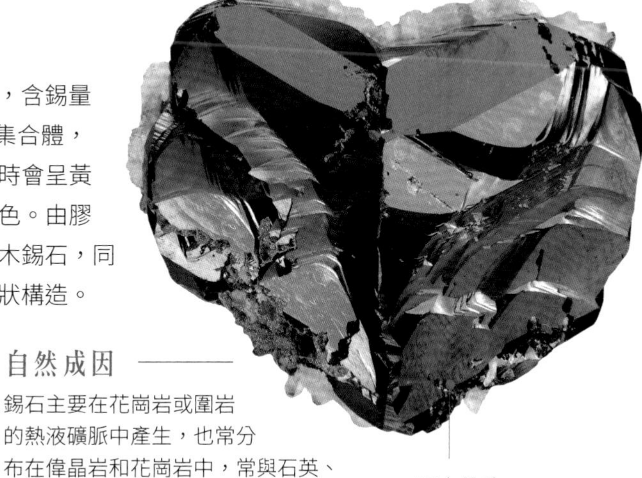

四方晶系

主要用途

錫石是提煉錫的主要礦物原料，在工業方面也有廣泛應用，如製造錫管、錫箔、白口鐵、合金和電鍍鋅機件等，其氧化物也可用於製作染料、玻璃、瓷器和搪瓷等。

自然成因

錫石主要在花崗岩或圍岩的熱液礦脈中產生，也常分布在偉晶岩和花崗岩中，常與石英、電氣石、螢石、磷灰石等共生。

有金剛至亞金剛光澤，斷口有油脂光澤，不透明至透明

晶體呈柱狀或雙錐狀，集合體呈粒狀或塊狀

產地區域

- 世界主要產地有俄羅斯、馬來西亞、印尼、玻利維亞和泰國等。
- 中國主要產地有雲南、廣西等。

特徵鑑別

錫石熔點低，耐腐蝕，無磁性，若含鐵量較多則具有電磁性。

成分：SnO_2	硬度：6.0~7.0	比重：7.0	解理：不完全	斷口：亞貝殼狀至參差狀

藍寶石

藍寶石也是一種剛玉，主要成分是氧化鋁，也含有鐵和鈦等微量元素，可用作寶石。剛玉寶石中除紅寶石之外，其他顏色的剛玉寶石都被稱為藍寶石或彩藍寶石。顏色多樣，在同一顆寶石上也會有多種顏色。同時可見到平行六方柱面排列且深淺不同的平直色帶和生長紋。聚片雙晶發育，通常帶有百葉窗式雙晶紋。

主要用途

藍寶石可作寶石，主要用來製作首飾及收藏。

自然成因

藍寶石主要在岩漿岩和變質岩中形成，偶爾也會出現在沉積衝擊礦床中。

三方晶系，
晶體常呈柱狀、桶狀，少數呈板狀或葉片狀，
集合體通常呈粒狀或緻密塊狀

顏色有黃色、綠色、白色、粉紅色、紫色、灰色等

產地區域

● 世界主要產地有泰國、寮國、柬埔寨、斯里蘭卡、馬達加斯加，最稀有的藍寶石產地為喀什米爾地區，出產上等藍寶石最多的是緬甸。
● 中國主要產地有山東昌樂、海南、重慶江津的石筍山等。

具有明亮的玻璃光澤，透明至半透明

溶解度

藍寶石不溶於任何酸性溶液。

特徵鑑別

藍寶石放大看時，沒有氣泡。
除鑽石以外，藍寶石的硬度強於其他任何天然材料。

成分：Al_2O_3	硬度：9.0	比重：4.0~4.1	解理：無	斷口：貝殼狀至參差狀

紅寶石

具有亮玻璃光澤至亞金剛光澤

紅寶石是一種顏色呈紅色的剛玉，也是剛玉的一種，主要的成分是氧化鋁。紅寶石含有微量的鉻，鉻含量越高，顏色越紅，其中最紅的俗稱「鴿血紅」，也稱「寶石之王」。因產量非常稀少，所以十分珍貴。

主要用途

紅寶石可作寶石，主要用來製作首飾及收藏。

● 主要產地有緬甸、泰國、斯里蘭卡、坦尚尼亞、越南、中國等。

三方晶系，晶體多呈柱狀或板狀，集合體呈粒狀或緻密塊狀

紅寶石主要在火成岩或變質岩礦床中形成。

特徵鑑別

紅寶石在紫外線下會產生弱紅色螢光，裂紋也較發散；具有二色性，可以從不同的角度看到顏色的變化；放大檢查時，紅寶石內氣液和固態包體豐富。

成分：Al_2O_3	硬度：9.0	比重：4.0~4.1	解理：無	斷口：貝殼狀至參差狀

鈣鈦礦

斜方、等軸、三方、單斜、正方和三斜晶系，通常呈立方體或八面體

鈣鈦礦是一種自然產生的氧化物，最早發現的是存在於鈣鈦礦石中的鈦酸鈣化合物，因此而得名。晶體多呈立方體，晶面具有平行晶稜的條紋，是高溫變體轉變為低溫變體時產生聚片雙晶的結果。

顏色呈褐色至灰黑色，條痕為白色至灰黃色

自然成因

鈣鈦礦主要在鹼性岩中產生，偶爾也會出現在蝕變的輝石岩中，常與鈦磁鐵礦共生。

主要用途

鈣鈦礦主要用來提煉鈦、鈮和稀土元素，但在大量聚集時才具有開採價值。鈣鈦礦也可應用在感測器、固體燃料電池、固體電解質、固體電阻器、高溫加熱材料及替代貴金屬的氧化還原催化劑等。

溶解度

鈣鈦礦只溶於熱硫酸。

成分：$CaTiO_3$	硬度：5.5~6.0	比重：3.97~4.04	解理：不完全	斷口：亞貝殼狀至參差狀

金紅石

金紅石是一種含有大量二氧化鈦的礦物，含量達95%以上，但在自然界中的儲量較少。其顏色呈暗紅色、褐紅色、黃色或橘黃色等；若含有大量的鐵，則會呈黑色。條痕呈淺棕色至淺黃色。具有耐高溫及低溫、耐腐蝕、高強度、小比重等優異性能。

主要用途

金紅石是提煉鈦的主要礦物原料。

正方晶系，晶體通常呈四方柱狀或針狀，集合體呈粒狀或緻密塊狀

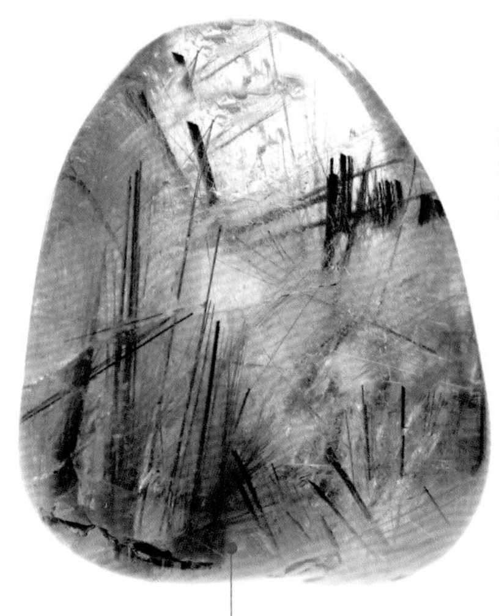

具有半金屬光澤至金屬光澤

自然成因

金紅石主要在變質岩系的石英脈和偉晶岩脈中形成，偶爾會作為副礦物在岩漿岩中出現，在片麻岩中也常以粒狀出現。由於其化學穩定性較強，在岩石風化後也常轉入砂礦。

溶解度

金紅石溶於熱磷酸。

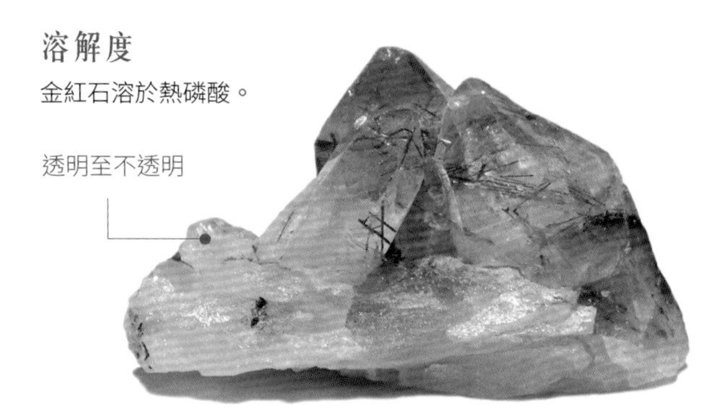

透明至不透明

產地區域

● 世界主要產地有法國、美國、俄羅斯、瑞典、挪威、瑞士、奧地利、澳洲等。

● 中國主要的產地有河南方城、湖北棗陽等。

特徵鑑別

金紅石能耐低、高溫，耐腐蝕；溶於熱磷酸，冷卻稀釋後加入過氧化鈉會使溶液變成黃色；當加入碳酸鈉時，可以燒熔。

成分：TiO_2	硬度：6.0	比重：4.2~4.3	解理：清楚	斷口：貝殼狀至參差狀

晶質鈾礦

晶質鈾礦是自然產生的氧化物的一種，具有螢石型結構。其晶體外形呈腎狀、葡萄狀、鐘乳狀或緻密塊狀的稱為瀝青鈾礦；呈晶質土狀和粉末狀的則稱為鈾黑。晶質鈾礦具有強放射性和弱電磁性，化學成分中含有少量的鉛、鐳和氦。薄片不透明，光片呈灰色，帶有褐色色調。

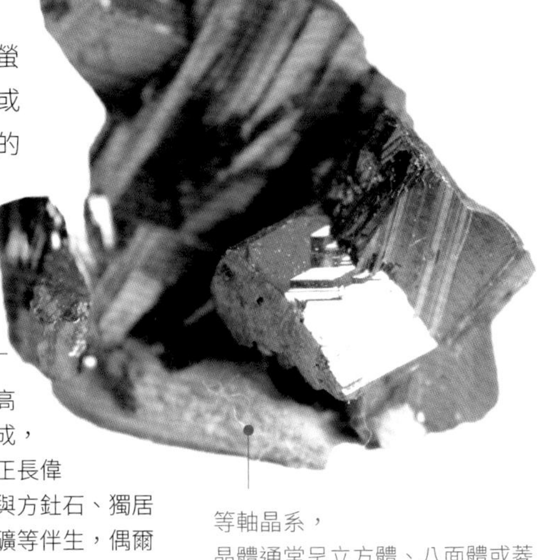

等軸晶系，
晶體通常呈立方體、八面體或菱形十二面體，
集合體則呈細粒狀、塊狀或土狀

主要用途

晶質鈾礦是提煉鈾的主要礦物原料，與鐳、釷、稀土元素等可綜合利用。其在醫藥、能源及現代國防方面都有重要應用。

自然成因

晶質鈾礦主要在高溫熱液礦脈中形成，在花崗偉晶岩和正長偉晶岩中產生，常與方釷石、獨居石、鈾釷和鈮鐵礦等伴生，偶爾見於含金礫岩的膠結物中。

顏色為黑色，
條痕為褐黑色

具有半金屬光澤至樹脂光澤，不透明

特徵鑑別

根據立方體晶體，黑色，比重較大和強放射性來與其他礦物區別。

產地區域

- 世界主要的產地有加拿大、澳洲、美國、南非、俄羅斯、巴西、納米比亞、尼日和哈薩克等。
- 中國主要的產地有南嶺地區、秦嶺地區、燕遼地區、天山地區、滇西地區等。

溶解度

晶質鈾礦可溶於鹽酸和硝酸。

成分：UO_2	硬度：5.0~6.0	比重：6.5~10.0	解理：無	斷口：貝殼狀至參差狀

瀝青鈾礦

瀝青鈾礦是晶質鈾礦的變種，又稱為非晶質鈾礦或鈾瀝青，常含有鉛，微含釷、釙、稀土元素或極少的鐳。具有一定的放射性。

主要用途

瀝青鈾礦是提取鈾的主要礦物原料。

自然成因

瀝青鈾礦主要在中、低溫熱液礦床和沉積岩礦床中形成。

等軸晶系，晶體常呈腎狀、葡萄狀、鐘乳狀、鲕狀或緻密塊狀的集合體

顏色呈瀝青黑色，條痕為黑色

溶解度

瀝青鈾礦可快即溶於鹽酸和硝酸。

產地區域

● 主要產地有剛果卡坦加地區，德國薩克森的埃爾茨山，加拿大的大熊湖、安大略省的布林德河地區，美國科羅拉多州、猶他州、新墨西哥州的高原地區，南非的維瓦特斯蘭等。

具有樹脂光澤或半金屬光澤

特徵鑑別

瀝青鈾礦在紫外線照射下不發螢光。放入鹽酸和硝酸中會產生氣泡，也可緩慢溶於硫酸，產生少量氣泡及白色膠狀物。

成分：UO_2	硬度：3~5.5	比重：6.5~10.0	解理：不清楚	斷口：貝殼狀至參差狀

玉髓

玉髓，又稱「石髓」，屬於變種的石英，是最古老的玉石品種之一，偶爾含有鐵、鈦、鋁、釩、錳等元素。實質上玉髓也是一種隱晶質晶體，即二氧化矽，與瑪瑙屬於同一種礦物。

主要用途

玉髓的色彩豐富且質地通透，常用來製作首飾，如手鏈、項鍊和吊墜等，若品質上佳，則多用於高檔的珠寶鑲嵌，或是訂製時裝的高級鈕扣。也常作為高檔工藝品的原材料用於雕刻創作。

自然成因

玉髓主要在低溫和低壓的條件下形成，如熱液礦脈、溫泉沉積物、噴出岩的空洞、碎屑沉積物及風化殼中。

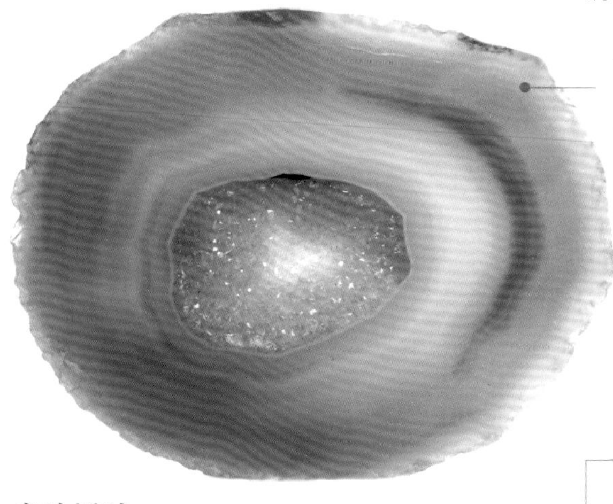

顏色通常呈透明至白色，偶有顏色鮮亮、質地通透的品種，如紅、藍、綠等玉髓

產地區域

● 主要產地有巴西、馬達加斯加、烏拉圭、印尼及台灣等。

晶體常呈乳狀或鐘乳狀，集合體呈緻密塊狀、球粒狀、纖維狀、放射狀等

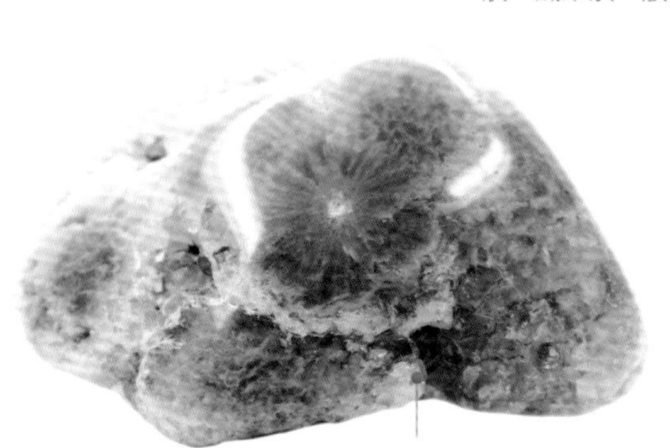

具有蠟質光澤

特徵鑑別

玉髓的比重較大，少量品種有暈彩和貓眼效應。

玉髓與瑪瑙是同一種礦物，雖有一些區別，但本質上都是隱晶石英，即二氧化矽。

玉髓與瑪瑙最大的區別在於：玉髓通透如冰，好的玉髓其通透性可比擬翡翠玻璃種。

成分：SiO_2	硬度：7.0	比重：2.65	解理：無	斷口：貝殼狀

蛋白石

蛋白石，又名閃山雲、歐泊、澳寶，是一種天然硬化的二氧化矽膠凝體，含有5%～10%的水分。與其他寶石不同，它屬於非晶質礦物。質地堅硬，可與和田玉相媲美。除乳白色外，因常含有鐵、鈣、銅、鎂等礦物元素，呈多種色彩，如紅色、藍色、黃色、綠色、黑色、淺黃色、橘紅色、墨綠色等。同時具有變彩效應。

晶體通常呈緻密塊狀、土狀、粒狀、結核狀、鐘乳狀、多孔狀等，集合體呈葡萄狀或鐘乳狀

主要用途

經打磨而成的蛋白石精品會產生貓眼光感，常用來製作戒指和配件，也可作雕刻材料。

具有玻璃光澤、蠟狀光澤或油脂光澤，透明至微透明

自然成因

蛋白石主要是在低溫並富含矽質的水中慢慢沉積產生，它幾乎可以在所有岩石中形成，通常能在石灰岩、砂岩和玄武岩中被發現。

溶解度

蛋白石不溶於任何酸性物質。

產地區域

● 澳洲是世界上出產蛋白石最多的國家，美國、捷克、巴西、墨西哥、南非及中國均有產出。

特徵鑑別

蛋白石具有螢光性。加熱後會分解，並會隨著水分子脫離而變成石英。

顏色一般為乳白色

成分：$SiO_2 \cdot nH_2O$	硬度：5.0~5.5	比重：1.9~2.5	解理：無	斷口：貝殼狀

紫水晶

三方晶系，
天然產生的晶體內通常會有天然的
冰裂紋或是白色雲霧狀的雜質

紫水晶是一種成分為二氧化矽的天然礦物，在自然界中的分布也較為廣泛。因含有鐵、錳等礦物元素而產生各種漂亮的紫色，以深紫紅和大紅最佳。天然產生的晶體內也通常會有天然的冰裂紋或白色雲霧狀的雜質。紫水晶還具有二向色性，從不同角度觀看會顯示出紅色或藍色的紫色調。具有玻璃光澤。

主要用途

紫水晶色彩鮮豔，質地通透，常用來製作手鏈、吊墜等首飾。

顏色多呈淡紫、紫紅、深紫、深紅、大紅、藍紫等

產地區域

● 主要產地有韓國、俄羅斯、南非、馬達加斯加、尚比亞、巴西米納斯吉拉斯、美國阿肯色州、緬甸等。

自然成因

紫水晶能在任何地質環境中形成，但可作寶石的紫水晶只在火山岩、石灰岩、偉晶岩或頁岩的晶洞中產生。

特徵鑑別

將紫水晶置於火焰上，晶體易碎裂。

成分：SiO_2	硬度：7.0	比重：2.22~2.65	解理：無	斷口：貝殼狀

煙水晶

晶體呈六稜粒狀
上端會有晶尖，通常為
晶簇聚生或有單晶體

煙水晶是一種主要成分為二氧化矽的礦物，同時也是一種比較珍貴的水晶，又稱煙晶、茶晶或茶水晶。顏色有煙黃色、褐色、黑色。煙水晶屬於一種固溶膠，也常含有輻射物質。在中國，煙黃色、褐色水晶亦稱茶晶；黑色水晶稱墨晶。煙水晶的顏色是因其含有極微量的放射性元素鐳導致的。

顏色多呈煙灰色、煙黃色、褐色、黃褐色、黑色等

主要用途

煙水晶常用來製作首飾。

產地區域

● 世界主要產地有美國、瑞士、巴西、西班牙，以及非洲等。

● 中國是盛產水晶的大國，主要產地有江蘇、雲南及西藏。

自然成因

煙水晶的形成是因為原生礦床周圍岩塊中（主要成分為石英）含有鐳放射物質。

溶解度

煙水晶除溶於氫氟酸外，不能溶於其他物質。

成分：SiO_2	硬度：7.0	比重：2.22~2.65	解理：無	斷口：貝殼狀

水晶

若含其他微量元素，顏色則多呈粉色、紫色、茶色、黃色、灰色等，條痕為無色

水晶是一種主要成分為二氧化矽的稀有礦物，是石英結晶體，屬於貴重礦石的一種。含有伴生包裹體礦物的水晶稱為包裹體水晶，如髮晶、鈦晶、紅兔毛和綠幽靈等，內包物為電氣石、金紅石、陽起石、綠泥石和雲母等。

主要用途

水晶常作寶石，用來製作首飾或收藏，因內部有多種礦物包裹體，也常作水晶觀賞石。無色、無缺陷且不具雙晶的水晶在工業上也多用作壓電石英片。

自然成因

水晶能在各種地質環境中自然形成，內生礦物有熱液型、偉晶岩型和矽卡岩型；外生礦床常見於砂礦。

產地區域

- 水晶在世界各地均有產出，主要產地有德國、俄羅斯、巴西、緬甸、阿富汗、尚比亞、馬達加斯加等。
- 在中國的分布也較為廣泛，25個以上的省區均有產出。

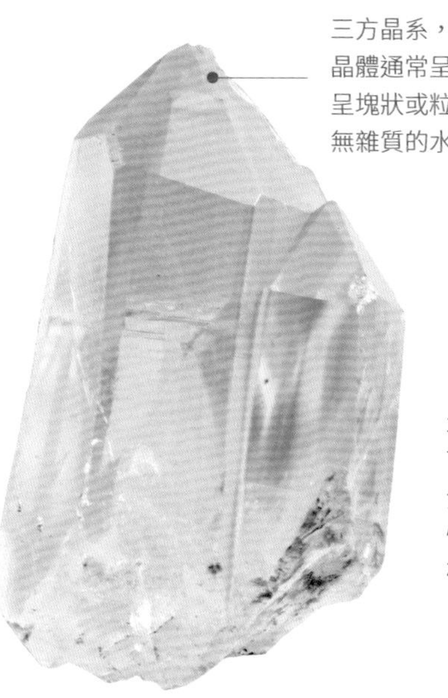

三方晶系，
晶體通常呈六稜柱狀，集合體呈塊狀或粒狀
無雜質的水晶是無色透明的

溶解度

水晶不溶於水；常溫下僅溶於氫氟酸，不溶於其他各類酸和鹼性溶液；高溫下溶於碳酸鈉溶液。

具有玻璃光澤，
斷口為樹脂光澤，
透明至半透明

特徵鑑別

水晶具有壓電效應，不易熔化，將水晶置於火焰上，晶體易碎裂。

成分：SiO_2	硬度：7.0	比重：2.22~2.65	解理：無	斷口：貝殼狀

髮晶

髮晶是一種晶體內含有不同針狀礦石的天然水晶，常含有金紅石、陽起石、黑色電氣石等。天然髮晶晶體內部的髮絲通常為平直絲狀，細小者呈彎曲狀，整體呈放射狀、束狀或無規則分布。

三方晶系，當髮晶中含金紅石，則會形成鈦晶、銀髮晶、紅髮晶、黃髮晶

主要用途

髮晶晶體內有排列疏密有致的針狀和髮狀包體，璀璨華麗，可作觀賞石。

含有黑色電氣石的會形成黑髮晶，含有陽起石的會形成綠髮晶

自然成因

髮晶主要是由水晶在液體狀態時與其他礦物質結合而形成的。

產地區域

● 世界主要產地在巴西。
● 中國主要產地在江蘇東海縣。

特徵鑑別

將髮晶置於火焰上，晶體易碎裂。

成分：SiO_2	硬度：7.0	比重：2.22~2.65	解理：無	斷口：貝殼狀

水晶晶簇

水晶晶簇就是天然的石英結晶簇，集合體是由礦物單晶體所組成的，通常只有一端生長得很完美。晶體為幾何型多面體，生長形態多樣，晶瑩剔透，外形奇特，質地堅硬，物理和化學性質穩定。

呈六方柱狀、六方雙錐狀或菱面狀的聚形

主要用途

水晶晶簇多無需加工，狀態天然者，具有觀賞和收藏價值。

通常呈幾何型多面體

自然成因

水晶晶簇主要在岩漿岩、沉積岩和變質岩中二氧化矽聚集處形成。

特徵鑑別

將水晶晶簇置於火焰上，晶體易碎裂。

成分：SiO_2	硬度：7.0	比重：2.56~2.66	解理：無	斷口：參差狀

紅鋅礦

紅鋅礦是一種根據其成分和顏色命名的鋅礦，晶體完好、顏色美麗的鋅礦可作寶石。也常有錳、鉛、鐵等類質同象混入物可替代鋅，對應的變種有錳紅鋅礦、鉛紅鋅礦和鐵紅鋅礦。紅鋅礦較脆。

六方晶系，晶體呈緻密塊狀的集合體

自然成因

紅鋅礦主要在接觸變質岩中產生，分布較少，常有鋅鐵尖晶石、矽鋅礦共生。

主要用途

紅鋅礦是提煉鋅的主要礦物原料，還可以製造鋅酚和氧化鋅、氯化鋅、硫酸鋅、硝酸鋅等；近年來也常用作表面彈性波器件；在太陽能電池、氣敏感測器、壓電換能器、光電顯示和光伏裝置以及光波導等領域也有廣泛應用。

產地區域

● 主要的產地有美國紐澤西州富蘭克林、波蘭的奧爾庫什及義大利的托斯卡尼等。

溶解度

紅鋅礦溶於鹽酸。

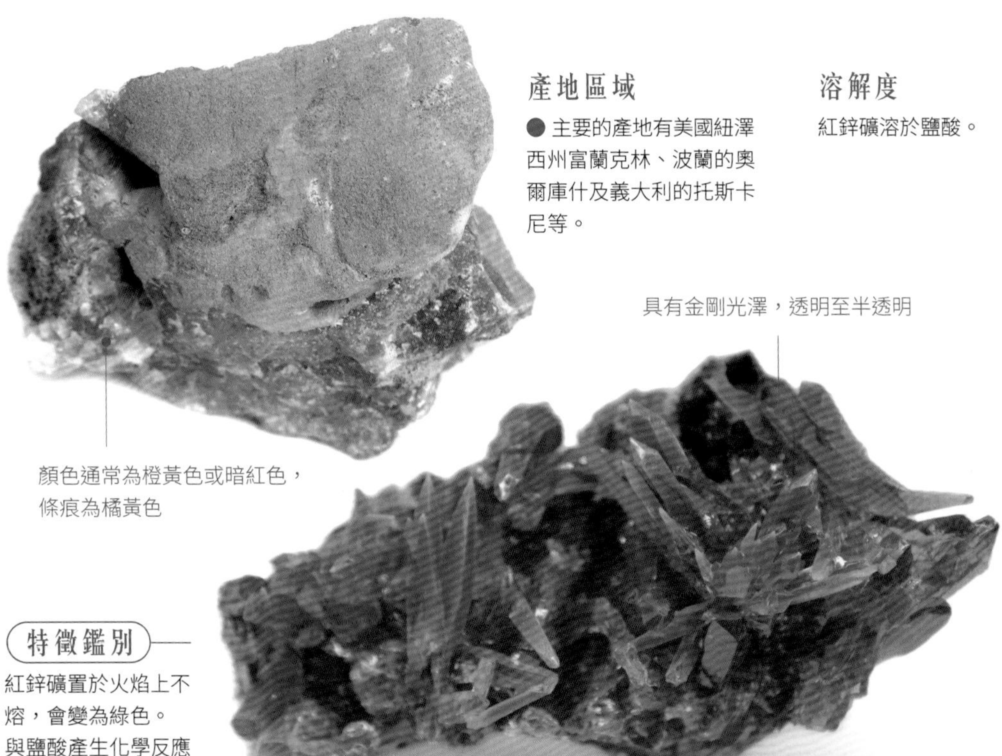

具有金剛光澤，透明至半透明

顏色通常為橙黃色或暗紅色，條痕為橘黃色

特徵鑑別

紅鋅礦置於火焰上不熔，會變為綠色。與鹽酸產生化學反應時不會產生氣泡。

成分：ZnO	硬度：4.0~4.5	比重：5.64~5.68	解理：完全	斷口：貝殼狀

鏡鐵礦

鏡鐵礦是變種的赤鐵礦，是天然的氧化物礦物，因晶面的光澤度強，明亮閃爍如鏡，故此得名。它也是一種重要的鐵礦石，磁性較弱。礦物多以帶狀構造為主，其次還有斑點構造、片狀構造及塊狀構造。

顏色通常為紅棕色，也呈鐵黑至鋼灰色，條痕為紅色

主要用途

鏡鐵礦是提煉鐵的主要礦物原料。

三方晶系，集合體呈片狀

自然成因

鏡鐵礦在任何地質環境中都可形成，但主要產生於熱液作用、沉積作用及沉積變質作用的礦床中。

特徵鑑別

鏡鐵礦具有磁性，不發光。
鐵黑至鋼灰色，但晶面光澤度強。

產地區域

- 世界的著名產地有義大利、瑞士、巴西、英國等。
- 中國主要產地有湖南寧鄉、河北宣化、遼寧鞍山等。

成分：Fe_2O_3	硬度：5.5~6.0	比重：5.0~5.3	解理：無	斷口：貝殼狀

鈮鉭鐵礦

鈮鉭鐵礦是一種氧化物礦物，顏色通常呈鐵黑色至褐黑色，條痕為暗紅色至黑色。具有半金屬至金屬光澤，較脆。

斜方晶系，晶體主要呈粒狀、塊狀、晶簇狀或放射狀

主要用途

鈮鉭鐵礦是提煉鈮和鉭的主要礦物原料，可用於生產軍工和尖端技術方面所需的特種合金鋼。

產地區域

- 中國主要產地有廣東、廣西、湖南、江西、內蒙古、新疆等。

集合體呈塊狀、晶簇狀和放射狀

自然成因

鈮鉭鐵礦主要在花崗偉晶岩，皮雲英岩化或鈉長石化花崗岩中形成，常與石英、白雲母、鋰雲母、長石、綠柱石、鋯石、錫石、鈦石、獨居石、細晶石、黃玉、黑鎢礦等共生。

特徵鑑別

鈮鉭鐵礦的密度較大，性脆，具有電磁性。

成分：$(Fe, Mn)(Nb, Ta)_2O_6$	硬度：4.2~7.0	比重：5.37~8.17	解理：不完全	斷口：參差狀至次貝殼狀

貴蛋白石

顏色通常為蛋白色，
含有其他礦物元素時，會有多種色彩，
如紅色、橙紅、藍色、綠色、棕色、灰色、黑色等

貴蛋白石，是蛋白石中具有變彩效應的一種。一般含水量約為3%～10%，偶爾高達20%，含水量並不固定。有各種體色，白色體色稱「白蛋白」；黑、深灰、藍、綠、棕色體色稱「黑蛋白」；橙、橙紅、紅色體色稱「火蛋白」。

主要用途

貴蛋白石是自然界中最美麗和最珍貴的寶石之一，常用作首飾及收藏。

產地區域

● 主要產地有澳洲、巴西、墨西哥、衣索比亞等。

溶解度

貴蛋白石不溶於任何酸性溶液。

具有玻璃光澤至樹脂光澤

自然成因

貴蛋白石可以在任何岩石中形成，但主要形成於低溫條件下的沉積岩中，常見於砂岩、石灰岩和玄武岩中。

特徵鑑別

貴蛋白石在放大檢查時色斑會呈不規則片狀，邊界平坦且較模糊，外觀呈絲絹狀。具有特殊光學效應，如變彩效應，但貓眼效應較為稀少。
有玻璃至樹脂光澤。

成分：$SiO_2 \cdot nH_2O$	硬度：5.0~6.0	比重：1.9~2.5	解理：無	斷口：貝殼狀

火蛋白石

火蛋白石是貴蛋白石中的一種，顏色通常呈橙紅色、橙黃色和紅色。質地幾乎為全透明，品質不佳的會帶有雜質。

主要用途

火蛋白石若透明度較好，具有收藏價值。

顏色通常呈橙紅色、橙黃色和紅色

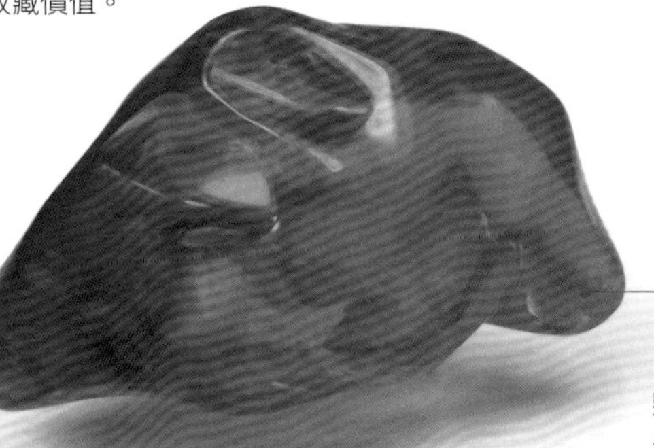

自然成因

火蛋白石主要在低溫、富含矽質的水中形成。

產地區域

主要產地有巴西、墨西哥等。

顆粒較大，顏色鮮豔明麗

特徵鑑別

火蛋白石的密度較小，質感較輕。

成分：$SiO_2 \cdot nH_2O$	硬度：5.0~6.5	比重：1.9~2.5	解理：無	斷口：貝殼狀

石英

石英是一種主要成分為二氧化矽的礦物，又稱矽石，分布較為廣泛。無雜質的石英無色透明，但通常會含有各種不同的微量元素，因此顏色多樣。石英具有壓電性。

主要用途

石英是重要的工業礦物原料，廣泛用於鑄造、冶金、建築、化工、航空航太等領域；還可作為寶石加工成各種首飾和工藝品。

自然成因

石英主要是在岩漿侵入演化活動中，因溫度、壓力等條件的改變而形成的脈狀石英岩礦體。

純淨的石英是無色的，含有雜質則會呈白色、灰色、黃色、紫色、粉色、褐色、黑色等

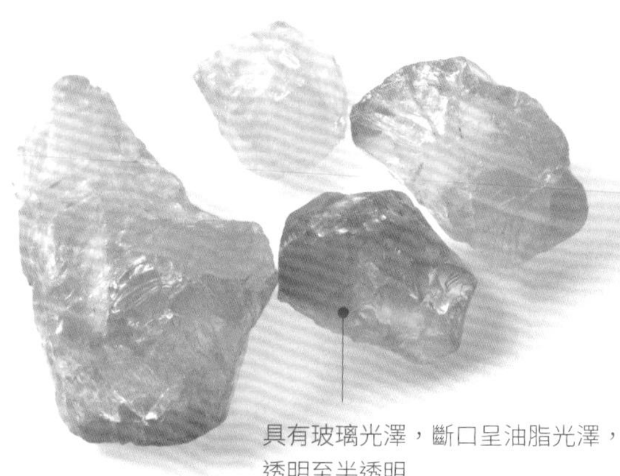

具有玻璃光澤，斷口呈油脂光澤，透明至半透明

產地區域

● 中國主要產地有廣東、廣西、青海、福建、雲南、四川、黑龍江等。

三方晶系或六方晶系，條痕呈白色

結構特性

石英是硬度僅次於鑽石的天然礦產，其硬度遠大於刀等利器，不會被刮花。天然的石英結晶熔點高達1750°C，是典型的耐火材料。

特徵鑑別

石英具有熱電性，耐高溫，同時具有壓電性；用力敲擊摩擦會產生火花。

成分：SiO_2	硬度：7.0	比重：2.65~2.66	解理：無	斷口：貝殼狀至參差狀

脈石英

脈石英是石英的集合體，常呈乳白、灰白或白色，呈緻密塊狀。其熔點高，耐酸鹼性好，導熱性差，化學性能穩定。它常與水晶共生，礦體多呈脈狀、雞窩狀。

條痕為白色

具有油脂光澤或玻璃光澤

主要用途

脈石英是用來生產石英砂的主要礦物原料，也廣泛應用於鑄造、冶金、建築、化工、機械、電子、航空航太等工業。

自然成因

脈石英主要於變質岩、榴輝岩的構造裂隙或兩者接觸帶內形成。

溶解度

脈石英溶於氫氟酸。

成分：SiO_2	硬度：7.0	比重：2.65	解理：無	斷口：貝殼狀至參差狀

乳石英

乳石英屬於石英的一種，主要成分是二氧化矽，由於含有細小分散的氣態或液態包裹體而呈現出乳白色或奶油色。產狀通常為六方體帶金字塔形末端的稜柱形，因外形與蛋白石相似，容易混淆。

顏色呈乳白色或奶油色

三方晶系，晶體通常呈粒狀和塊狀

主要用途

用於玻璃行業製造各種玻璃。

自然成因

乳石英主要在石英脈和石英岩中形成。

產地區域

- 主要產地有美國、巴西、俄羅斯、馬達加斯加、納米比亞以及歐洲的阿爾卑斯山等。

溶解度

乳石英只溶於氫氟酸。

成分：SiO_2	硬度：7.0	比重：2.65	解理：無	斷口：貝殼狀至參差狀

虎眼石

虎眼石屬於石英的一種，因形態和顏色與老虎眼睛相似，故又稱為虎睛石。它是由地殼裡的藍石棉或青石棉在被二氧化矽膠凝體激烈交代和膠結後形成的。顏色通常為褐黃色、紅褐色、藍色等，以無雜質、質地均勻、顏色相間為最佳。

主要用途

虎眼石可作寶石，屬於世界五大珍貴高檔寶石之一。

晶質集合體，質地細膩堅硬，呈微細纖維狀結構

產地區域

● 世界主要產地有南非川斯瓦省、印度、巴西、斯里蘭卡、澳洲、納米比亞等。

● 中國主要產地有河南淅川。

自然成因

虎眼石主要是在氣成熱液型礦床和偉晶岩岩脈當中形成。

虎眼石和水晶、瑪瑙等有一定的親緣關係，由於地殼裡的藍石棉或青石棉被二氧化矽膠凝體激烈交代和膠結，導致其呈棕、褐、黃等色，具有絲絹光澤和玻璃光澤，屬於緻密堅挺的石英質玉石。

具有多色性

有絲絹光澤和玻璃光澤，不透明

特徵鑑別

虎眼石在微熱加工後會變成紅色，具有貓眼效應。

對著燈光看，會有些細小橫紋或纖維狀物質。

天然水晶的溫度一般都比較低，握在手中有冰涼的感覺。

表面無瑕疵，眼線清晰且位於正中的是上品。

虎眼石與貓眼石較相像，區別在於虎眼石的色澤更為霸氣華麗。

成分：SiO_2	硬度：7.0	比重：2.65	解理：無	斷口：貝殼狀至參差狀

瑪瑙

又稱碼磁、馬瑙、馬腦，是一種玉髓類的礦物，主要成分為二氧化矽。通常為混有蛋白石和隱晶質石英的紋帶狀塊體。種類較多，根據圖案和雜質可分為縞瑪瑙、苔瑪瑙、纏絲瑪瑙、城堡瑪瑙等。

主要用途

瑪瑙常用作飾品和觀賞物。

自然成因

瑪瑙是由二氧化矽溶液凝結成的矽膠結晶而成。

產地區域

● 世界主要產地有美國、印度、巴西、埃及、澳洲、墨西哥、馬達加斯加，以及納米比亞等。

● 中國主要的產地有黑龍江、遼寧、寧夏、河北、新疆、內蒙古、雲南等。

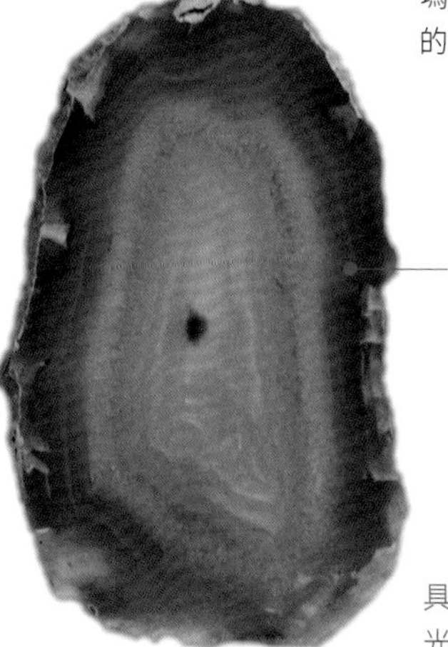

顏色通常為紅色、黃色、綠色、藍色、白色、褐色及灰色等，條痕為白色

具有玻璃光澤或蠟狀光澤，透明、半透明或不透明

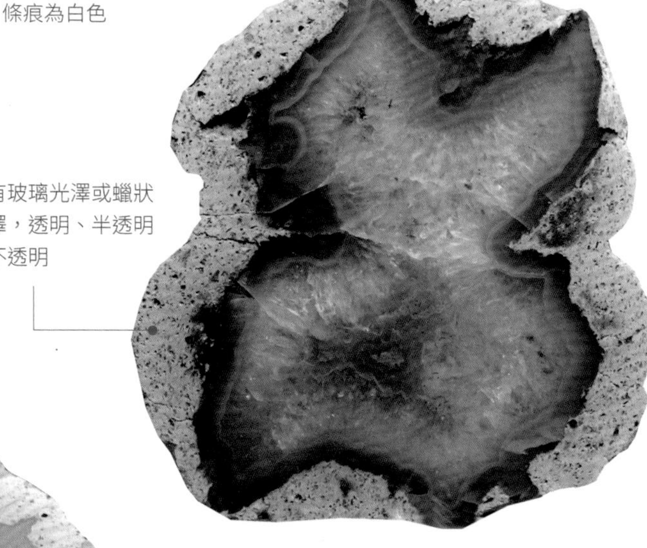

三方晶系

特徵鑑別

瑪瑙體輕、質脆、易碎，斷面可見貝殼狀的以受力點為圓心的同心圓波紋。

稜角鋒利，能刻劃玻璃並留下劃痕。

能迅速摩擦，不易生熱。

通常呈緻密塊狀，形成葡萄狀、乳房狀、結核狀等各種構造，同心圓構造最為常見。

成分：SiO_2	硬度：6.5~7.0	比重：2.65	解理：無	斷口：貝殼狀

水膽水晶

水膽水晶是一種在形成過程中氣體、液體或石墨微粒瞬間進入其中的水晶，晶體內部的氣泡能在液體中流動，因晶體內蘊含水滴且似動物的膽囊而得名。水膽水晶是高溫水晶，同時也是水晶中的珍品。

集合體呈粒狀或塊狀

主要用途

水膽水晶常作為觀賞物。

自然成因

水膽水晶主要形成於地底和岩洞中富含二氧化矽的地下水中。

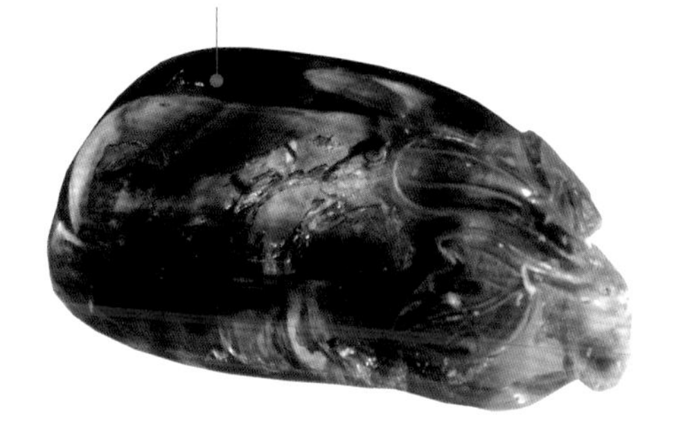

通常呈六方錐體

產地區域

- 世界主要的產地有巴西、美國、俄羅斯、馬達加斯加、尚比亞和印度等。
- 中國主要有雲南、河南、遼寧、內蒙古、新疆等。

特徵鑑別

將水膽水晶置於烈焰上加熱，晶體易碎裂。

成分：SiO_2	硬度：7.0	比重：2.22~2.65	解理：無	斷口：貝殼狀

銻華

銻華是一種含銻的礦物，由輝銻礦經過千萬年氧化後形成，俗稱銻白，含銻量83.3%，可作為銻礦物使用。其晶體通常呈柱狀或板狀，柱面帶有縱紋，性質較脆。

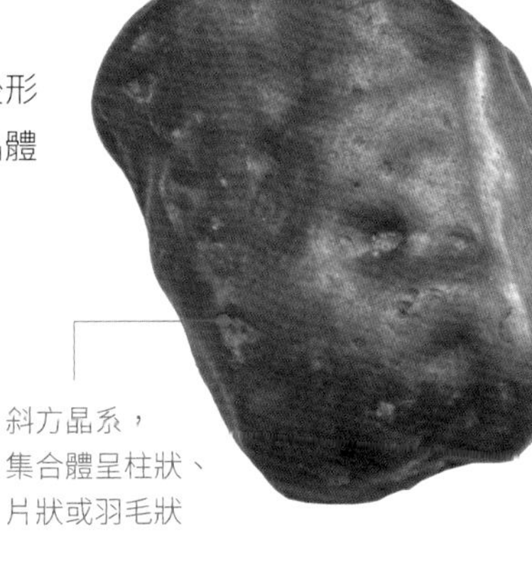

斜方晶系，集合體呈柱狀、片狀或羽毛狀

主要用途

銻華可以提煉銻，也可用來製作顏料，還可藥用。

產地區域

- 中國是世界上產銻的主要國家之一，主要產地有湖南、貴州、廣西、廣東、雲南等。

顏色常呈白色和黃色，條痕為白色

自然成因

銻華主要在中、低溫熱液的礦床中形成，常與辰砂、雄黃和雌黃共生。

溶解度

銻華溶於鹽酸和強鹼，不溶於水。

成分：Sb_2O_3	硬度：2.5~3.0	比重：4.6	解理：完全	斷口：貝殼狀

壓電石英

壓電石英是變種的石英，又稱為壓電水晶，在單晶體中極具代表性，同時也是應用最廣的壓電水晶。它沒有熱釋電效應，不具有鐵電性，具有壓電效應。具有工業價值的壓電石英，通常要求無色透明、不含雜質、無裂隙，同時還要滿足一定幾何尺寸要求。

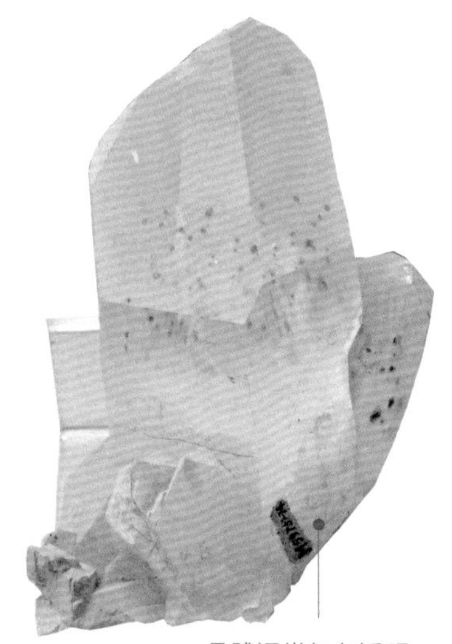

晶體通常無色透明

不含任何雜質，沒有一絲裂縫，且不具雙晶為最佳

主要用途

壓電石英一般可以用來製作石英鐘、諧振器、振盪器、高頻振盪器、濾波器等的壓電石英片，也廣泛應用於自動武器、電子顯微鏡、電子電腦、計時儀、超音速飛機、導彈、核武器、人造地球衛星等的導航、遙控、遙測、電子等電動設備中。

溶解度

壓電石英只溶於氫氟酸。

自然成因

壓電石英主要在岩漿岩、變質岩和沉積岩中形成。

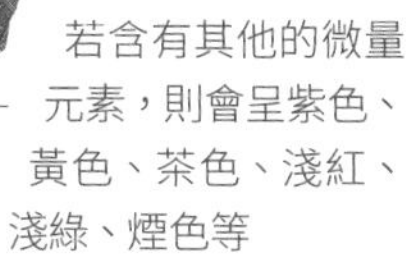

若含有其他的微量元素，則會呈紫色、黃色、茶色、淺紅、淺綠、煙色等

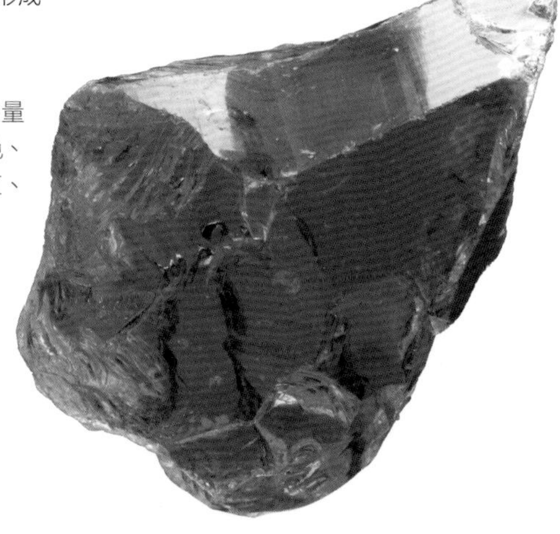

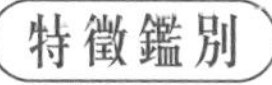

特徵鑑別

壓電係數和介電係數的溫度性較好，常溫下非常穩定。無熱釋電性，絕緣性好。

成分：SiO_2	硬度：7.0	比重：2.65	解理：無	斷口：貝殼狀至參差狀

薔薇石英

薔薇石英屬於石英的一種，主要成分是二氧化矽，因為含有微量的錳和鈦而呈現漂亮的粉紅色，故又稱粉晶、玫瑰水晶、芙蓉石。它含有細針狀金紅石包裹體，拋光面常呈現出星狀光芒，質地勻潤，半透明者，可以磨出很清晰的六射星光。

透明至半透明

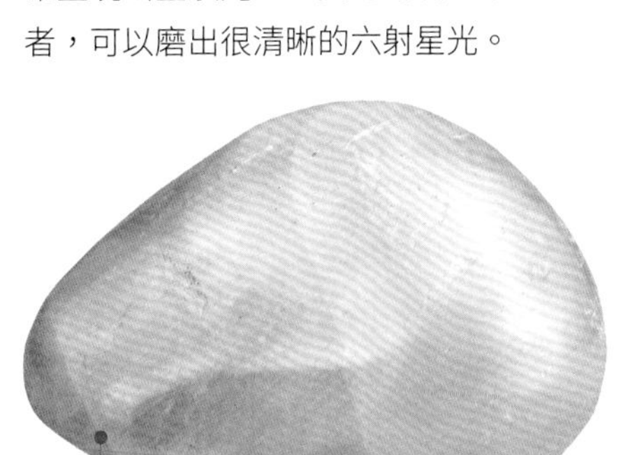

顏色一般為粉紅色，
通常以顏色濃豔、質地純淨、水頭足、無棉綹者為最佳

自然成因

薔薇石英主要在岩漿岩、沉積岩和變質岩中產生。

溶解度

薔薇石英只溶於氫氟酸。

主要用途

薔薇石英可用來製作首飾，如項鍊、手鐲、戒指等；還可用來雕琢，製成各種精美的工藝品。由其所製成的工藝品，粉紅色愈深愈好，透明、無裂紋、無雜質才可列入優質。

產地區域

- 世界主要產地有巴西和斯里蘭卡。
- 中國主要產地有新疆和雲南等。

具有油脂光澤

特徵鑑別

薔薇石英在切磨後會產生貓眼或星光效應。
顏色很特別，粉紫色。
優質的薔薇石英色深美觀，完全透明。

成分：SiO_2	硬度：7.0	比重：2.65	解理：無	斷口：貝殼狀

假藍寶石

假藍寶石屬於一種天然稀有的礦物及寶石，又稱似藍寶石，並非字面意思上各種仿藍寶石的總稱。假藍寶石與剛玉中的藍色變種（藍寶石）較為相似，也在相似的環境中產出，但要稀少得多，相比藍寶石，假藍寶石常呈二軸晶，沒有聚片雙晶。

單斜晶系，
晶體呈板狀，
集合體呈粒狀

主要用途

假藍寶石若晶體透明、顏色鮮豔、無裂紋及其他缺陷，質地上佳的可用來加工刻面型寶石，質地不佳的也可用來加工成弧面型寶石。

自然成因

假藍寶石比較少見，主要是在富鋁貧矽的區域變質和接觸變質岩石中形成，與剛玉、尖晶石、矽線石、堇青石、斜方輝石、黑雲母、直閃石或鈉柱晶石等共生。

產地區域

● 主要產地有泰國、斯里蘭卡、印度、南非、馬達加斯加、格陵蘭等。

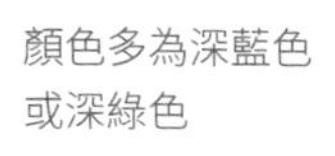

顏色多為深藍色
或深綠色

溶解度

假藍寶石不溶於任何酸性物質。

具有玻璃光澤，透明

特徵鑑別

假藍寶石晶體色豔、透明、無裂紋及其他缺陷，粒徑較大者為優質。

成分：$Mg_2Al_4SiO_{10}$	硬度：7.5	比重：4.0~4.1	解理：無	斷口：貝殼狀至參差狀

青田石

因岩石中三氧化鐵含量不同，也呈紅色、黃色、白色、藍色、綠色、紫色、黑色等

青田石因產於浙江青田縣而得名，是中國傳統的「四大印章石之一」，與壽山石、昌化石、巴林石共稱為中國四大名石。其主要礦物成分為葉蠟石，同時還有綠簾石、矽線石、石英、絹雲母和一水硬鋁石等。它是一種變質的中酸性火山岩，又叫流紋岩質凝灰岩。當三氧化鐵含量高時，會呈紅色，含量低時則呈黃色或青白色。

主要用途

青田石色彩斑斕、紋路奇特、質地溫潤、硬度適中，是中國篆刻藝術應用最早也最為廣泛的印材之一。

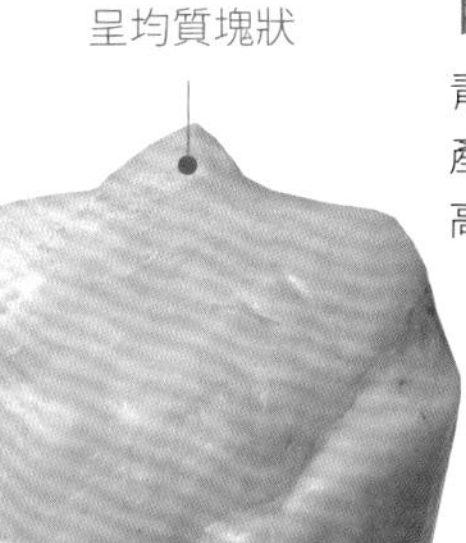

呈均質塊狀

自然成因

青田石主要在岩漿岩中產生，常與剛玉、紅柱石、高嶺石、火鋁石等共生。

產地區域

● 主要產地為中國浙江省青田縣山口鎮。

特徵鑑別

青田石性脆易裂，在被切磨、拋光或是太陽曝曬後，易出現裂紋。

青田石的顏色很雜，有紅、黃、藍、白、黑等顏色，色彩與其化學成分有關，三氧化鐵含量高時呈紅色，含量低時呈黃色，青白色含量最低。

成分：$Al_2(Si_4O_{10})(OH)_2$	硬度：1.0~2.0	比重：2.66~2.90	解理：完全	斷口：參差狀

蘇紀石

蘇紀石是一種稀有寶石，又名舒俱來石，主要成分為二氧化矽，同時含有鐵、鈉、鉀、鋰等多種礦物元素。蘇紀石的單晶十分罕見，結構細膩，晶體中常含有黑色、褐色及藍色線狀的含錳包裹體。層次不同的美麗紫色，深淺不同的色澤變化，讓蘇紀石充滿神秘冷豔的感覺。

六方晶系，集合體通常呈粒狀

主要用途

蘇紀石因呈層次不同的紫色，常作寶石。

產地區域

● 主要產地為南非喀拉哈里沙漠的含錳區域，日本和加拿大魁北克也有產出。

顏色較為特別，呈深藍色、藍紫色、紅紫色、淺粉色等

自然成因

蘇紀石主要在霓石正長岩的小岩珠中形成。

特徵鑑別

蘇紀石具有一定的螢光性。

外觀會呈現出各種不透明的深淺紫與紫紅色交織，也有的紫色深至黑色，皇家紫最優，長久佩帶顏色和光彩更加亮麗。

成分：$(K,Na)(Na,Fe)_2(Li,Fe)Si_{12}O_{30}$	硬度：5.5~6.5	比重：2.74	解理：無	斷口：不平坦狀

硬錳礦

硬錳礦主要由鋇和錳氧化而成，斜方晶系，集合體呈葡萄狀、鐘乳狀、腎狀、緻密塊狀或樹枝狀。

顏色呈黑色至暗鋼灰色，條痕呈褐黑色至黑色

主要用途

硬錳礦是提煉錳的主要礦物原料，可以用來製造含錳鹽類製品，如製取電池、火柴、印漆、肥皂等，也可用於玻璃和陶瓷的著色劑和褪色劑；同時還廣泛應用於國防工業、電子工業、環境保護及農牧業等。

自然成因

硬錳礦主要是在錳礦床的氧化帶和沉積礦床中形成，作為次生礦物，也常見於熱液礦礦床內。

產地區域

● 中國主要產地有浙江、江西等。

溶解度

硬錳礦不溶於硝酸，溶於鹽酸。

具有半金屬光澤至暗淡光澤

特徵鑑別

硬錳礦多為固溶膠，硬度較大。

成分：$(Ba, H_2O)_2Mn_5O_{10}$	硬度：4.0~6.0	比重：4.4~4.7	解理：無	斷口：參差狀

藍剛玉

藍剛玉屬於剛玉的一種，主要成分為三氧化二鋁，因含有微量的鈦和鐵而發出藍光。天然的藍剛玉中固態包裹體的品種繁多，如硬水鋁石、金紅石、磷灰石、鋯石、金雲母等，因晶體細小、形態各異、組合不同，構成了不同的產地特徵。

顏色有黃色、粉紅色、綠色、白色、黑色等，甚至在同一顆石上會出現多種顏色

複三方偏三角面體晶系

主要用途

藍剛玉若色澤美麗透明、晶體完好粗大，可作為名貴寶石。同時因其硬度極高，也常用來製作成研磨材料和手錶、精密機械及精密機械的軸承材料或耐磨部件。

自然成因

藍剛玉通常產生於高溫和富鋁缺矽的條件之下，形成於接觸交代型、區域變質型、岩漿型、偉晶型等礦床中。

特徵鑑別

藍剛玉耐酸耐鹼，不易被腐蝕，火燒或蠟鑲也不會變色。
通常呈緻密塊狀和粒狀的集合體。

成分：Al_2O_3	硬度：9.0	比重：4.0~4.1	解理：無	斷口：貝殼狀至參差狀

易解石

斜方晶系，
顏色為褐色至黑色、黑褐色等

易解石屬於一種稀有礦物，是提煉鈮及其他稀土和放射性元素的主要礦物原料。它的化學成分十分複雜，在某些易解石中還富含鑭、釹、鏑、鈽、鏑、釓及鉭等元素。晶體通常呈柱狀、塊狀、板狀或束狀的集合體，具有較強的放射性。

條痕為黑色至褐色

自然成因

易解石主要在鹼性偉晶岩、霞石正長岩、花崗偉晶岩等鹼性岩以及花崗岩與白雲岩的接觸帶中產生，常與鋯石、黑簾石、黑稀金礦、燒綠石等共生。

主要用途

易解石可用來提煉鈮及其他稀土和放射性元素。

溶解度

易解石溶於酸，但不溶於水。

成分：（Ce, Th）（Ti, Nb）$_2O_6$	硬度：5.0~6.0	比重：4.9~5.4	解理：無	斷口：不平坦狀

金綠寶石

斜方晶體，
通常呈板狀、短柱狀，
集合體呈厚板狀

金綠寶石，又稱金綠玉，主要成分為氧化鋁鈹，是一種較為稀少的礦物，也是一種珍貴的寶石，具有四個變種：貓眼、變石貓眼、變石和金綠寶石晶體。

主要用途

金綠寶石若能夠切割成大顆粒，顏色淨度較好，同時具有優良火彩，則是一種珍貴的寶石，具有較大的收藏價值。

自然成因

金綠寶石主要在花崗偉晶岩、細晶岩和雲母片岩中形成，偶有少量碎屑形成於沙礫層中。

具有玻璃光澤至油脂光澤，
透明至不透明

產地區域

● 主要產地有巴西、馬達加斯加和斯里蘭卡等。

特徵鑑別

金綠寶石遇酸不會被侵蝕，同時在短波紫外線照射下，會發出綠黃色的螢光。具有貓眼效應及變色效應。

成分：$BeAl_2O_4$	硬度：8.5	比重：3.63~3.83	解理：清楚	斷口：貝殼狀

板鈦礦

板鈦礦主要成分為二氧化鈦，含鈦59.95%，同時也是二氧化鈦的另一種同質異象礦物，與銳鈦礦和金紅石成同質三象。斜方晶系，晶體通常呈板狀、片狀和柱狀。

顏色呈淡黃色、褐色至黑色等

主要用途

板鈦礦可用來提煉鈦，色散高、出火強；色澤鮮紅者可作寶石，少量淺黃色者可用作鑽石代用品。

條痕呈淺黃色、淺灰色至褐色

自然成因

板鈦礦主要在區域變質岩的石英脈和接觸變質岩石中產生，偶爾也形成於熱液蝕變及砂礦中，常與石英、金紅石、鈉長石、銳鈦礦等共生。

產地區域

● 世界著名產地有美國阿肯色州磁鐵礦灣、俄羅斯烏拉、瑞士蒂洛爾，以及英國、巴西等。

具有金剛光澤至半金屬光澤，透明至不透明

溶解度

板鈦礦不溶於任何酸性物質。

特徵鑑別

板鈦礦具有特殊的光性，折射率極高，具有異常強的色彩。在700°C高溫時，可變為金紅石。

成分：TiO_2	硬度：5.6~6.0	比重：4.1~4.2	解理：不完全	斷口：參差狀

銳鈦礦

銳鈦礦是一種主要成分為二氧化鈦的礦物，同時也是二氧化鈦的低溫同質多象變體，也可由其他鈦礦物變成。呈堅硬、閃亮的正方晶系晶體，晶體多呈柱狀、錐狀和板狀，顏色呈褐色、黑色、黃色等，偶見無色。

主要用途

銳鈦礦可用來提煉鈦，還可用來製作光學材料。

正方晶系，
少數呈藍色和綠灰色

自然成因

銳鈦礦主要在火成岩和變質岩的礦脈中形成，也常在砂礦床中出現。

溶解度

銳鈦礦不溶於任何酸性物質。

條痕呈無色、
白色或淺黃色

具有金剛光澤
至半金屬光澤

產地區域

● 世界著名產地有阿爾卑斯山的脈狀礦床，在巴西和烏拉山的碎屑礦床中也有產出。

透明至不透明

特徵鑑別

銳鈦礦具有雙錐狀晶形，正突起很高，軸負晶。
在800°C～900°C高溫時可轉金紅石。
銳鈦礦與金紅石、板鈦礦同質多象，成分與金紅石、板鈦礦相同，但晶體結構不同。

成分：TiO_2 | 硬度：5.5~6.5 | 比重：3.82~3.97 | 解理：完全 | 斷口：亞貝殼狀

針鐵礦

針鐵礦，又稱沼鐵礦，是一種水合鐵氧化物，分布較為廣泛，通常見到的鐵銹基本都由它組成。一般是黃鐵礦、磁鐵礦等於風化條件下形成的。若發生水合作用，則會產生變種，為水針鐵礦。

晶體通常呈針狀、片狀或柱狀

主要用途

針鐵礦作為褐鐵礦的主要原生礦物，可作為冶鐵原料；在早期，也常作為一種被稱為「赭石」的顏料。

自然成因

針鐵礦主要在鐵礦床氧化帶中形成，偶爾也會見於一些低溫熱液礦脈中，常與赤鐵礦、方角石、錳的氧化物和黏土質共生。

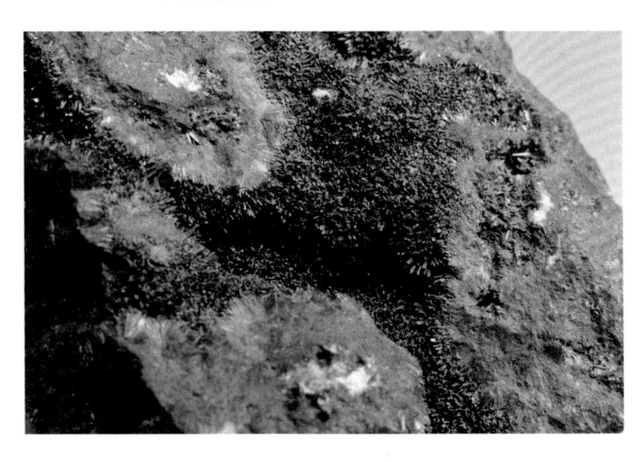

產地區域

● 世界上最大的產地是法國的亞爾薩斯-洛林盆地；在北美五大湖地區和阿帕拉契山脈、拉布拉多半島，南非、巴西以及澳洲部分地區也有產出。

顏色多呈黃褐色至紅色，條痕呈橙色至淺棕色

特徵鑑別

針鐵礦在燃燒加熱後會帶有磁性。
集合體呈具有同心層和放射狀纖維構造的球狀、塊狀或鐘乳狀。
在區域變質作用下，針鐵礦以及其他含水的鐵氧化礦物，脫水時會形成赤鐵礦或磁鐵礦。

具有金剛光澤，不透明

成分：FeO（OH）	硬度：5.0~5.5	比重：3.3~4.3	解理：完全	斷口：貝殼狀

褐鐵礦

褐鐵礦是一種主要成分為含水氧化鐵的礦物，同時也是針鐵礦和水針鐵礦的統稱。礦石中的礦物種類多達26種，但主要是褐鐵礦和石英，其他含量較少。褐鐵礦硬度因成分和形態而有所不同，含矽的緻密塊狀硬度達5.5，含泥質的土狀硬度會下降至1。

晶體通常呈塊狀、鐘乳狀、土狀、葡萄狀或粉末狀，也常以結核狀或黃鐵礦晶形的假象出現

主要用途

褐鐵礦可用來提煉鐵。

產地區域

● 世界著名產地有法國、德國、瑞典等。

顏色呈黃褐色或深褐色，條痕呈黃褐色

自然成因

褐鐵礦主要形成於酸性殘餘火成岩和石灰岩接觸發生交代硫化作用下。

溶解度

褐鐵礦可以在酸中慢慢溶解。

具有半金屬光澤

特徵鑑別

褐鐵礦在燃燒加熱後會釋放出水／水蒸氣。
礦物形態不同其硬度各異，無磁性。
褐鐵礦在硫化礦床氧化帶中有紅色的「鐵帽」構成，可以此來找礦。

成分：$Fe_2O_3 \cdot nH_2O$	硬度：5.0~5.5	比重：2.7~4.3	解理：無	斷口：參差狀

鋁土礦

鋁土礦不是指某單一礦物，主要是指在工業上能利用的，包括一水軟鋁、三水鋁石為主要礦物所組成的礦石統稱。其晶體極為少見，集合體則常呈鐘乳狀、鱗片狀、皮殼狀、放射纖維狀或是豆狀、鲕狀、球粒狀結核或呈細粒土狀塊體，主要呈細粒晶質或膠態非晶質。

單斜晶系，
晶體通常呈假六方板狀，並呈聚片雙晶

顏色多呈白色，含有雜質時會呈淡紅色至紅色

主要用途

鋁土礦是生產金屬鋁的最佳原料，用途十分廣泛，如煉鋁工業、精密鑄造、矽酸鋁耐火纖維等，同時還可製造礬土水泥、研磨材料及陶瓷工業、化學工業可制鋁的各種化合物。

自然成因

三水鋁石主要形成於含鋁矽酸鹽礦物的分解和水解作用。

產地區域

● 中國主要產地有山西、山東、河北、貴州、河南、四川、福建、廣西等。

具有玻璃光澤，
透明至半透明

溶解度

鋁土礦不溶於任何酸性物質。

特徵鑑別

鋁土常帶有濕黏土的臭味。
玻璃光澤，解理面呈珍珠光澤。
有一定透明度，解理極完全。
在偏光鏡下觀察它是無色的。

成分：FeO（OH）和 $Al_2O_3 \cdot 2H_2O$	硬度：2.5~3.5	比重：2.3~2.7	解理：完全	斷口：參差狀

鋯石

鋯石，又稱為鋯英石，日本稱其為「風信子石」，屬於一種矽酸鹽礦物。鋯石的品種極多，顏色多樣，如金黃、淡黃、淡紅、紫紅、粉紅、蘋果綠等。因其化學性質十分穩定，在河流的砂礫中也可見寶石級的鋯石。經過切割後，與鑽石十分相似。

四方晶系，晶體通常呈四方雙錐狀、四方柱狀及板狀，集合體呈纖維狀

主要用途

鋯石是提煉金屬鋯的主要礦物原料，可作寶石原料，同時也是耐火材料、型砂材料及陶瓷原料。

自然成因

鋯石主要在酸性火成岩中形成，也常出現在變質岩和沉積岩中。

具有強玻璃光澤至金剛光澤，新鮮斷面呈油脂光澤，透明至半透明

顏色常見為無色、藍色和紅色

產地區域

- 世界著名產地有泰國、寮國、柬埔寨和斯里蘭卡等。
- 中國主要產地有雲南，但出產的鋯石一般需要經過加熱改色處理。

特徵鑑別

鋯石具有高折射率、高密度、高色散等典型光譜特徵，在熱處理後會改變顏色，且具有放射性。在X射線的照射下會發出黃色光，在陰極射線下發出弱黃色光，在紫外線照射下則會發出明亮的橙黃色光。

成分：$ZrSiO_4$	硬度：7.5~8.0	比重：4.4~4.8	解理：不完全	斷口：參差狀至貝殼狀

氫氧鎂石

氫氧鎂石，又名水鎂石，主要成分為氫氧化鎂。顏色通常呈白色、灰色、淡綠色和淺藍色等，當它含有錳元素時，顏色呈黃色到棕色，含有鐵元素時呈紅褐色。

屬三方晶系，晶體通常呈較為寬闊的板狀

主要用途

作為提煉鎂的最佳原料。
作為高級耐火材料，人造纖維、橡膠、顏料、塑膠、電絕緣材料、無線電、陶瓷、鎂黏合劑等的增強填料，還可以作為電焊條塗料的阻燃劑。
能作為生產肥料、特種水泥的原料，代替石灰處理造紙廠的汙水。
可作為電子設備、核反應爐、核火箭裝備的結構材料，還可作為紅外線和紫外線設備材料。
色澤、花紋美觀的水鎂石還可以用來雕刻藝術品。

具有玻璃光澤或珍珠光澤，透明

集合體呈塊狀、粒狀、葉片狀和纖維狀等

自然成因

氫氧鎂石主要在變質石灰岩、蛇紋岩和片麻岩中形成。
是蛇紋岩以及白雲岩中典型的低溫熱液蝕變礦物。

溶解度

氫氧鎂石溶於鹽酸。

特徵鑑別

晶體形態上，單晶體呈厚板狀，片狀集合體較為常見，偶爾會形成纖維狀集合體。
要注意的是，水鎂石經常會形成方鎂石的假象。
水鎂石的顏色會因混入的其他元素的含量多少而不同，如含鐵、錳雜質的變種呈現黃色或褐紅色。

成分：$Mg(OH)_2$	硬度：2.5	比重：2.38~2.40	解理：完全	斷口：參差狀

硬水鋁石

硬水鋁石屬於鋁的氧化物，又稱硬水鋁礦，常含鐵、錳等元素。顏色多為無色、白色、灰色等，含有雜質時會呈紅色、褐色等，條痕為白色。

主要用途

硬水鋁石可用來提煉鋁，因耐腐蝕性強和良好的機械強度，廣泛應用於製造飛機和機器部件、建築物、飲料罐及食品包裝的主要結構材料。
硬水鋁石還可作為耐火材料。

斜方晶系，晶體通常呈針狀、板狀或片狀，集合體呈塊狀、片狀、鱗狀或鐘乳狀等

產地區域

● 主要產地有美國阿肯色州和密蘇里州，法國、匈牙利及南非等。

自然成因

硬水鋁石主要在蝕變的岩漿岩和大理岩中形成，同時廣泛分布於鋁土礦、紅土礦及一些岩石中，常與白雲石、尖晶石、綠泥石、磁鐵礦和剛玉等共生。

溶解度

硬水鋁石不溶於任何酸性物質。

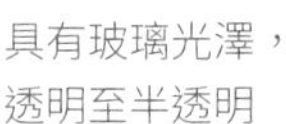

具有玻璃光澤，透明至半透明

質地堅硬

特徵鑑別

硬水鋁石有極強的耐腐蝕性。
鋁的氧化物礦物為白色或淡灰色，堅硬，具玻璃光澤。
硬水鋁石與軟水鋁石化學成分相同，但晶體結構不同，成同質異像。
硬水鋁石不含氫氧基，但含有與氧原子呈二次配位的氫陽離子。

成分：AlO（OH）	硬度：6.5~7.0	比重：3.3~3.5	解理：無	斷口：貝殼狀

文石

文石，又名霰石，主要由霰石、方解石、蛋白石、鐵氧化物等礦物組成，屬於次生礦物。其晶體常呈鮞狀、粒狀、皮殼狀和豆狀等的集合體，同時具有同心圓構造。它在自然界中性質並不穩定，易轉變為方解石。

斜方晶系，
晶體通常呈柱狀、矛狀或纖維狀等，
常見假六方對稱的三連晶體

主要用途

文石中質地上佳者，在經加工打磨後會呈現美麗的同心圓花紋，被稱為文石眼，可製作飾物及印材等。

溶解度

文石溶於冷稀鹽酸。

自然成因

文石主要在外生作用下形成，多見於蛇紋石化超基性岩風化殼及石灰岩洞穴中；同時也可在內生作用下形成，常見於溫泉沉積及火山岩的裂隙和氣孔中；偶有在生物作用下形成，常見於某些貝殼中。

具有玻璃光澤，新鮮斷面呈油脂光澤，透明

顏色多呈白色和黃白色，
條痕為無色

產地區域

- 世界主要產地有義大利西西里島。
- 台灣主要產地有望安島、西嶼、將軍澳、七美等。

特徵鑑別

文石在紫外線的照射下會發出螢光。
透明，有玻璃光澤，斷口為油脂光澤。
良質文石顏色較深，花紋變化較多，硬度高，內部為同心圓構造。黃色、乳白色、無花紋的文石都屬中級文石。

成分：$CaCO_3$	硬度：3.5~4.0	比重：2.9~3.0	解理：不完全	斷口：貝殼狀

方解石

方解石屬於一種碳酸鈣礦物，是天然碳酸鈣中最為常見的，分布較為廣泛，主要含有鈣、碳、氧三種元素，也是石灰岩和大理岩的主要成分。常見完好晶體，形態多樣，晶體中還常見白雲石、水鎂石、鐵的氫氧化物及氧化物、硫化物、石英等機械混入物。常含錳、鐵、鋅、鉛、鎂、鍶、鋇、鈷和稀土元素等類質同像替代物，達一定的量時，還可形成錳方解石、鐵方解石、鋅方解石及鎂方解石等變種。

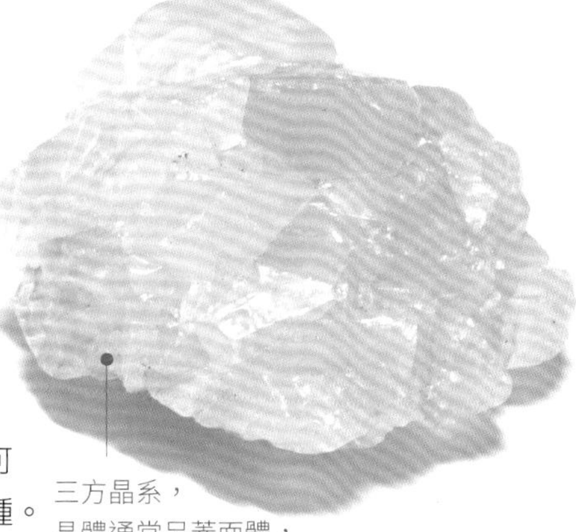

三方晶系，
晶體通常呈菱面體，
集合體呈粒狀、塊狀、土狀、鐘乳狀、纖維狀、結核狀等

主要用途

方解石一般可作為化工、水泥等工業原料，在冶金工業可作熔劑，在建築工業可用來生產水泥及石灰。其次，可在造紙、塑膠、牙膏及食品中作添加劑；在玻璃生產中加入方解石成分可使玻璃變得半透明，極適合做玻璃燈罩。

具有玻璃光澤，
透明至不透明

顏色一般呈白色或無色，
含有雜質時會呈淡黃色、淡紅色、玫紅色、紫色、褐色等，條痕為白色

自然成因

方解石主要在熱液活動中形成，在自然界中分布廣泛，也常在淺海或湖泊中沉積形成廣大的石灰岩層。

溶解度

方解石溶於稀鹽酸，同時會劇烈起泡。

產地區域

● 世界主要產地有美國、德國、英國、法國、墨西哥等。

● 中國主要產地有廣西、江西及湖南一帶。廣西出產的方解石因白度高、酸不溶物少而在國內聞名。

特徵鑑別

方解石硬度低於小刀，同時具有強烈雙折射功能和最大的偏振光功能。其形狀多樣化，集合體多為一簇簇晶體，也有其他各種形狀。

成分：$CaCO_3$	硬度：3.0	比重：2.6~2.8	解理：完全	斷口：亞貝殼狀

白雲石

白雲石屬於一種碳酸鹽礦物，一般由碳酸鈣與碳酸鎂組成，同時也是白雲岩和白雲質灰岩的主要組成部分。其晶體的結構與方解石相似，性質較脆，顏色通常為白色，晶面常彎曲成馬鞍狀，多見聚片雙晶。

主要用途

白雲石在建材、玻璃、陶瓷、耐火材料、化工以及環保、節能、農業、醫藥等領域都有廣泛應用。也可用作鹼性耐火材料、高爐煉鐵的熔劑，以及生產鈣鎂磷肥、製取硫酸鎂。

自然成因

白雲石主要在結晶石灰岩以及富含鎂的變質岩中形成，也見於熱液礦脈和碳酸鹽礦物的孔穴內，在各種沉積岩的膠結物中也偶有出現。

產地區域

● 中國主要的產地有東北遼河群、內蒙古桑子群、福建的建甌群；其次，河北、山西、江蘇、湖北、湖南、廣西、貴州等也有分布。

三方晶系或六方晶系，
晶體多呈稜面體，集合體則呈塊狀和粒狀，
顏色多呈白色和淺黃色，也呈無色、灰色和淺褐色等，條痕為白色，
具有玻璃光澤或珍珠光澤，透明至半透明

特徵鑑別

白雲石在遇到冷稀鹽酸時會起泡，一些白雲石在陰極射線的照射下會發出橘紅色的光。

鐵白雲石

鐵白雲石屬於白雲石的一種，是一種次生礦，主要由碳酸鈣和少量的鐵、鎂和錳組成。晶體形狀與白雲石相似，通常具有螢光性，溶於鹽酸。

成分：$CaMg(CO_3)_2$	硬度：3.5~4.0	比重：2.8~2.9	解理：完全	斷口：亞貝殼狀

菱鐵礦

菱鐵礦的主要成分是碳酸亞鐵，在自然界中分布較廣，鐵元素含量48%，且不含硫元素或磷元素，屬於一種有價值的鐵礦物。菱鐵礦通常呈薄薄一層，與頁岩、煤或黏土在一起。它在氧化水解的情況下可變成褐鐵礦。

三方晶系，
晶體通常呈菱面體，
集合體呈緻密塊狀、粒狀、球狀或結核狀

主要用途

菱鐵礦的雜質很少時可作為提煉鐵的鐵礦石。

自然成因

菱鐵礦主要形成於中、低溫熱液礦脈及變質沉積石中，也有在偉晶岩中出現的可能。

顏色多為灰白色或黃白色，風化後會變為褐色或褐黑色等，
條痕為白色至灰白色

產地區域

● 世界主要的產地有英國、法國、德國、巴西、波蘭、葡萄牙、秘魯、玻利維亞，以及捷克波西米亞、澳洲新南威爾斯州等；美國賓州、加州、密西根州、猶他州；加拿大蒙特婁、魁北克也有產出。

● 中國主要的產地有貴州、陝西、青海、新疆、甘肅、雲南等。

特徵鑑別

菱鐵礦在加熱後會產生磁性，並且在冷鹽酸中會緩慢溶解。
硬度小於小刀等利器，條痕為白色到灰白色。可以此區分菱鐵礦石與其他重感明顯的岩石或礦石。

具有玻璃光澤和珍珠光澤，半透明

成分：$FeCO_3$	硬度：3.75~4.25	比重：3.7~4.0	解理：完全	斷口：參差狀

菱鎂礦

菱鎂礦是一種碳酸鎂礦物，是鎂的主要來源，天然的菱鎂礦鐵元素含量不高。當方解石遇到含有鎂的溶液時，可變成菱鎂礦。其晶體呈隱晶質緻密塊狀的被稱為瓷狀菱鎂礦。

顏色多為白或灰白色，當含有鐵元素時，則會呈黃色至褐色

主要用途

菱鎂礦是提煉鎂的主要礦物原料，也可用作耐火材料和製取鎂的化合物。

具有玻璃光澤

自然成因

菱鎂礦主要在熱液交代及沉積變質的礦床中產生，也見於海相沉積礦床中，常與白雲石、方解石、綠泥石、滑石等共生。

三方晶系，
晶體通常呈粒狀或隱晶質緻密塊狀，在風化帶會呈隱晶質瓷狀

產地區域

● 中國是世界上菱鎂礦資源最豐富的國家，居世界第1位，主要分布在遼寧菱鎂礦區；其次，山東、西藏、新疆、甘肅也有大量分布。

特徵鑑別

菱鎂礦遇冷鹽酸不會起泡，但遇熱鹽酸則劇烈起泡。
在偏光鏡下折射率及重折率會隨鐵含量增高而變大，具有顯著雙反射。

成分：$MgCO_3$	硬度：3.5~4.5	比重：3.0~3.1	解理：完全	斷口：貝殼狀至參差狀

毒重石

毒重石是一種含鋇的碳酸鹽礦物，也是自然界中除了重晶石外，另一種主要的含鋇礦物。其晶體比較少見，多呈葡萄狀、纖維狀、柱狀、球狀及粒狀的集合體，晶體通常為雙面晶。同時還具有硬度低、比重大、吸收X射線和γ射線等特性。

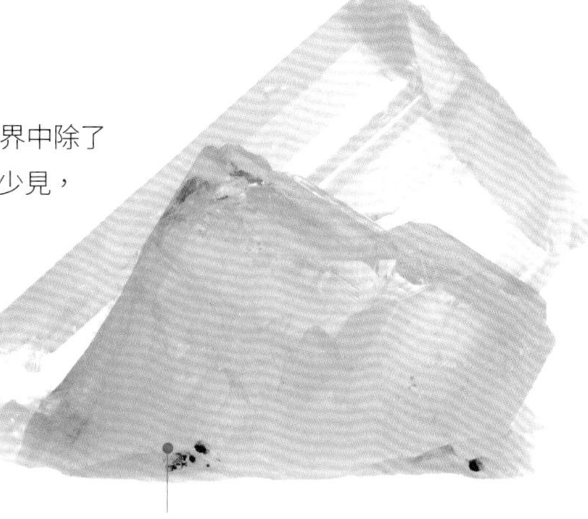

斜方晶系，
晶體常呈假六面體或雙錐狀

主要用途

毒重石在油氣鑽探、化工、輕工、冶金、建材、醫藥等都有廣泛應用，它是化工產品製造中的優質鋇原料。

毒重石是生產鋅鋇白和鋇的化合物的主要原料，廣泛用於橡膠的膠黏劑、農藥的殺蟲劑、油脂的添加劑、紙張的增光劑、鑽井泥漿的增重劑等，還是其他真空管的吸氣劑和黏結劑。

產地區域

- 世界著名產地有美國伊利諾州、英國諾森伯蘭、加拿大安大略等。
- 中國主要的產地有陝西紫陽黃柏樹灣和四川城口巴山等。

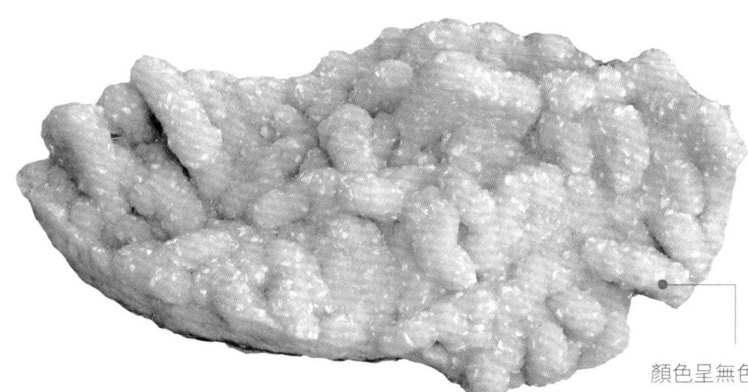

顏色呈無色、白色、灰色、黃色、綠色等，條痕為白色

自然成因

毒重石主要在熱液礦脈中形成，常與重晶石、方解石和石英共生。

具玻璃光澤，新鮮斷面呈油脂光澤，透明至半透明

特徵鑑別

毒重石溶於稀鹽酸，有氣泡產生。

成分：$BaCO_3$	硬度：3.0~3.5	比重：4.2~4.3	解理：清楚	斷口：參差狀

碳酸鍶礦

碳酸鍶礦（菱鍶礦）是一種自然產生的碳酸鹽礦物，屬於文石族礦物。其晶體在自然界中較為少見，通常呈針狀或柱狀，集合體呈粒狀、柱狀、放射狀等。碳酸鍶礦的變種有鋇碳酸鍶礦和鈣碳酸鍶礦。

主要用途

碳酸鍶礦可用來提煉鍶；用作煉鋼的脫硫劑，除去硫、磷等有害雜質；用作磁性材料；也可用作映像管、顯示器、工業監視器、電子元器件以及製造鍶鐵氧體等。

斜方晶系，
顏色多呈無色或白色

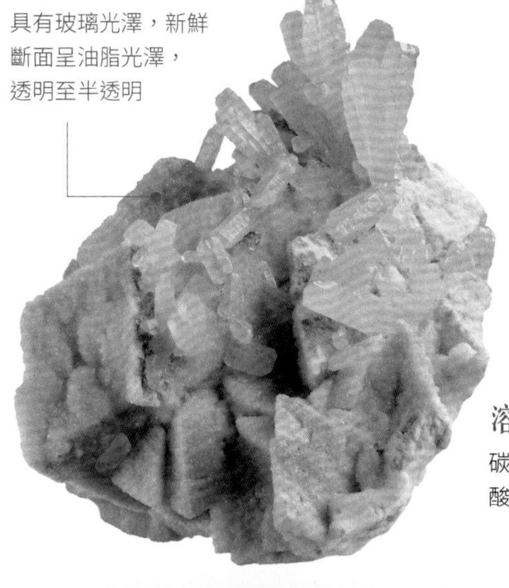

具有玻璃光澤，新鮮
斷面呈油脂光澤，
透明至半透明

自然成因

碳酸鍶礦主要在中、低溫熱液成因下形成，多產於石灰岩或泥灰岩中，常與碳酸鋇礦、方解石、重晶石、天青石、螢石及硫化物等共生。

溶解度

碳酸鍶礦溶於稀鹽酸，有氣泡生成。

含有雜質時則會呈灰色、黃白色、綠色、褐色等

特徵鑑別

碳酸鍶礦在陰極射線的照射下，會發出弱淺的藍色光。

多呈白色，或被雜質染成灰、黃白、綠或褐色，性脆。

成分：$SrCO_3$	硬度：3.5~4.0	比重：3.6~3.8	解理：中等和不完全	斷口：參差狀

白鉛礦

白鉛礦的主要成分是碳酸鉛，是方鉛礦在氧化後形成的次生礦物，但鉛有時會被鉻或銀部分替代。晶體通常呈緻密塊狀、土狀、鐘乳狀或皮殼狀的集合體，貫穿雙晶常見。當含有鉛的包裹體時，顏色會呈淺綠色、藍色或灰色等，條痕為白色。

主要用途

白鉛礦可以用來提煉鉛或製作鉛製品。

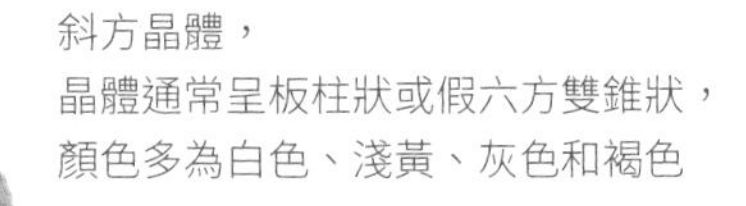
斜方晶體，
晶體通常呈板柱狀或假六方雙錐狀，
顏色多為白色、淺黃、灰色和褐色

自然成因

白鉛礦主要在鉛鋅礦床或鉛礦床中形成，常與重晶石、方解石、方鉛礦、鉛釩、氯磷鉛礦、鉬鉛礦等共生。

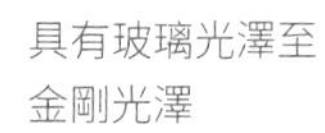
具有玻璃光澤至
金剛光澤

新鮮斷面呈油脂光澤，
透明至半透明

產地區域

● 世界著名產地有美國賓夕凡尼亞州、俄羅斯西伯利亞、義大利薩丁尼亞島，非洲突尼西亞，捷克、澳洲和德國等。

溶解度

白鉛礦溶於稀鹽酸，並會產生氣泡。

特徵鑑別

白鉛礦在陰極射線的照射下，會發出淺藍綠色的螢光。

成分：$PbCO_3$	硬度：3.0~3.5	比重：6.4~6.6	解理：清楚	斷口：貝殼狀

孔雀石

孔雀石是一種含銅的碳酸鹽礦物，又稱為藍寶翡翠、藍玉髓，因顏色近似孔雀羽毛上斑點的綠色而得名，同時也是一種古老的玉石，在中國古代被稱為綠青、石綠或青琅玕。其晶體比較少見，同時具有同心層狀和纖維放射狀結構。

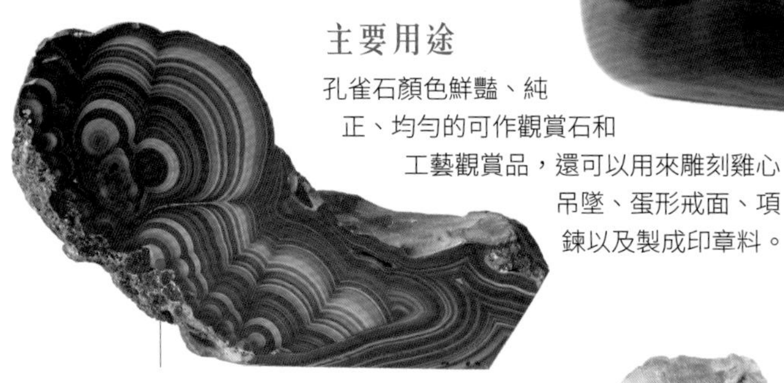

主要用途

孔雀石顏色鮮豔、純正、均勻的可作觀賞石和工藝觀賞品，還可以用來雕刻雞心吊墜、蛋形戒面、項鍊以及製成印章料。

單斜晶系，
晶體通常呈針狀或柱狀，
集合體呈纖維狀、鐘乳狀、結核狀、葡萄狀、皮殼狀和塊狀等

顏色多為綠色、孔雀綠、
暗綠色等，條痕為淡綠色

自然成因

孔雀石主要在銅礦床的氧化帶中形成，常與藍銅礦、赤銅礦、輝銅礦、自然銅等共生。

產地區域

- 世界著名產地有俄羅斯、澳洲、尚比亞、納米比亞、剛果（金）、美國等。
- 中國主要產地有廣東陽春、湖北黃石和贛西北等。

具有玻璃光澤或絲絹光澤，
透明至不透明

溶解度

孔雀石溶於稀鹽酸。

特徵鑑別

特殊的孔雀綠色及典型的條帶。不易與其他寶石混淆，但與綠柱石、矽孔雀石相似。綠柱石硬度大，密度小；孔雀石硬度小，密度小。呈不透明的深綠色，有色彩深淺不同的條狀花紋。

成分：$Cu_2CO_3(OH)_2$ | 硬度：3.5~4.0 | 比重：4.0 | 解理：完全 | 斷口：亞貝殼狀至參差狀

藍銅礦

藍銅礦屬於一種含銅的鹼性碳酸鹽礦物，又稱石青。其晶體十分稀少，同時具有纖維放射狀和同心層狀結構。藍銅礦鮮豔的微藍綠色十分特殊，是礦物中最吸引人的裝飾材料之一。藍銅礦易轉變成孔雀石。

單斜晶系，
晶體通常呈板狀和短柱狀，
集合體呈塊狀、鐘乳狀、結核狀、皮殼狀、厚板狀、粒狀和土狀等

主要用途

藍銅礦可作為銅礦石提煉銅，也可用來製作成藍色的顏料。若顏色均勻、質地通透，還可用來製作工藝品。

顏色多為深藍色，也有綠色、孔雀綠和暗綠色等，條痕為淺藍色

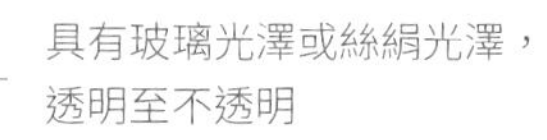

具有玻璃光澤或絲絹光澤，透明至不透明

產地區域

- 世界主要產地有美國、俄羅斯、澳洲、羅馬尼亞、巴西、尚比亞、納米比亞等。
- 中國主要產地有廣東陽春、湖北大冶和贛西北等。

自然成因

藍銅礦主要在銅礦床的氧化帶中產生，與孔雀石緊密伴生。藍銅礦常作為銅礦的伴生產物，是一種含銅碳酸鹽的蝕變產物。

溶解度

藍銅礦不溶於水，但溶於鹽酸，有氣泡生成。

特徵鑑別

藍銅礦易熔，加熱後顏色會變黑。
在偏光鏡下呈現出淺藍至暗藍色。
它呈不透明的深綠色，具有色彩濃淡不一的條狀花紋，這是其他寶石所沒有的。
藍銅礦不能接觸酸性和鹼性物質，很容易損傷表面光澤。

成分：$Cu_3(CO_3)_2(OH)_2$　硬度：3.5~4.0　比重：3.77~3.78　解理：完全　斷口：貝殼狀至參差狀

綠銅鋅礦

綠銅鋅礦是一種由鋅和銅的氫氧化物組成的碳酸鹽礦物。其晶體形狀似羽毛，通常呈粒狀、柱狀、片狀、簇狀和皮殼狀的集合體。因綠銅鋅礦是富鋅礦風化的產物，可根據它找到鋅礦床。綠銅鋅礦的顏色為暗綠色、帶綠的藍色以及天藍色。有絲絹光澤至珍珠光澤，斷口為參差狀。

斜方晶系，
晶體呈針狀或細長板狀

主要用途

礦物研究與收藏。

自然成因

綠銅鋅礦主要在銅鋅礦脈的氧化帶中形成，常與孔雀石、藍銅礦等銅礦物共生。

具有絲絹光澤或
珍珠光澤，透明

溶解度

綠銅鋅礦溶於稀鹽酸，並會產生氣泡。

產地區域

● 主要產地有美國亞利桑那州、南達科他州、新墨西哥州和猶他州，納米比亞的特森布，在俄羅斯、法國、義大利、希臘等地也有產出。

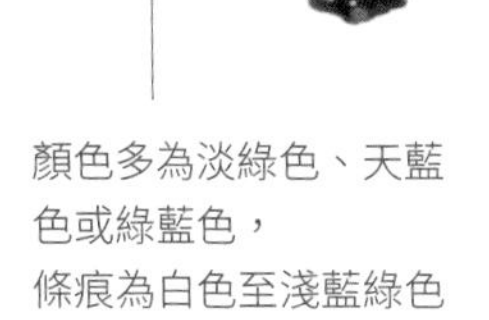

顏色多為淡綠色、天藍
色或綠藍色，
條痕為白色至淺藍綠色

特徵鑑別

綠銅鋅礦因含有銅，燃燒時火焰呈綠色。
以其硬度和顏色作為鑑定特徵。
條痕呈現淡綠色，透明。

成分：$(Cu, Zn)_5(CO_3)_2(OH)_6$	硬度：1.0~2.0	比重：3.96	解理：完全	斷口：參差狀

天然鹼

天然鹼屬於一種蒸發鹽礦物，是水合碳酸氫鈉，主要在鹼湖和固體鹼礦中聚集。其晶體通常呈纖維狀和柱塊狀的集合體。倍半碳酸鈉也是自然界中常見的天然鹼礦物，因此有時專稱它為天然鹼，又稱鹼石。

主要用途

天然鹼在日常生活當中用於製作食品和洗滌產品，同時也是工業生產中的基本化工原料。天然鹼雜質較多，首先製成鹼液，後加工成純淨的鹼類產品，如純鹼、燒鹼、小蘇打等。

溶解度

天然鹼溶於鹽酸，會發泡，並且可溶於水。

晶體通常呈柱狀或板狀，顏色多為灰白色、黃白色、淡綠色、淺棕色或無色

自然成因

天然鹼主要在蒸發岩礦床之中形成，常與石鹽、石膏、硼砂、鈣芒硝、鉀鹽以及白雲石等共生。

產地區域

● 中國主要是以內蒙古的鹼湖產出最多，內蒙古的查干諾爾鹼礦、西藏高原和河南省桐柏縣也有產出。

特徵鑑別

將天然鹼置於密封的試管內加熱，會釋放出水分。

成分：$Na_3H[CO_3]_2 \cdot 2H_2O$	硬度：2.5~3.0	比重：2.1	解理：完全	斷口：參差狀

水鋅礦

單斜晶系，呈細條片狀或扁長板狀

水鋅礦，別稱鋅華，是閃鋅礦的次生礦物。晶體較為少見，通常呈緻密塊狀、皮殼狀、葡萄狀、鐘乳狀、球狀或腎狀的集合體，也常呈隱晶質結構。

顏色為白色、灰色，有時也呈淡黃色、淺棕色、淡紫色或玫瑰紅色，條痕為白色或暗淡

主要用途

水鋅礦可用來提煉鋅，也可用於製備各種鋅化合物。

產地區域

● 世界著名產地有瑞典、英國、義大利等。
● 中國主要產地在遼寧。

自然成因

水鋅礦主要在含鋅礦脈的氧化帶之中產生，由閃鋅礦蝕變形成，常與白鉛礦、纖鐵礦、針鐵礦、綠銅鋅礦、菱鋅礦等共生。

溶解度

水鋅礦溶於鹽酸。

特徵鑑別

將水鋅礦置於試管內加熱會產生水；在紫外線的照射下會發出藍白色或淡紫色的螢光。硬度小和比重大也可作為鑑定特徵。

成分：$Zn_5(CO_3)_2(OH)_6$	硬度：2.0~2.5	比重：4.0	解理：完全	斷口：參差狀

菱錳礦

菱錳礦是一種含有錳的碳酸鹽礦物，同時也常含有鋅、鐵、鈣等多種元素，這些元素往往也會將錳元素取代，因此純菱錳礦在自然界中很少見。其晶體常呈淡玫瑰色或淡紫紅色。若含鈣量增加，顏色會變淡，緻密塊狀的晶體會呈白色、黃色、褐黃色或灰色等；而錳被鐵替代時，會變為黃或褐色。

三方晶系，
晶體通常呈菱面狀、柱狀、三角面狀或斑狀，
集合體呈塊狀、粒狀、球狀、腎狀、鐘乳狀、結核狀或葡萄狀等

主要用途

菱錳礦是提煉錳的主要礦物原料；若色澤豔麗、質感通透，可製作低端寶石和工藝品。

自然成因

菱錳礦是錳的碳酸鹽礦物，常含有鐵、鈣、鋅等元素。菱錳礦主要在熱液礦脈、沉積和變質作用中產生。

被氧化后呈褐黑色，條痕呈白色

溶解度

菱錳礦溶於溫鹽酸，並會產生氣泡。

具有玻璃光澤至珍珠光澤，透明至半透明

產地區域

● 世界主要產地有美國科羅拉多州的阿爾瑪、馬達加斯加、墨西哥、南非的阿扎尼亞、阿爾及利亞等。
● 中國主要產地有東北、北京、贛南、貴州、湖南等。

特徵鑑別

菱錳礦硬度較低，表面易刮傷，有貓眼效應和星光效應。
顏色呈粉紅色、深紅色，有玻璃光澤至亞玻璃光澤。
一軸晶，負光性，三組菱面體解理。

成分：$MnCO_3$	硬度：3.5~4.5	比重：3.6~3.7	解理：完全	斷口：參差狀

菱鋅礦

菱鋅礦是一種最為常見的碳酸鹽礦物，通常有含鐵元素和不含鐵元素兩種類型。礦石成分中的鋅有時會被鐵元素或錳元素替換，偶爾也會被少量的鈣、鎂、銅、鉛、鎘或鈷元素取代。晶面常彎曲，通常呈塊狀、粒狀、腎狀、葡萄狀或鐘乳狀的集合體。

三方晶系，
晶體通常呈菱面狀或偏三角面狀

主要用途

菱鋅礦可以用來提煉鋅；若顏色均勻、質地透明的綠色或綠藍色菱鋅礦，可製作為寶石及其他工藝品。

自然成因

菱鋅礦主要在鉛鋅礦床的氧化帶中形成，由閃鋅礦氧化分解產生的硫酸鋅並交代碳酸鹽圍岩或原生礦石中的方解石而成，屬於一種次生礦物，常與藍銅礦、孔雀石、異極礦、方鉛礦、水鋅礦、白鉛礦等共生。

具有玻璃光澤或珍珠光澤，
半透明至不透明

顏色多為白色、黃色、藍色、綠色、褐色、粉紅色或灰色，
條痕為白色

產地區域

- 世界著名產地有美國、義大利、德國、墨西哥、希臘、波蘭、澳洲、比利時、利比亞、南非、保加利亞等。
- 中國主要產地有廣西容縣等。

溶解度

菱鋅礦溶於冷鹽酸，並產生氣泡。

特徵鑑別

不含鐵的菱鋅礦屬三方晶系，菱面體較脆，破裂表面具有強親水性。

成分：$ZnCO_3$	硬度：4.0~4.5	比重：4.30~4.45	解理：不完全	斷口：亞貝殼狀至參差狀

石膏

石膏，又稱為二水石膏、水石膏或軟石膏，是一種主要成分為硫酸鈣的水合物。雙晶較為常見，晶面帶有縱紋。其晶體呈細晶粒狀塊狀的稱為雪花石膏。晶體性質較脆，易彎曲。具有良好的隔音、隔熱和防火性能。

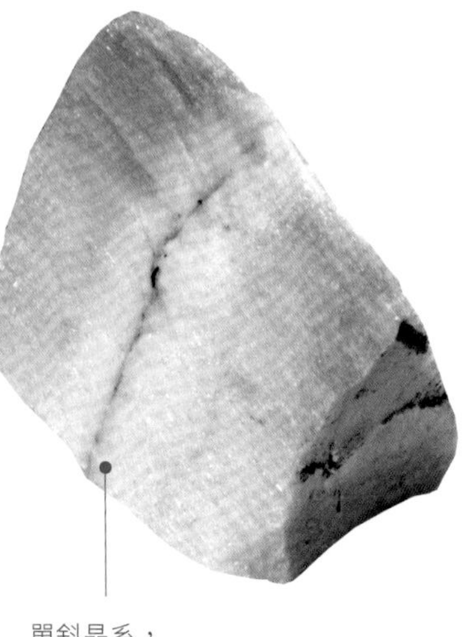

單斜晶系，
晶體通常呈板狀，
集合體呈緻密塊狀或纖維狀

主要用途

常作為工業材料和建築材料應用，也可用於石膏建築製品、水泥緩凝劑、模型製作、硫酸生產、紙張填料、油漆填料、醫用及食品添加劑等。

自然成因

石膏礦主要形成於化學沉積作用中，在石灰岩、砂岩、紅色頁岩、黏土岩及泥灰岩中較常見，通常與硬石膏、石鹽等共生。

產地區域

● 世界主要產地有美國、加拿大、法國、德國、英國、西班牙等。
● 中國的石膏礦資源豐富，在全國20多個省均有產出，如內蒙古、青海、吉林、山東、山西、江蘇、湖南、湖北、廣西等。

具有玻璃光澤、絲絹光澤或珍珠光澤，透明到半透明

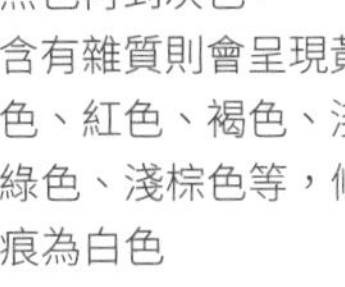

顏色多變，如白色至無色再到灰色，含有雜質則會呈現黃色、紅色、褐色、淺綠色、淺棕色等，條痕為白色

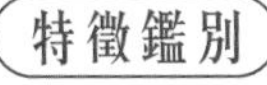

特徵鑑別

低硬度，一組極完全解理，從各種不同特徵和形態可鑑別。緻密塊狀的石膏，低硬度和遇酸不起泡的特性可與碳酸鹽區別。是硬度分類中標準礦物之一。

溶解度

石膏遇酸易溶，但不產生氣泡。

成分：$CaSO_4 \cdot 2H_2O$	硬度：2.0	比重：2.32	解理：完全	斷口：多片狀

硬石膏

斜方晶系，
晶體通常呈柱狀或厚板狀，
集合體呈塊狀或纖維狀

硬石膏是一種硫酸鹽礦物，主要成分為無水硫酸鈣，與石膏不一樣的是它並不含結晶水。硬石膏在潮濕的環境下會吸收水分而變成石膏，是重要的造岩礦物。其晶體質地純淨時顏色為無色或白色，條痕呈白色或淺灰白色。具有三組互相垂直的解理，也可分裂成長方形解理塊。

含有雜質則多呈灰色、淺灰色、淺紅色、淺藍色或淺紫色

主要用途

硬石膏主要用來製作石膏、水泥和化肥，也可代替石膏作為矽酸鹽水泥的緩凝劑。

產地區域

● 世界著名產地有德國的施塔斯富特、美國的洛克波特、奧地利的布萊貝格、波蘭的維利奇卡、瑞士的貝城等。

● 中國的主要產地有南京的周村等。

自然成因

硬石膏主要於鹽湖中在化學沉積作用之下形成，時常與石膏、石鹽和鉀石鹽等共生，少量在硫化礦床的氧化帶中形成。如果暴露在地表，則易水化成石膏。

特徵鑑別

硬石膏遇熱易熔化，燃燒時火焰呈磚紅色。

成分：$CaSO_4$	硬度：3.0~3.5	比重：2.9~3.0	解理：完全	斷口：參差狀至多片狀

透石膏

單斜晶系，
晶體通常呈板狀，
集合體呈緻密塊狀或纖維狀

透石膏主要屬含氧鹽類，是一種可以劈成無色透明薄片的石膏變種，薄片有撓性，性質也較脆。

無色，
條痕為白色

主要用途

透石膏可作為工業原料應用，也可用於科學研究和觀賞。

自然成因

透石膏主要形成於化學沉積作用，通常與硬石膏、石鹽等共生。

溶解度

透石膏溶於酸，但不產生氣泡。

成分：$CaSO_4 \cdot 2H_2O$	硬度：1.5~2.0	比重：2.3	解理：完全	斷口：多片狀

天青石

天青石屬於一種硫酸鹽礦物，是自然界中最主要的含鍶礦物。完好的晶體較為少見，集合體多呈緻密塊狀、鐘乳狀、纖維狀、細粒狀和結核狀。天青石可與重晶石形成完全類質同象系列，而富含鋇元素的被稱為鋇天青石。

有時為無色透明，有雜質會呈黑色，條痕為白色

主要用途

天青石主要是用來提煉鍶和製造鍶化合物；也可以用來生產電視機的映像管螢幕、特種玻璃、紅色焰火和信號彈等，還可作為冶煉時的脫鉛劑使用，也有極少量的鍶化合物可應用於潤滑脂、陶瓷釉料和藥品方面。

自然成因

天青石主要在熱液礦床和沉積礦床中形成，多在白雲岩、泥灰岩、灰石岩和含石膏黏土等沉積岩中產生，通常與石膏和碳酸鹽共生。

斜方晶系，
晶體通常呈板狀、片狀和柱狀，
顏色通常呈淺藍色、天藍色或淺藍灰色

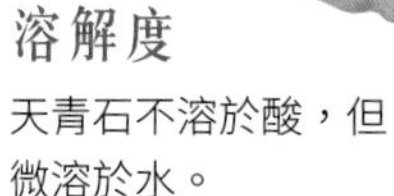

溶解度

天青石不溶於酸，但微溶於水。

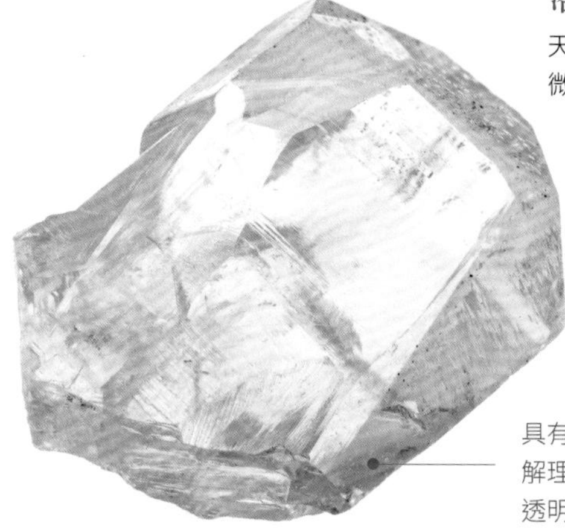

具有玻璃光澤，
解理面有珍珠光澤，
透明至半透明

產地區域

● 亞洲最大的產地在中國江蘇溧水；其次，內蒙古、青海、吉林、遼寧、山東、陝西、甘肅、重慶、湖北、湖南、貴州、新疆等地均有產出。

特徵鑑別

天青石灼燒時，火焰呈深紫紅色。在紫外線照射下會發出螢光。

成分：$SrSO_4$	硬度：3.0~3.5	比重：3.96~3.98	解理：完全	斷口：參差狀至多片狀

重晶石

重晶石屬於一種非金屬礦物，是自然界中分布最廣的含鋇元素礦物，主要成分為硫酸鋇，偶爾含有鈣等其他元素。其晶體若含有雜質，顏色則會呈淺紅色、淺黃色、灰色等，條痕為白色。

斜方晶系，晶體通常呈柱狀或厚板狀，集合體呈緻密塊狀、板狀或粒狀

自然成因

重晶石主要在低溫熱液礦脈中形成，常與閃鋅礦、方鉛礦、黃銅礦、辰砂等共生；也能在沉積岩中形成，常見於沉積錳礦床、砂質沉積岩和淺海泥質。

具有玻璃光澤，解理面呈珍珠光澤，透明至半透明

主要用途

重晶石主要可以用來提煉鋇，也廣泛應用於石油和天然氣鑽井泥漿的加重劑、水泥工業用礦化劑、道路建設、工業填料、化工、造紙、紡織填料及顏料等；在生產玻璃時也可作為助熔劑增加玻璃的光亮度。

若質地純淨，則無色透明

特徵鑑別

重晶石硬度小，密度大，不具磁性，無毒性。
重晶石與天青石極相似，但重晶石干涉色略高，光軸角較小。
重晶石與硬石膏的區別在於，重晶石雙折射率比硬石膏低得多，但折射率大。

產地區域

● 中國主要的產地有湖南、湖北、青海、陝西、江西、廣西、貴州、福建等。

溶解度

重晶石不易溶於水和鹽酸。

成分：$BaSO_4$	硬度：3.0~3.5	比重：4.5	解理：完全	斷口：參差狀

硫酸鉛礦

硫酸鉛礦是一種主要成分為硫酸鉛的礦物，屬於重晶石族，又稱鉛礬，鉛元素含量68.3%，顏色通常為無色至白色，條痕為白色。因硫酸鉛礦的溶解度極低，故常成皮殼狀包裹方鉛礦，並阻止其進一步分解。若遇含碳酸的水，則易變成白鉛礦。

主要用途

硫酸鉛礦可用來提煉鉛及礦物收藏。

斜方晶系，
晶體通常呈板狀、柱狀或錐狀，
集合體呈緻密塊狀、粒狀、鐘乳狀和結核狀

產地區域

● 主要產地有義大利的薩丁尼亞島、納米比亞的蘇麥伯和摩洛哥的烏傑達等。

自然成因

硫酸鉛礦主要作為次生礦物在鉛鋅硫化礦床氧化帶中產生，由方鉛礦等含鉛硫化物經氧化作用而形成。

具有金剛光澤、玻璃光澤或松脂光澤，透明至不透明

有時也會呈藍色、灰色和黃色

溶解度

硫酸鉛礦不易溶於乙醇，但能微溶於水。

特徵鑑別

硫酸鉛礦在紫外線的照射下會發出黃色或黃綠色的螢光。
比重大，具有金剛石光澤。

成分：$PbSO_4$	硬度：2.5~3.0	比重：6.3~6.4	解理：完全	斷口：貝殼狀

膽礬

膽礬是一種無機化合物，俗稱五水硫酸銅、藍礬或銅礬。主要成分為硫酸銅，若不小心誤服或超量均可引起中毒。其晶體通常為不規則的塊狀，大小不一，常以塊大、深藍色、透明無雜質者為佳品。

呈板狀、短柱狀，
集合體呈緻密塊狀、腎狀、被膜狀、鐘乳狀和纖維狀

主要用途

膽礬主要應用於金屬冶煉、化工、電鍍、印染、顏料、藥用及氣體乾燥劑等方面。
有一定的藥用功效，具有催吐，祛腐，解毒及治風痰壅塞、喉痺、癲癇、牙疳、口瘡、爛弦風瞼、痔瘡等功效，但有副作用。

顏色多為藍色，偶爾也會微帶淺綠色，條痕呈無色或淺藍色

自然成因

膽礬主要在銅礦床的氧化帶中形成。

具有玻璃光澤，
透明至半透明

產地區域

● 中國主要產地有陝西、甘肅、山西、江西、廣東、雲南等。

溶解度

膽礬極易溶於水和甘油，不溶於乙醇。

特徵鑑別

膽礬在乾燥的空氣中會慢慢風化，加熱時，則會因為失去水分而變成白色。
無臭，味澀。

成分：$CuSO_4 \cdot 5H_2O$	硬度：2.5	比重：2.28	解理：不完全	斷口：貝殼狀

水膽礬

水膽礬主要是一種含水的硫酸鹽礦物，又稱羥膽礬，屬於一種次生礦物。晶體顏色多呈翠綠色、黑綠色和全黑色，條痕呈灰綠色。是質地較脆的礦物。

單斜晶系，
晶體呈針狀或短柱狀，
集合體呈腎狀或纖維狀

主要用途

水膽礬因為顏色獨特，常作為收藏品；同時，它還是一種十分重要的銅礦來源。

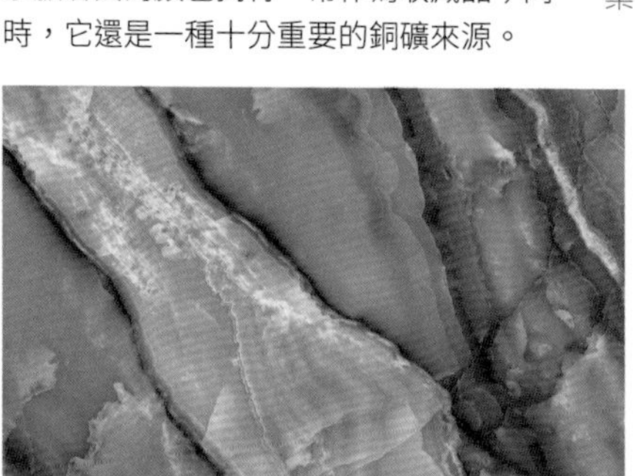

自然成因

水膽礬主要在銅礦床上部的氧化帶中形成，常與銅礬、氯銅礦和孔雀石共生。

特徵鑑別

水膽礬質地較脆，不和鹽酸反應。

產地區域

● 主要產地有俄羅斯、英國、義大利、智利、羅馬尼亞及美國等。

成分：$Cu_4SO_4(OH)_6$	硬度：3.5~4.0	比重：3.97	解理：完全	斷口：貝殼狀至參差狀

明礬石

三方晶系，
晶體通常呈小菱面體或厚板狀

明礬石屬於一種硫酸鹽礦物，在自然界中分布較廣。因為是隱晶礦物，所以晶體並不明顯。純淨的明礬石為白色，若含有雜質會呈淺紅、淺黃、淺灰或紅褐色。同時具有極強的熱電效應。

主要用途

明礬石除了可用來提煉鋁，也可用來製造鉀肥和硫酸，在化學工業、製造業、農業、環保衛生、食品、印刷、造紙、製革、油漆等行業均有廣泛應用。

產地區域

● 台灣有產出。中國主要產地則有浙江、安徽、山東、江蘇、四川、福建、新疆等。

溶解度

明礬石不易溶於冷水和鹽酸，稍溶於硫酸，可完全溶於強鹼性溶液中。

自然成因

明礬石主要由中酸性火山噴出岩經低溫熱液作用產生，也常見於火山岩，如流紋岩、粗面岩和安山岩內。

特徵鑑別

明礬石具強烈的熱電效應。
具細密縱稜，並附有白色細粉。
質硬而脆，易砸碎。
氣微，味微甘而極澀。
以塊大、無色、透明、無雜質者為佳。

成分：$KAl_3(SO_4)_2(OH)_6$	硬度：3.5~4.0	比重：2.6~2.9	解理：清楚	斷口：多片狀至貝殼狀

重晶石晶簇

重晶石晶簇是由重晶石單晶體組成的簇狀集合體，性質與重晶石並沒有太大區別，僅是形狀有差別。

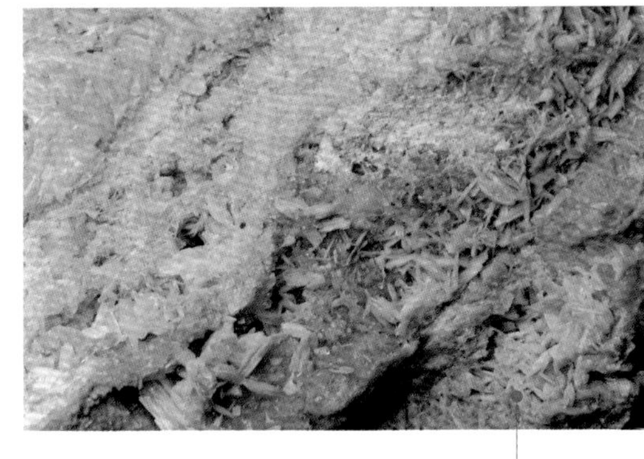

純淨無雜質的為無色，但通常會呈白色和淺黃色

主要用途

重晶石一般可以用來製作白色顏料，也可用作造紙、紡織和化工的填料。

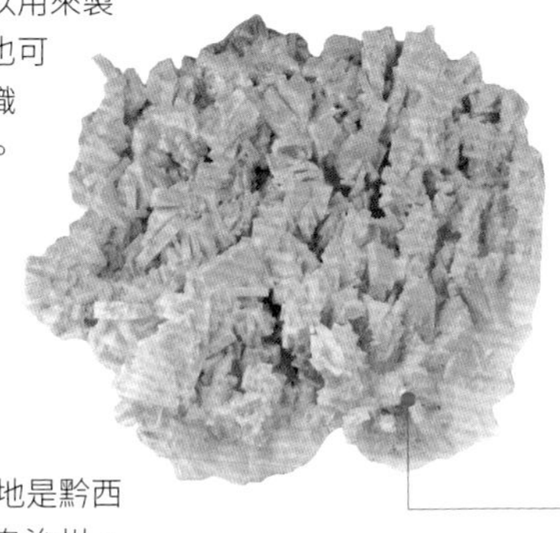

有玻璃光澤，解理面有珍珠光澤

自然成因

重晶石晶簇主要在低溫熱液礦脈中形成，多見於岩石縫隙或空洞中，通常與方鉛礦、黃銅礦、閃鋅礦和辰砂等共生。

產地區域

● 中國主要產地是黔西南布依族苗族自治州。

溶解度

重晶石晶簇不溶於水和鹽酸。

成分：$BaSO_4$	硬度：3.0~3.5	比重：4.5	解理：完全	斷口：參差狀

重晶石玫瑰花

重晶石玫瑰花是一種外形形似玫瑰花的重晶石晶簇，主要成分為硫酸鋇。而硫酸鋇不利於人的身體健康，不慎吸入後會導致胸部緊束、胸痛以及咳嗽等，長期的吸入還會導致鋇塵肺，還對眼睛有一定的刺激性。

形似玫瑰花，純淨的重晶石無色，也呈白色或淺黃色

自然成因

重晶石玫瑰花主要在低溫熱液礦脈中形成，常見於岩石縫隙或空洞中。

特徵鑑別

重晶石玫瑰花不易燃，遇熱後會產生硫化物煙氣，有毒性。

成分：$BaSO_4$	硬度：3.0~3.5	比重：4.5	解理：完全	斷口：參差狀

天青石晶洞

天青石晶洞主要是一種天青石內部含有石英晶體或玉髓的礦物，同時也是一種較為常見的地質構成。

顏色通常呈藍色、淺藍色、綠色、黃綠色、橙色和灰色等，偶爾為無色透明

具有玻璃光澤，解理面呈珍珠光澤

主要用途

天青石晶洞主要用於製造碳酸鍶及生產電視機映像管玻璃等。

溶解度

天青石晶洞不溶於酸，但微溶於水。

自然成因

天青石晶洞是由其他礦物緩慢滲入到晶體內部形成的。

成分：$SrSO_4$	硬度：3.0~3.5	比重：3.96~3.98	解理：完全	斷口：參差狀至多片狀

瀉利鹽

瀉利鹽學名為七水硫酸鎂，又被稱為苦鹽、硫苦、瀉鹽。晶體在自然界中比較少見，無臭，味苦。遇熱會分解，逐漸脫去結晶水，變為無水的硫酸鎂。

溶解度

瀉利鹽溶於水，微溶於甘油和乙醇。

主要用途

瀉利鹽主要用來製造瓷器、造紙、印染、顏料、火柴、製革、催化劑、肥料、塑膠、炸藥和防火材料等；在醫藥方面也作瀉鹽應用。

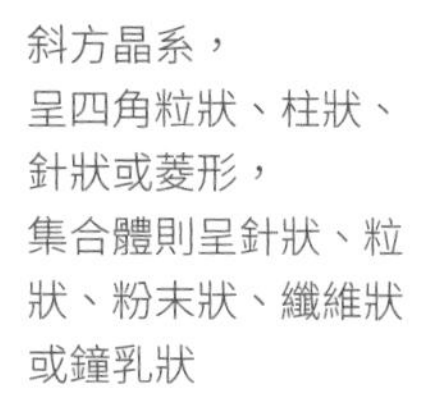

斜方晶系，
呈四角粒狀、柱狀、針狀或菱形，
集合體則呈針狀、粒狀、粉末狀、纖維狀或鐘乳狀

自然成因

瀉利鹽主要在礦坑壁、石灰岩洞穴和岩石表面形成，也常在乾旱地區的黃鐵礦氧化帶中形成。

成分：$MgSO_4 \cdot 7H_2O$	硬度：2.0~2.5	比重：1.68	解理：完全	斷口：貝殼狀

鈣芒硝

鈣芒硝是一種形成於鈣芒硝礦床中唯一的原生礦石，在不同時代層位中的產出狀態與共生、伴生礦物都不相同。鈣芒硝還是一種複鹽礦物，在水的作用下，易被溶蝕分解，形成石膏或水鈣芒硝的混晶。晶體通常呈短柱狀和板狀，集合體呈粒狀、鱗片狀或腎狀。

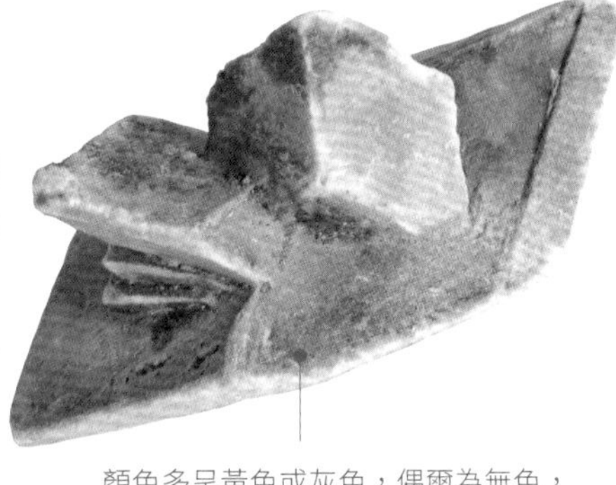

顏色多呈黃色或灰色，偶爾為無色，含有氧化鐵時呈紅色

自然成因

鈣芒硝主要在蒸發岩礦床中形成。

溶解度

鈣芒硝可緩慢在水中溶解。

特徵鑑別

鈣芒硝微帶鹹味。

成分：$Na_2Ca(SO_4)_2$	硬度：2.5~3.0	比重：2.75~2.85	解理：完全	斷口：貝殼狀

青鉛礦

青鉛礦屬於一種硫酸鹽礦物，數量不多。晶體通常呈柱狀或薄的板狀，呈雙晶，並能形成晶簇。青鉛礦無放射性，19世紀發現於西班牙的利納雷斯，並以城市名命名。

單斜晶系，
顏色多為深藍色和天藍色，
條痕為淺藍色

主要用途

青鉛礦常與其他鉛礦物一起作為鉛銅礦石使用。

自然成因

青鉛礦主要在鉛銅硫化物的礦床氧化帶中形成，常會與硫酸鉛礦、水膽礬、膽礬、白鉛礦和孔雀石等伴生。

產地區域

● 主要產地有美國、俄羅斯、加拿大、澳洲、義大利、阿根廷、納米比亞及西班牙等。

特徵鑑別

青鉛礦易熔化，持續加熱的話會發出爆裂聲，並易變黑。
遇稀鹽酸後會發白，但不會產生氣泡。

溶解度

青鉛礦溶於稀硝酸。

成分：$PbCu(SO_4)(OH)_2$	硬度：2.5	比重：5.3~5.5	解理：完全	斷口：貝殼狀

鉻鉛礦

鉻鉛礦是一種鉻酸鉛礦物，最早是從鉻酸鉛中被發現的，是一種十分漂亮的礦物。主要成分與鉻黃相同。晶體通常呈細長柱狀，集合體呈塊狀。

單斜晶系，
顏色呈亮紫藍紅色至橙紅色，偶爾也呈紅色、橘黃色或黃色，
條痕呈橘黃色

在陽光下，顏色会變得暗淡

主要用途

鉻鉛礦中的鉻可以用來防止金屬表面生銹。同時鉻鉛礦具有鮮紅的顏色，可以製作顏料。

自然成因

鉻鉛礦主要在含鉻及鉛的礦脈以及礦床的蝕變帶和氧化帶中形成，通常與白鉛礦、鉬鉛礦、釩鉛礦和磷氯鉛礦等共生。

溶解度

鉻鉛礦可溶於強酸。

具有金屬光澤或玻璃光澤，半透明

產地區域

● 主要產地有美國、巴西、烏拉圭等，而最美麗的品種產於澳洲塔斯馬尼亞。

特徵鑑別

鉻鉛礦熔點低。
從色澤及外形鑑別。

成分：$PbCrO_4$	硬度：2.5~3.0	比重：6.0	解理：清楚	斷口：貝殼狀至參差狀

黑鎢礦

黑鎢礦，又稱鎢錳鐵礦，是一種氧化物礦物，也是自然界中最重要的鎢礦石。完好的晶體較為少見，晶面上時常帶有縱紋，性質較脆。礦物的顏色和條痕常因鐵和錳的含量而產生變化，鐵元素含量越高，顏色越深。

主要用途

黑鎢礦可用來提煉鎢，主要用來生產鎢和各種深加工產品。鎢的特種合金鋼也常被用於製造炮膛、槍管、高速切削工具、火箭發動機、火箭噴嘴以及坦克裝甲等。鎢還可以用來製造燈絲及X射線發生器的陰極材料。

單斜晶系，
晶體通常呈柱狀或板狀，多為雙晶，
集合體呈塊狀

顏色呈褐紅色至黑色，
條痕呈黃褐色至黑褐色

自然成因

黑鎢礦主要在高溫熱液石英脈內以及雲英岩化圍岩中形成，通常會與輝鉬礦、輝鉍礦、黃鐵礦、黃銅礦、錫石、綠柱石、電氣石、黃玉和毒砂等共生。偶爾也在中、低溫熱液脈中形成。

具有金屬光澤至半金屬光澤，透明至半透明

產地區域

● 世界著名的產地為中國贛南、湘東、粵北一帶，其他主要產地有俄羅斯、澳洲、緬甸、泰國、玻利維亞等。

特徵鑑別

黑鎢礦熔點低，但過程較為緩慢。

成分：（Fe, Mn）WO_4	硬度：4.0~4.5	比重：7.2~7.5	解理：完全	斷口：參差狀

白鎢礦

白鎢礦是一種鎢酸鹽礦物，與黑鎢礦一樣同為鎢元素的最主要的礦石，成分中的鎢元素也可部分被鉬元素成類質同象替代。晶體通常呈近於八面體的四方雙錐狀，晶體較大。

正方晶系，
集合體呈緻密塊狀和不規則粒狀，
顏色多為灰色、淺黃色、淺褐色或淺紫色

主要用途

白鎢礦可用來提煉鎢，主要應用於優質鋼的冶煉，生產硬質鋼，或製造火箭推進器的噴嘴、槍械或切削金屬等。也可以純金屬狀態和合金系狀態在現代工業中廣泛應用。

自然成因

白鎢礦主要在接觸交代礦床中形成，常與符山石、透輝石、石榴子石等伴生，也有少數在高、中溫熱液礦脈和雲英岩中形成，常與黑鎢礦等伴生。

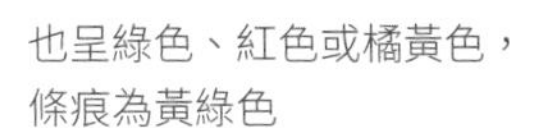

也呈綠色、紅色或橘黃色，
條痕為黃綠色

具有玻璃光澤至金剛光澤，新鮮斷面呈油脂光澤，透明至半透明

產地區域

- 世界主要產地有英國康瓦爾、澳洲新南威爾斯、德國薩克森、朝鮮南部的山塘、玻利維亞北部和美國內華達等。
- 中國主要產地有湖南的瑤崗仙等。

特徵鑑別

白鎢礦熔點高；具有螢光性，在紫外線的照射下會發出淺藍色至黃色的螢光，遇熱會略呈紫色。

成分：$CaWO_4$	硬度：4.5~5.0	比重：5.9~6.1	解理：清楚	斷口：亞貝殼狀至參差狀

天藍石

天藍石主要是一種帶有鹼性的鎂鋁磷酸鹽礦物。其晶體通常呈錐狀和柱狀，具有多色性。與之相似的有天青石和綠松石，但天青石的折射率比較低，而綠松石的比重和透明度較低。

單斜晶系，
集合體呈緻密狀、塊狀或粒狀

主要用途

質地通透的天藍石可作為高、中檔的寶石，做成飾品，
還被用來做顏料。

自然成因

天藍石主要在花崗偉晶岩或石英脈中形成。

顏色多為藍色，
較為常見的有深藍色、天藍色、藍綠色、藍白色、紫藍色等

具有玻璃光澤至暗淡光澤，半透明至不透明

產地區域

● 品質最好的天藍石產於美國、巴西和印度，其他產地有瑞士、瑞典、奧地利、馬達加斯加等。

特徵鑑別

將天藍石置於密封的試管內加熱，會釋放出水分。
放大檢查，會含有白色固體。
斷口有明顯參差狀至多片狀。

成分：$(Mg, Fe)Al_2(PO_4)_2(OH)_2$	硬度：5.0~6.0	比重：3.1	解理：不清楚	斷口：參差狀至多片狀

藍鐵礦

藍鐵礦主要是具有相似結構的磷酸鹽礦物的統稱，包括藍鐵礦、鎂藍鐵礦、鎳華、鈷華以及水砷鋅石。主要成分為43%的氧化亞鐵，28.3%的五氧化二磷，28.7%的水。晶體通常呈板狀或柱狀，可以切開，也可以彎曲。

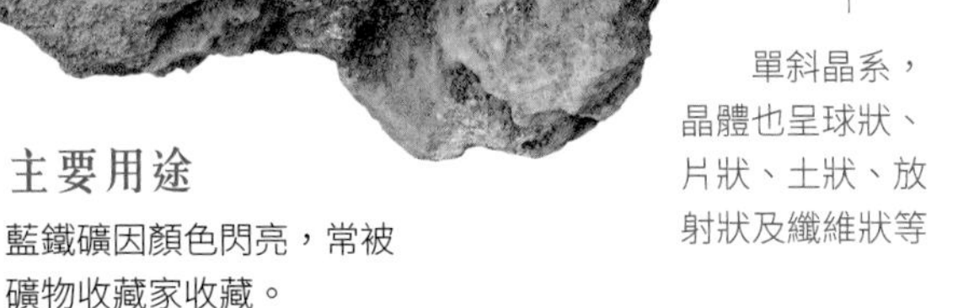

單斜晶系，晶體也呈球狀、片狀、土狀、放射狀及纖維狀等

主要用途

藍鐵礦因顏色閃亮，常被礦物收藏家收藏。

自然成因

藍鐵礦主要在熱液礦床和偉晶岩礦床的風化物中形成，有時也在沉積沙床和泥炭沼澤中形成，常與閃鋅礦、菱鐵礦、石英等伴生。

新鮮的晶體無色透明，氧化後會變成深藍色、藍黑色或暗綠色

具有玻璃光澤，新鮮斷面呈珍珠光澤，透明至半透明或不透明

產地區域

● 世界著名產地有美國、英國、俄羅斯和烏克蘭等。

特徵鑑別

藍鐵礦新鮮晶體無色透明，顏色為淺藍色或淺綠色，具玻璃光澤。

易氧化，氧化後會呈深藍色、藍黑色或暗綠色。

成分：$Fe_3(PO_4)_2 \cdot 8H_2O$	硬度：1.5~2.0	比重：2.7	解理：完全	斷口：參差狀

綠松石

綠松石是一種含銅元素和鋁元素的磷酸鹽礦物，又稱「松石」，因「形似松球，色近松綠」而得名。其晶體質地細膩柔和，硬度適中，色彩明麗鮮豔，通常有四個品種，為綠松、瓷松、鐵線松及泡（面）松等。顏色因所含元素不同，較為多樣，但大多數呈蔚藍色。

主要用途

綠松石主要用來製作飾品、工藝品等。

三斜晶系，集合體通常呈緻密塊狀、鐘乳狀、皮殼狀及腎狀

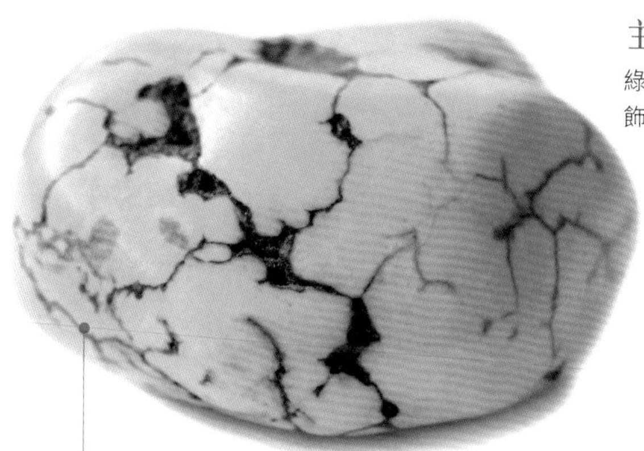

呈淡藍、深藍、湖水藍、藍綠、黃綠、灰綠、淺黃、淺綠、淺灰等，條痕為白色或綠色

溶解度

綠松石溶於鹽酸，但溶解很慢。

具有玻璃光澤或油脂光澤，斷口呈油脂暗淡光澤，不透明

自然成因

綠松石主要在含鋁的岩漿岩和沉積岩中形成。

產地區域

- 世界著名產地有伊朗、埃及、美國、俄羅斯、智利、澳洲、印度、南非、秘魯、巴基斯坦等。
- 中國主要的產地有湖北竹山、安徽馬鞍山、陝西白河、河南淅川、青海烏蘭、新疆哈密等。

特徵鑑別

綠松石燃燒時通常會爆裂成碎片，火焰呈綠色。在紫外線長照射下，會發出淡黃綠色至藍色的螢光。

成分：$AuAl_6(PO_4)_4(OH)_8 \cdot 4H_2O$ 硬度：5.0~6.0 比重：2.6~2.8 解理：良好 斷口：貝殼狀

磷氯鉛礦

磷氯鉛礦是一種磷酸鹽礦物，含有磷和氯兩種元素，在自然界中分布稀少。晶體顏色鮮豔，多樣且明亮，如黃綠、深綠、檸檬黃、褐色、灰白到白色等，條痕為白色或略帶其他色。具有很好的觀賞性，十分名貴。

主要用途

磷氯鉛礦可用來提煉鉛，也常用來收藏。
磷氯鉛礦數量極少並且不可再生，十分珍貴，除科學價值外，是大自然孕育的天然藝術品。

自然成因

磷氯鉛礦產生於岩石裂隙和晶洞中，主要在鉛礦床的氧化帶中形成，一般需要幾十萬年甚至上億年的時間，常與菱鋅礦、白鉛礦、異極礦、褐鐵礦和鉛礬等伴生。

溶解度

磷氯鉛礦溶於酸。

產地區域

- 主要產地有美國愛達荷州、英國昆布蘭、德國埃姆斯地區、俄羅斯烏拉、加拿大不列顛哥倫比亞、墨西哥契瓦瓦及薩卡特卡斯、澳洲新南威爾斯、西班牙、中國以及西南非洲。

六方晶系，
晶體通常呈六方柱狀、針狀或圓筒狀

集合體呈球狀、粒狀、晶簇狀、腎狀

具有樹脂光澤至金剛光澤，半透明

特徵鑑別

磷氯鉛礦熔化成為水珠狀後，冷凝時會形成晶體形狀。
它與砷鉛礦很相似。

成分：$Pb_5(PO_4)_3Cl$	硬度：3.5~4.0	比重：6.5~7.1	解理：無	斷口：參差狀至貝殼狀

鈣鈾雲母

鈣鈾雲母是一種比較少見的表生鈾礦物，鈾元素含量54.46%，容易因為失去部分結晶水而轉變成含有6個水分子的變鈣鈾雲母。其晶體通常呈四方板狀、鱗狀或片狀，具有放射性。當鈣鈾雲母處在潮濕的環境時，顏色會更鮮豔，透明度更好。

主要用途

鈣鈾雲母可用來提煉鈾。

自然成因

鈣鈾雲母是鈾礦床氧化帶中的次生礦物，主要在鈾礦床的氧化帶和偉晶岩中形成，有時也於泥煤中形成，呈膠狀，大量聚積時可提取鈾。

正方晶系，
晶體通常呈四方板狀、鱗狀或片狀，集合體呈球狀、鱗片狀、皮殼狀、粉末狀及被膜狀

產地區域

● 主要產地有義大利的科森扎、倫巴第和古內奧，以及澳洲等。

有金剛光澤至玻璃光澤，斷面呈珍珠光澤，透明

顏色多為黃色、綠色或灰黃色，條痕為黃色

特徵鑑別

鈣鈾雲母在紫外線的照射下會發出淡黃色至綠色的中強螢光。處於潮濕環境時，顏色更鮮豔，透明度更好。

成分：$Ca(UO_2)_2(PO_4)_2 \cdot 10\sim12H_2O$	硬度：2.0~2.5	比重：3.05~3.19	解理：完全	斷口：參差狀

銀星石

銀星石是一種含水的磷酸鋁，是一種較為常見的磷酸鹽礦物。產於氧化帶內，氧化帶主要組成部分有碳氟磷灰石、石英及絹雲母等，也含有少量炭泥質和鐵錳質礦物，偶爾含有黃鐵礦。

斜方晶系，晶體通常呈柱狀或球狀，集合體呈放射狀或球狀

顏色為白色、乳白、綠白、黃綠、暗藍、暗黑、黃、粉紅等，條痕為白色

產地區域

● 主要產地有英國、美國等。

主要用途

銀星石可用來收藏。

自然成因

銀星石主要在氧化帶內和含磷溶液作用於含鋁礦物中形成，也有少量於熱液礦脈晚期形成。銀星石屬表生含磷礦物，在氧化不夠強烈的礦床中不易形成。

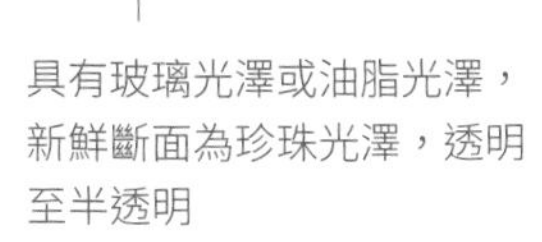

具有玻璃光澤或油脂光澤，新鮮斷面為珍珠光澤，透明至半透明

溶解度

銀星石溶於多種酸。

特徵鑑別

銀星石熔點高，置於密閉的試管內加熱時，會釋放出水分。
有玻璃光澤，半透明，性脆易碎，偏光鏡下呈無色。

成分：$Al_3(PO_4)_2(OH,F)_3 \cdot 5H_2O$	硬度：3.5~4.0	比重：2.36	解理：完全	斷口：參差狀或貝殼狀

磷灰石

磷灰石是一種自然形成的磷酸鹽礦物，也是含鈣的磷酸鹽礦物的統稱。其晶體在自然界中較為常見，有時也有呈膠體形態的變種，稱為膠磷灰石。顏色多樣，不含雜質時為無色，若含有碳、氟、氯、錳、鈾等其他礦物元素時，會呈黃色、淺綠色、黃綠色、藍色、紫色、褐紅等。

六方晶系，
晶體通常為帶錐面的六方柱，
集合體則呈緻密塊狀、粒狀、結核狀等

主要用途

磷灰石主要可以用來提取磷和製造農用磷肥；若顏色鮮亮、色澤均勻，還可作為寶石或其他裝飾材料。

自然成因

磷灰石主要在火成岩、沉積岩、變質岩及鹼性岩中形成。

產地區域

- 世界主要產地有美國、德國、加拿大、義大利、葡萄牙、西班牙、印度、緬甸、斯里蘭卡、巴西、挪威、墨西哥、馬達加斯加、坦尚尼亞以及中國等。

通常為透明，具有貓眼效應時呈半透明

溶解度

磷灰石溶於鹽酸。

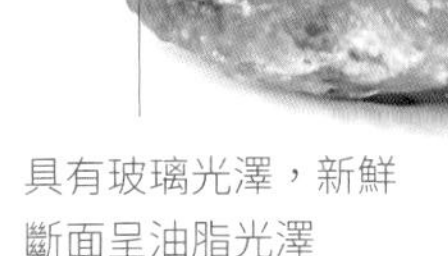

具有玻璃光澤，新鮮斷面呈油脂光澤

特徵鑑別

磷灰石加熱後會出現磷光，部分具有螢光。
性脆，不平坦，可見貝殼狀斷口。
六方晶系，有玻璃光澤，斷口有油脂光澤。通常為透明，具有貓眼效應，不完全解理。

成分：$Ca_5(PO_4)_3(F, Cl, OH)$ 硬度：5.0 比重：3.1~3.2 解理：不完全 斷口：貝殼狀至參差狀

磷鋁石

磷鋁石屬於一種自然形成的磷酸鹽礦物，具有多孔的特點。晶體在自然界中較為少見，純淨的為白色或無色，含有雜質時則會呈粉紅色、黃色、綠色、藍色等，條痕為白色。其中所含的鋁可被鉻和鐵置換，這也是磷鋁石會呈綠色的原因。

主要用途

磷鋁石主要可以用來吸附油脂，還可以作為石料飾面或次要寶石。

產地區域

● 主要的產地有美國、德國、奧地利、捷克和玻利維亞等。

斜方晶系，
晶體通常呈雙錐狀或細粒狀，多呈膠態，如結核狀、玉髓狀、皮殼狀、豆狀、腎狀及蛋白石狀等

自然成因

磷鋁石主要在含鋁岩石的氧化帶中形成，常與褐鐵礦、赤鐵礦等共生。

溶解度

磷鋁石預熱後可溶於酸。

特徵鑑別

磷鋁石不發光，斷口呈貝殼狀，解理中等至完全。它與綠松石極為相似，但磷鋁石比綠松石密度小，同樣質地和大小的磷鋁石比綠松石手感輕很多。

具有金剛光澤或蠟狀光澤

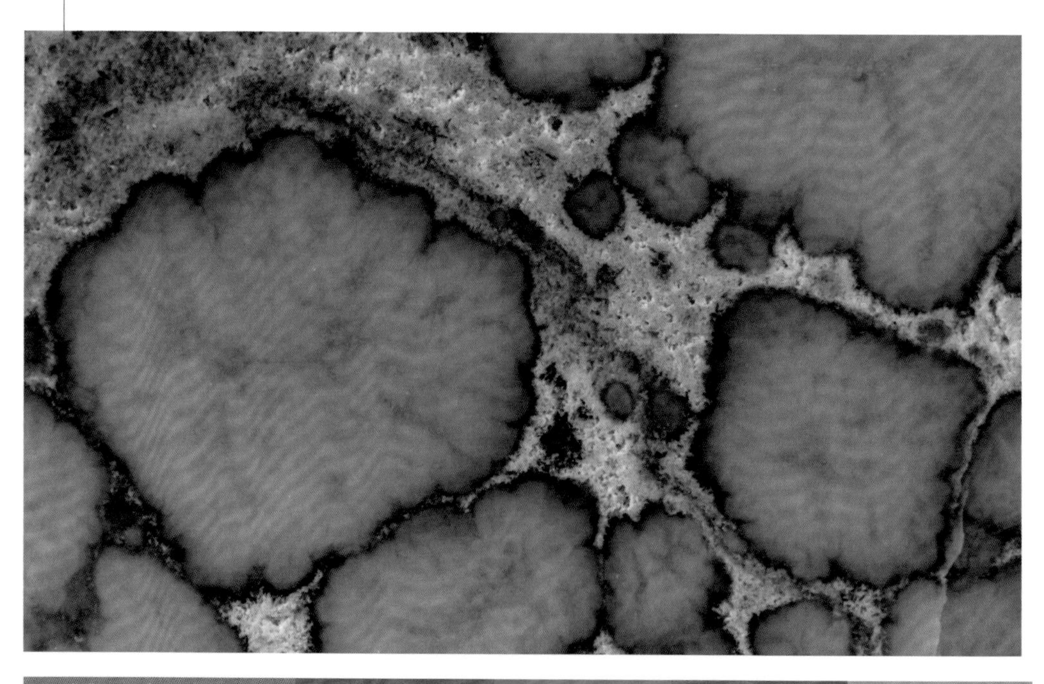

成分：$Al(PO_4)\cdot 2H_2O$	硬度：3.5~4.5	比重：2.6	解理：完全	斷口：貝殼狀

鉬鉛礦

鉬鉛礦是一種鉛鉬酸鹽礦物，又名彩鉬鉛礦，在自然界中較為常見。其中所含的鉛元素可被鈣元素和稀土替代，鉬可被鎢、鈾等元素替代形成相應的變種。晶體多見單形，顏色多樣如黃色、蠟黃色、橘紅色、褐色、灰色等，若含有鎢元素則會發紅。

具有金剛光澤或油脂光澤

主要用途

鉬鉛礦主要用來提煉鉬。

自然成因

鉬鉛礦主要在鉛鋅礦的礦床氧化帶中形成。

溶解度

鉬鉛礦溶於熱鹽酸，在冷鹽酸中溶解較為緩慢。

正方晶系，
晶體通常呈板狀、薄板狀，偶爾呈錐狀和柱狀，
集合體呈粒狀

產地區域

● 世界著名產地有澳洲、捷克、摩洛哥、阿爾及利亞、墨西哥及美國等。
● 中國主要產地有湖南、雲南等。

特徵鑑別

清楚的角錐形解理，呈透明至半透明狀，斷口呈亞貝殼狀。可以根據其方形板狀、色澤、密度大以及與其他鉛礦物共生的特徵對其進行鑑定。

成分：$PbMoO_4$	硬度：2.5~3.0	比重：6.5~7.0	解理：清楚	斷口：亞貝殼狀

水砷鋅礦

水砷鋅礦是一種自然形成的砷酸鹽礦物。晶體顏色多為白色和灰色，有時也呈玫瑰紅色、淺黃色、綠色、藍色、淺棕色或淡紫色，條痕呈淺白色或暗淡。晶體呈板狀、柱狀。水砷鋅礦的硬度小，比重高，性質也較脆。

通常呈板狀或柱狀，集合體呈球狀

自然成因

水砷鋅礦主要在鋅礦床的氧化帶中形成，分布較為廣泛，常與白鉛礦、菱鋅礦、綠銅鋅礦、褐鐵礦和方解石等共生；也有偏膠體狀的水鋅礦沉澱於廢坑之中形成。

產地區域

● 世界著名產地有英國、義大利、瑞典旺木蘭以及中國遼寧本溪等。

溶解度

水砷鋅礦溶於稀酸溶液。

具有玻璃光澤或絲絹光澤

透明至半透明

特徵鑑別

水砷鋅礦易熔，在紫外線照射下會發出黃綠色的螢光。

也可以其硬度小和比重高為鑑定特徵。

成分：Zn_2AsO_4（OH）	硬度：4.0~4.5	比重：3.5~4.0	解理：不完全	斷口：亞貝殼狀

鈷華

單斜晶系
晶體通常呈針狀、
片狀或柱狀

鈷華是自然形成的一種砷酸鹽礦物，屬於含水砷酸鑽。晶體在自然界中較為少見，顏色多呈深紫色至粉紅色，有時也呈珠灰色，條痕為淡紅色。

主要用途

鈷華可用來提煉鈷，也可用來給玻璃和陶瓷著色，也是尋找自然銀礦的標誌。

自然成因

鈷華主要在鈷礦脈的氧化帶中產生，屬於次生礦物。

溶解度

鈷華溶於鹽酸。

集合體呈皮殼狀、土狀、
葉片狀或被膜狀

產地區域

● 世界主要產地有剛果（金）、尚比亞、美國、澳洲、菲律賓、摩洛哥、加拿大、芬蘭等。

特徵鑑別

鈷華在燃燒加熱後會變成藍色。
它的晶體細小，呈針狀或片狀，條痕呈粉紅色。單斜晶體，集合體常呈土狀或皮殼狀。

成分：$Co_3(AsO_4)_2 \cdot 8H_2O$	硬度：1.5~2.5	比重：2.95	解理：完全	斷口：參差狀

橄欖銅礦

條痕呈橄欖綠，
具有玻璃光澤至絲絹光澤，
半透明至不透明

橄欖銅礦屬於一種砷酸鹽礦物，因顏色為橄欖綠而得名。晶體通常呈柱狀、板狀、球狀、針狀或腎狀等。顏色多呈橄欖綠、淺黃色、棕色、灰色或白色等。

自然成因

橄欖銅礦主要在硫化銅礦床的氧化帶中形成，常與藍銅礦、針鐵礦、方解石、孔雀石、透視石和臭蔥石等共生。

溶解度

橄欖銅礦溶於酸性物質。

特徵鑑別

橄欖銅礦在燃燒或加熱後會發出大蒜味。

成分：$Cu_2(AsO_4)(OH)$	硬度：3.0	比重：4.4	解理：不清楚	斷口：參差狀至貝殼狀

砷鉛礦

砷鉛礦屬砷礦族礦物，同時也是砷（磷、釩）酸鹽礦物中最常見和最穩定的礦物，砷鉛礦族的礦物還包括釩鉛礦和磷氯鉛礦等礦物。晶體不含雜質純淨者為無色透明，含雜質的顏色呈黃色、橙色、綠色、褐色、灰色等，條痕為白色或黃白色。在透光的顯微鏡下呈無色至淡黃色，多色性不明顯，性脆。

六方晶系，六方雙錐晶類，
晶體通常呈六方柱狀、針狀、板狀或雙錐狀，
集合體呈腎狀、粒狀和葡萄狀

柱面上含縱紋，
錐面上則含橫紋

產地區域

- 世界主要產地有德國、英國、瑞典、美國和玻利維亞等。
- 中國主要產地有廣西、廣東、雲南、內蒙古等。

自然成因

砷鉛礦主要是在鉛鋅礦床的氧化帶中形成，通常與菱鋅礦、釩鉛礦、褐鐵礦、異極礦、磷氯鉛礦和毒砂等共生。砷鉛礦與磷氯鉛礦、釩鉛礦可構成完全固溶體，砷的含量因產地不同而有差異。

具有玻璃光澤至松脂光澤，透明至半透明

溶解度

砷鉛礦溶於鹽酸。

特徵鑑別

砷鉛礦熔點低，燃燒後會釋放出強烈的大蒜味。

成分：$Pb_5(AsO_4)_3Cl$	硬度：3.5~4.0	比重：7.0~7.3	解理：無	斷口：亞貝殼狀至參差狀

鎳華

鎳華主要是一種含水的鎳砷酸鹽礦物。晶體顏色多呈白色、灰色、黃綠色或淡綠色，條痕為淡綠色。而鮮綠色的鎳華通常多呈針狀或柱狀，呈放射狀集合體，色彩格外耀眼。晶體薄片具撓性。解理完全，參差狀斷口，透明到半透明，玻璃光澤。

單斜晶系，
晶體通常呈針狀、片狀或柱狀，
集合體呈皮殼狀、土狀、葉片狀或被膜狀

主要用途

鎳華色彩豔麗，常作為標本收藏。

具有玻璃光澤

自然成因

鎳華主要在鎳砷化物礦床的氧化帶中形成。地核中鎳的含鎳最高，是天然的鎳鐵合金。海底的錳結核中鎳的儲量很大，是鎳的重要遠景資源。

透明至半透明

產地區域

● 世界主要產地有加拿大、德國和希臘等。

溶解度

鎳華溶於鹽酸。

特徵鑑別

將鎳華置於密閉的試管內加熱會釋放出水分。
具有磁性，可導熱和導電。
也可以顏色和產狀為鑑定特徵。

成分：$Ni_3(AsO_4)_2\cdot 8H_2O$	硬度：1.5~2.5	比重：3.05	解理：完全	斷口：參差狀

鉀石鹽

鉀石鹽是一種可溶性鉀鹽礦物，主要化學成分為氯化鉀，也常含有液態和氣態的包裹物，主要是氮酸氣、氫氣和甲烷，偶爾含有氦氣。不含雜質純淨者為無色透明，含有雜質則呈紅色、玫瑰色、黃色、乳白色、淺藍色、淺灰色等。

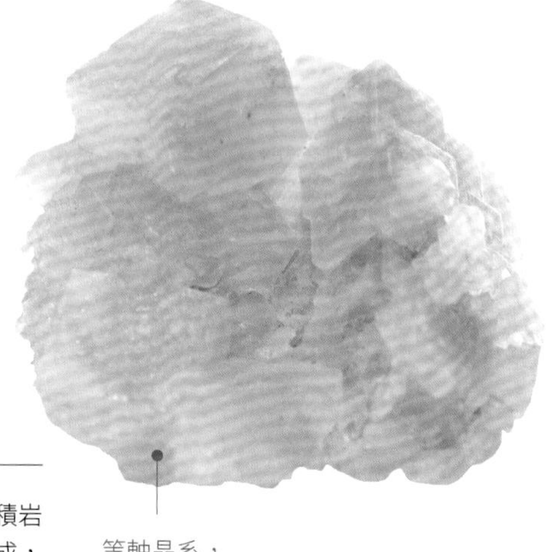

等軸晶系，
晶體通常呈立方體或
立方體與八面體聚形

主要用途

鉀石鹽主要用來製造鉀肥。
也可用於提取鉀和製造鉀的化合物。

自然成因

鉀石鹽主要在含鹽的沉積岩層和現代沉積盆地中形成，常與石膏共生。

集合體呈緻密粒狀
或塊體，
偶爾也具層狀構造

產地區域

- 世界主要產地有俄羅斯的烏拉、德國的馬德堡和漢諾威、加拿大的薩克其萬省、白俄羅斯、美國新墨西哥州的特拉華盆地等。
- 中國最大的產地為青海省察爾汗鹽湖。

具有玻璃光澤，
不含雜質純淨者為無色透明

溶解度

鉀石鹽易溶於水。

特徵鑑別

鉀石鹽味道苦鹹且澀，具有吸濕性；燃燒時火焰呈紫色。
純鉀石鹽無色透明，含雜質則呈多種色澤，具有玻璃光澤。

成分：KCl	硬度：1.5~2.0	比重：1.97~1.99	解理：完全	斷口：參差狀至貝殼狀

石鹽

石鹽，也稱岩鹽，主要的化學成分為氯化鈉，常含有雜質和多種機械混入物。石鹽主要包含有日常食用的食鹽和由石鹽組成的岩石，後者稱作岩鹽。不含雜質純淨者呈無色或白色，若含有雜質則會呈紅色、黃色、藍色、紫色、灰色、黑色等，條痕呈白色。

晶面上常有階梯狀凹陷

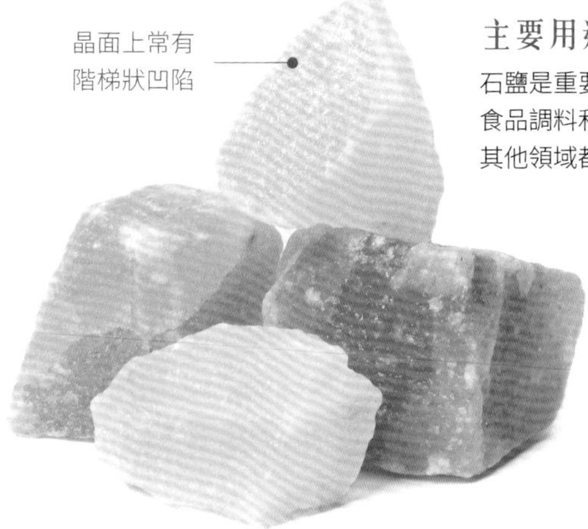

主要用途

石鹽是重要的化工原料，可作為食品調料和防腐劑，在工農業及其他領域都有廣泛的應用。

等軸晶系，晶體通常呈立方體，集合體常呈塊狀、粒狀、鐘乳狀或鹽華狀

自然成因

石鹽主要在化學沉積作用下形成，常與鉀鹽、雜鹵石、光鹵石、石膏、硬石膏、芒硝等共生或伴生。

新鮮斷面通常具有玻璃光澤，潮解後會呈油脂光澤

產地區域

- 世界主要產地有英國、德國、加拿大、美國、義大利、西班牙、法國、波蘭、巴基斯坦和墨西哥等。
- 台灣嘉義、台南濱海一帶。
- 中國主要產地有河南平頂山葉縣（中國岩鹽之都）、青海、西藏、江蘇淮安、四川、湖北應城以及江西。

溶解度

石鹽易溶於水。

特徵鑑別

石鹽燃燒的時候火焰呈黃色；具鹹味，部分可具螢光，同時有極高的熱導性和弱導電性。

成分：NaCl	硬度：2.0~2.5	比重：2.1~2.2	解理：完全	斷口：參差狀至貝殼狀

螢石

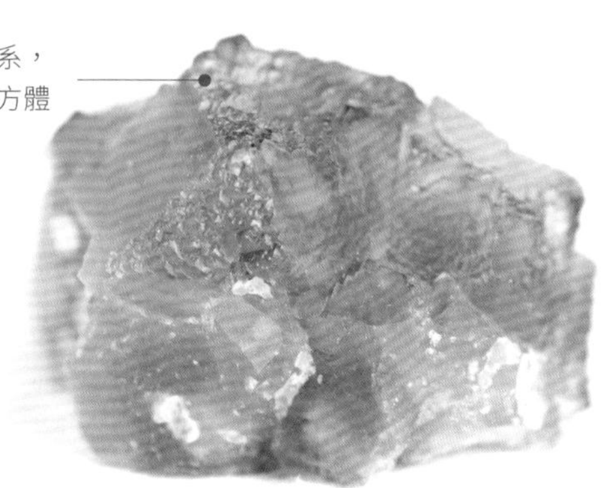

等軸晶系，晶體多呈八面體和立方體

螢石主要成分為氟化鈣，是自然界中較為常見的礦物，又稱氟石、砩石，也是唯一一種可提煉大量氟元素的礦物，有 5 個有效的變種。晶體顏色鮮豔多樣，通常呈粉紅、黃、酒黃、綠、藍、綠藍、紫、褐、灰等顏色，而無色透明者稀少且珍貴。

自然成因

螢石主要在熱液礦脈中形成，無色透明的螢石則在花崗偉晶岩或螢石脈的晶洞中形成。常與黃鐵礦、閃鋅礦、方鉛礦、石英、錫石、方解石、白雲石、尖晶石等伴生。

主要用途

螢石的質地較脆，不常用於製作寶石，但顏色豔麗、形態美觀，標本多用來收藏、裝飾和雕刻工藝品；同時還可作為煉鋼中的助熔劑來除去雜質；在製作玻璃和搪瓷時也有應用。

具有玻璃光澤，晶體較大時會呈陰暗光澤

產地區域

- 世界主要的產地有英國、法國、瑞士、德國、西班牙、俄羅斯、哈薩克、墨西哥、美國、加拿大、秘魯、納米比亞、巴基斯坦等。
- 中國主要產地在湖南。

透明至半透明

特徵鑑別

螢石在紫外線、陰極射線照射或加熱時，會發出藍色、紫色、紅色、黃色或綠色的螢光；部分螢石在陽光下曝曬或加熱會發出磷光。

溶解度

螢石溶於硫酸，能夠輕微溶解於加熱後的稀鹽酸，微溶於水。

成分：CaF_2	硬度：4.0	比重：1.97~1.99	解理：完全	斷口：參差狀至貝殼狀

光鹵石

光鹵石是一種含水的鉀鎂鹽礦物，又稱鹵石、砂金，屬正交晶系或斜方晶系的鹵化物礦物，在自然界中較為少見。性質較脆，不含雜質通常呈無色至白色，含有雜質呈粉紅色、黃色、藍色，若含氧化鐵則呈紅色。

斜方晶系或正交晶系，通常呈六方雙錐狀

主要用途

光鹵石是生產氯化鉀的重要原料之一，可用於製作鉀肥和提取金屬鎂。常作為提煉金屬鎂的精煉劑、製造鋁鎂合金的保護劑和焊接劑、金屬的助熔劑；也可作為製造鉀鹽和鎂鹽的原料；還可用來製造肥料和鹽酸等。

溶解度

光鹵石易溶於水，在空氣中極易潮解。

集合體呈緻密塊狀、纖維狀或顆粒狀

具有油脂光澤，透明至不透明

自然成因

光鹵石主要在石膏、硬石膏、石鹽和鉀石鹽沉積的蒸發岩地層中形成，是含鎂和鉀鹽湖中蒸發作用最後形成的產物，常與石鹽和鉀石鹽共生。

產地區域

● 世界主要產地有德國施塔斯富特和俄羅斯索利卡姆斯克等。

● 中國主要產地有柴達木盆地和雲南等。

特徵鑑別

光鹵石易熔化，燃燒時火焰呈紫羅蘭色；具苦味和鹹味；具有強螢光性。

成分：$KMgCl_3·6H_2O$	硬度：2.0~3.0	比重：1.602	解理：無	斷口：貝殼狀

氯銅礦

氯銅礦屬於鹵化物礦物，是一種較為稀有的礦物。斜方晶系，晶面具垂直條紋，晶體為柱狀或板狀，顏色多為深綠色、翠綠色或黑綠色，條痕為果綠色。具有玻璃光澤至金剛光澤，透明至半透明，性脆。

斜方晶系，
晶體通常呈細長柱狀
或薄板狀

主要用途

氯銅礦大量聚積時，可以作為提煉銅的礦物原料。

自然成因

氯銅礦主要在銅礦床的氧化帶中形成，多為次生礦物，在乾燥氣候條件下常與孔雀石、藍銅礦和石英伴生，偶爾也在火山口周圍形成。

產地區域

● 最早發現於智利，主要產地有美國、秘魯、英國和俄羅斯等。

溶解度

氯銅礦溶於鹽酸，溶液呈綠色。

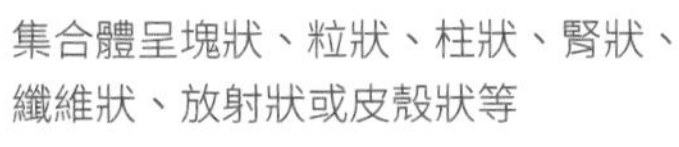

集合體呈塊狀、粒狀、柱狀、腎狀、
纖維狀、放射狀或皮殼狀等

晶面常有垂直條紋

特徵鑑別

氯銅礦熔點低，燃燒時火焰呈藍色，若置密閉試管中加熱則會產生水。

成分：$Cu_2Cl(OH)_3$	硬度：3.0~3.5	比重：3.76	解理：完全	斷口：貝殼狀

釩銅礦

釩銅礦的晶體通常呈鱗片狀或皮殼狀，集合體呈玫瑰狀或蜂窩狀。顏色多為黃色、綠色或棕色。
具有玻璃光澤或珍珠光澤，半透明。

通常呈鱗片狀或皮殼狀，集合體呈玫瑰狀或蜂窩狀

具有玻璃光澤或珍珠光澤，半透明

顏色多為黃色、綠色或棕色

自然成因

釩銅礦主要由其他釩礦物轉化而形成。

溶解度

釩銅礦溶於酸性物質。

成分：$Cu_3V_2O_7(OH)_2 \cdot 2H_2O$	硬度：3.5	比重：3.42	解理：完全	斷口：參差狀

釩鉛礦

釩鉛礦是一種含釩礦物，屬於磷灰石礦物族中的磷氯鉛礦物系，是氯釩酸鉛化合物，含有19.3%的五氧化二釩。晶體在自然界中並不常見，顏色通常呈鮮紅色和橘紅色，有時也呈黃色、棕色、紅棕色、褐色或無色，條痕呈淺黃色或棕黃色。

具有松脂光澤至金剛光澤

六方晶系，晶體通常是呈六方柱狀、針狀或毛髮狀，集合體則呈珠狀、晶簇狀

主要用途

釩鉛礦是提煉釩的礦物原料，少數也可以提煉鉛。

產地區域

● 世界主要產地有墨西哥、奧地利、西班牙、蘇格蘭、摩洛哥、南非、納米比亞、阿根廷、烏拉山脈，以及美國4個州：亞利桑那州、新墨西哥州、科羅拉多州和南達科他州。

自然成因

釩鉛礦主要在鉛礦床的氧化帶中以次生礦物產生，經常會與砷鉛礦、釩鉛鋅礦、釩銅鉛礦、磷氯鉛礦、硫酸鉛礦、鉬鉛礦、白鉛礦、重晶石和方解石等伴生。

溶解度

釩鉛礦溶於硝酸。

特徵鑑別

釩鉛礦熔點低，蒸發後會產生紅色殘留物。

成分：$Pb_5(VO_4)_3Cl$	硬度：3.0~4.0	比重：6.6~7.2	解理：無	斷口：貝殼狀至參差狀

四水硼砂

四水硼砂在自然界中比較稀少，晶體通常呈短柱狀，集合體呈劈裂的纖維狀。剛開採時顏色為無色，隨後會變為白色，條痕也呈白色。

自然成因

四水硼砂主要在蒸發岩的礦床和礦脈中形成。

透明至不透明

晶體通常呈短柱狀，
集合體呈劈裂的纖維狀

具有玻璃光澤或絲
絹光澤，有時也會
黯淡無光澤

溶解度

四水硼砂溶於冷水。

成分：$Na_2B_4O_6(OH)_2 \cdot 3H_2O$	硬度：2.5~3.0	比重：1.9	解理：完全	斷口：多片狀

斜鋇鈣石

斜鋇鈣石的晶體通常呈柱狀，晶面帶有條紋，集合體呈塊狀。顏色通常為白色、淺黃色或灰色等。

自然成因

斜鋇鈣石主要在熱液礦脈中形成。

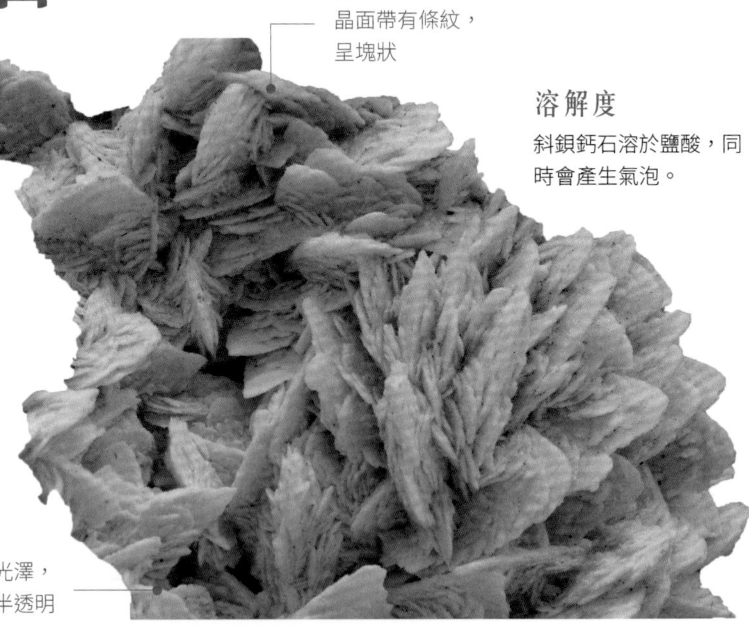

晶體通常呈柱狀，
晶面帶有條紋，
呈塊狀

具有玻璃光澤或松脂光澤，
透明至半透明

溶解度

斜鋇鈣石溶於鹽酸，同時會產生氣泡。

成分：$BaCa(CO_3)_2$	硬度：4.0	比重：3.66~3.71	解理：完全	斷口：亞貝殼狀至參差狀

硬硼酸鈣石

硬硼酸鈣石是一種含水的鈣硼酸鹽礦物，主要由硼砂和硼鈉解石構成。晶體為短柱狀，集合體以塊狀、粒狀或球狀產出，顏色有無色、白色、黃色和灰色等，透明到半透明狀。

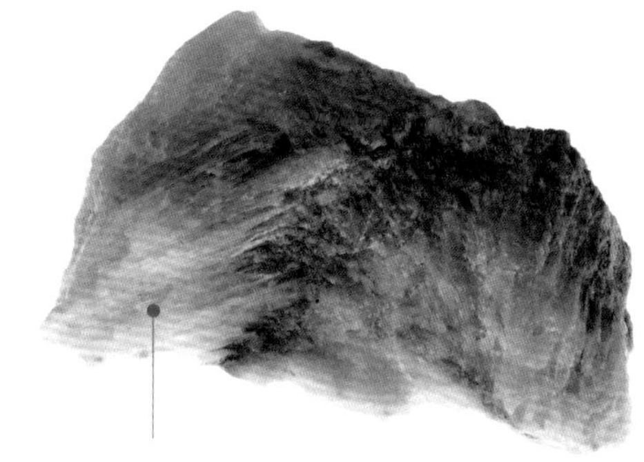

晶體通常呈短柱狀，
集合體呈粒狀、塊狀或球狀

主要用途

硬硼酸鈣石在工業中一般作為硼酸鹽和硼酸的重要原料。

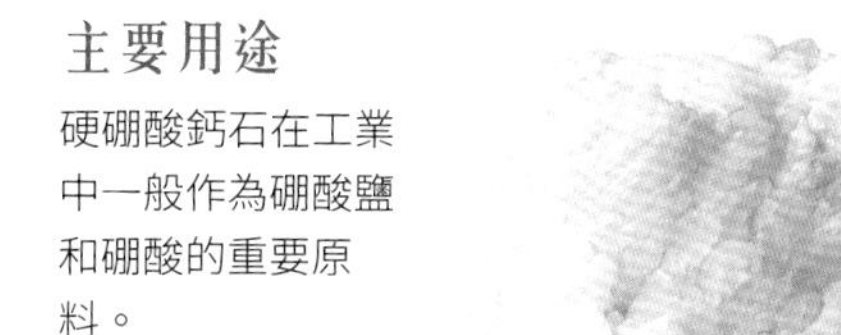

產地區域

● 主要產地有美國、義大利、土耳其、俄羅斯等。大多產於美國加州死亡谷、克恩和河濱郡。

特徵鑑別

硬硼酸鈣石熔點低、易斷裂，燃燒時火焰呈綠色。
在紫外線照射下會發出微白或綠色螢光。

具有玻璃光澤，
透明至半透明

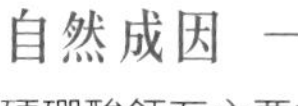

自然成因

硬硼酸鈣石主要在蒸髮岩礦床中形成。

溶解度

硬硼酸鈣石溶於鹽酸。

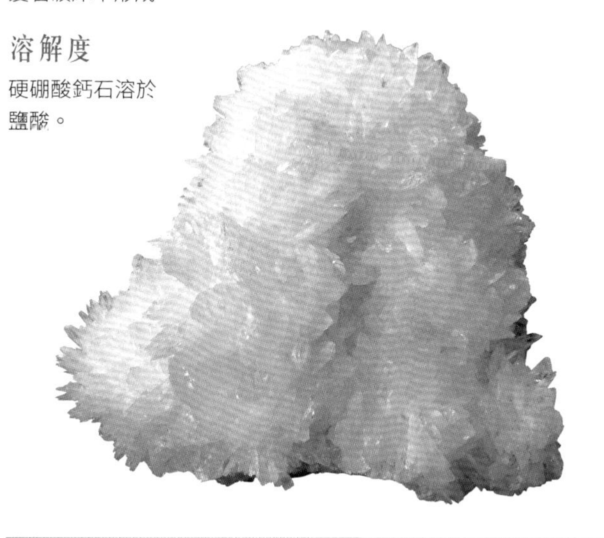

顏色常見為白色、無色，也有黃色、灰色等，
條痕為白色

成分：$Ca_2B_6O_{11}\cdot5H_2O$	硬度：4.5	比重：2.42	解理：完全	斷口：參差狀至貝殼狀

橄欖石

橄欖石是天然寶石，屬於一種鎂與鐵的矽酸鹽，是地函最主要造岩礦物，主要的成分為鐵、鎂和矽元素，同時也含有鈷、錳、鎳等元素。完整晶體較為少見，顏色多呈橄欖綠、祖母綠、黃綠、金黃綠、黃色或無色。若含鐵量大，顏色會由淺黃綠色變至深綠色；若氧化則會變為棕色或褐色。

斜方晶系，晶體通常呈短柱狀或厚板狀

主要用途

橄欖石若色澤鮮豔、晶體通透，可作為裝飾品。

自然成因

橄欖石主要在橄欖岩、輝長岩和玄武岩之類的暗基性或超基性岩和鎂質碳酸鹽的變質岩中形成，常與輝石、鈣斜長石共生。

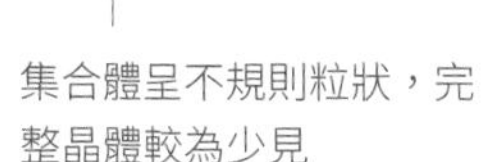

集合體呈不規則粒狀，完整晶體較為少見

產地區域

● 世界主要的產地有緬甸、德國、巴西、埃及、挪威、澳洲、巴基斯坦、美國和義大利等。

● 中國主要產地有吉林敦化意氣松林區、河北張家口、山西天鎮等。

溶解度

橄欖石不溶於水，可溶於鹽酸，但溶解過程中會有凝膠出現。

特徵鑑別

橄欖石熱敏性高，加熱不均勻或過快會導致破裂。
從色澤、外形及斷口可鑑別。

具有玻璃光澤或油脂光澤，透明至半透明

成分：$(Fe,Mg)_2(SiO_4)$	硬度：6.5~8.0	比重：3.27~4.32	解理：不完全	斷口：貝殼狀

黃玉

黃玉是一種含氟元素的矽酸鹽，又稱黃晶。晶體內常見二相及三相的包體，兩種或兩種以上不混溶液態包體、礦物包體或負晶等。顏色較為多樣，常見有無色、紅色、粉紅、褐紅、黃色、藍色、淡藍、綠色等，在陽光下曝曬過長會褪色。

主要用途

黃玉可以用來製作研磨材料和儀表軸承。若顏色鮮豔、色澤通透，則屬於名貴的寶石。

柱面帶有縱紋

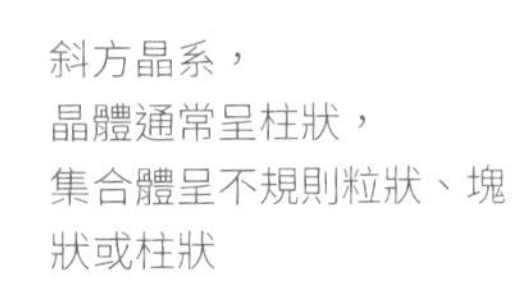

斜方晶系，
晶體通常呈柱狀，
集合體呈不規則粒狀、塊狀或柱狀

溶解度

黃玉不溶於任何酸性物質。

自然成因

黃玉主要在花崗偉晶岩、雲英岩中形成。
有時也在高溫熱液礦脈及酸性火山岩的氣孔中形成，通常與錫礦石伴生。

具有玻璃光澤，
透明

產地區域

● 世界主要產地有巴西、緬甸、美國、澳洲、斯里蘭卡、俄羅斯，以及非洲。
● 中國主要產地有雲南、廣東、內蒙古等。

成分：$Al_2SiO_4(F, OH)_2$	硬度：8.0	比重：3.49~3.57	解理：完全	斷口：亞貝殼狀至參差狀

藍晶石

藍晶石，又稱二硬石，因其耐高溫、高溫體積膨脹大，可作耐火材料。主要化學成分為63.1%的氧化鋁，36.9%的二氧化矽。顏色多為藍色、青色、帶藍的白色、亮灰色等，若表面帶有斑點或紋理顏色不均，則會導致中部顏色較深。

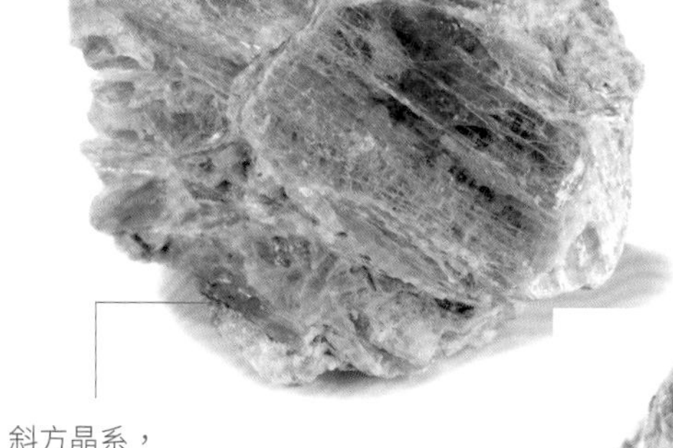

主要用途

藍晶石可用來提煉鋁，也可用來製造優良的高級耐火材料、耐火砂漿、水泥、絕緣體、汽車發動機的火星塞、技術陶瓷、試驗器皿、耐震物品等。還可用電熱法煉製矽鋁合金，應用於飛機、火車、汽車、船舶的部件上。若色澤靚麗透明，則可作寶石，常用來製作戒面、手鏈以及項鍊等。

斜方晶系，
晶體呈扁平的板條狀和柱狀，常見雙晶，
集合體呈放射狀

具有玻璃光澤，
透明至半透明

自然成因

藍晶石主要在泥質岩經中級變質作用下形成，也多存於片岩、花崗岩、片麻岩及石英岩脈中，通常與十字石、石榴石、雲母和石英共生。

晶面有平行條紋

產地區域

● 主要產地有美國、法國、印度、巴西、瑞士、加拿大、愛爾蘭、義大利、奧地利、朝鮮、澳洲等。

特徵鑑別

藍晶石具有螢光效應，少數具有貓眼效應。

其外形、顏色、硬度、色澤可作為鑑別標準。

成分：Al_2SiO_5	硬度：5.5~7.0	比重：3.53~3.65	解理：完全	斷口：參差狀

矽硼鈣石

矽硼鈣石是一種鈣硼酸鹽礦物，在自然界不常見。呈非均質體，常呈粒狀或塊狀集合體，屬於二軸晶，具有負光性、無多色性。晶體顏色較為多樣，如白色、無色、淺黃色、淺綠色、粉色、紫色、褐色和灰色等，條痕為無色。

單斜晶系，
晶體通常呈柱狀

自然成因

矽硼鈣石主要在熱液作用下形成，多見於基性侵入岩脈及偉晶岩中，有時也在火山岩杏仁體中，常與葡萄石、方解石、石英、沸石等共生。

集合體呈粒狀、塊狀和緻密塊狀等

產地區域

● 美國、英國、奧地利等地出產寶石級矽硼鈣石。

溶解度

矽硼鈣石溶於酸性物質。

具有玻璃光澤，
透明至半透明

特徵鑑別

矽硼鈣石燃燒時，火焰呈綠色。放大檢查可見雙折射線和氣液包體。
具有負光性，常為集合體，無多色性。

成分：$CaBSiO_4(OH)$	硬度：5.0~5.5	比重：2.8~3.0	解理：無	斷口：參差狀至貝殼狀

綠簾石

綠簾石屬於一種矽酸鹽礦物，具有島狀結構。成分中的三價鐵可被鋁完全替代，稱為斜黝簾石；若錳元素含量過高，則稱紅簾石。晶體顏色多呈不同色調的草綠色，若含鐵量增加顏色會變深，有時也呈黃色、黃綠色、綠褐色、灰色或近於黑色。

單斜晶系，
晶體通常呈柱狀，
集合體呈粒狀、柱狀、晶簇狀和放射狀等

柱面帶有條紋

主要用途

綠簾石多作為名貴的珠寶飾品，在工業應用中一般只具有礦物學和岩石學意義。

溶解度

綠簾石遇熱鹽酸時能部分溶解，若遇氫氟酸，則會快速溶解。

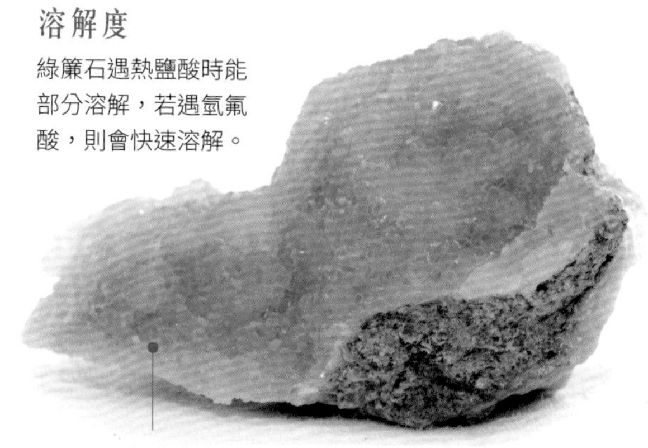

具有玻璃光澤至油脂光澤，透明至半透明

自然成因

綠簾石主要在熱液作用下形成，分布於變質岩、岩漿岩、矽卡岩及受熱液作用的各類火成岩中。
多見於綠片岩中，往往由早期矽卡岩礦物轉變而成。
也可以是圍岩蝕變的產物。

產地區域

● 世界主要產地有美國阿拉斯加州威爾斯親王島薩爾澤、愛達荷州亞當斯郡、科羅拉多州查菲郡的卡魯麥特鐵礦和帕克郡的綠簾石山，在法國、瑞士、墨西哥、奧地利、巴基斯坦也有產出。

特徵鑑別

半透明的綠簾石稜鏡在旋轉時呈現強烈的二色性，在同一個方向顏色為深綠，另一個方向顏色呈棕色。解理完全，斷口不整齊。

成分：$Ca_2(Al,Fe)_3(SiO_4)_3(OH)$	硬度：6.0~6.5	比重：3.35~3.50	解理：完全	斷口：參差狀

異極礦

異極礦是一種矽酸鹽礦物，是很重要的鋅礦物，也是一種次生礦物。晶體常見結晶和層狀結構，顏色多為無色或淡藍色，還有白色、淺黃色、淺綠色、褐色、棕色、灰色等，條痕為灰色。

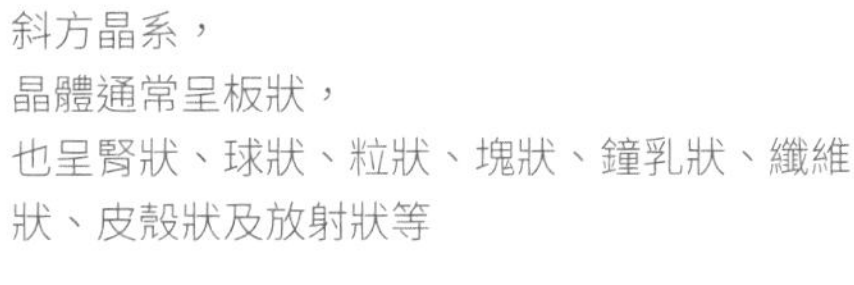

斜方晶系，
晶體通常呈板狀，
也呈腎狀、球狀、粒狀、塊狀、鐘乳狀、纖維狀、皮殼狀及放射狀等

主要用途

異極礦可用作學術研究。
與煤炭煅燒可提煉鋅。

透明至半透明

具有玻璃光澤或金剛光澤，偶爾也有珍珠光澤或絲絹光澤

自然成因

異極礦主要在鉛鋅礦床的氧化帶中形成，常見於石灰岩內，與閃鋅礦、白鉛礦、菱鋅礦、褐鐵礦等共生，有時也會呈菱鋅礦、方鉛礦、螢石、方解石假象。

溶解度

異極礦溶於酸，不起泡，但有膠狀體形成。

產地區域

- 世界主要產地有美國、德國、剛果、墨西哥、奧地利等。
- 中國主要產地有雲南、廣西、貴州等。

特徵鑑別

異極礦熔點高，置於封閉的試管內加熱會釋放出水分；具有強熱電性。

成分：$Zn_4Si_2O_7(OH)_2\cdot H_2O$　硬度：4.5~5.0　比重：3.4~3.5　斷口：貝殼狀至參差狀

綠柱石

綠柱石是一種鈹鋁矽酸鹽礦物，又稱綠寶石，其化學成分為含二氧化矽66.9%、氧化鋁19%、氧化鈹14.1%。有幾個變種且顏色不一，淡藍色的為海藍寶石，深綠色的為祖母綠，金黃色的為金色綠柱石，粉紅色的為鉋綠柱石等。

六方晶系，
晶體通常呈六方柱狀，
柱面帶有縱紋

主要用途

綠柱石是提煉鈹的主要礦物原料。也是珍貴的寶石，如祖母綠、海藍寶石等。

自然成因

綠柱石主要在花崗偉晶岩中形成，也常在砂岩和雲母片岩中產生，常與錫和鎢共生。

某些綠柱石有色帶，
具有玻璃光澤，透明至半透明

純淨無雜質者為無色，
甚至透明，
多數呈綠色，藍色、黃色、淺藍色、玫瑰色和白色等

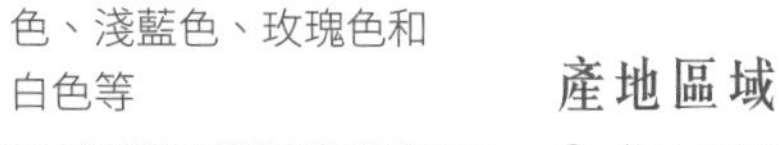

產地區域

● 世界主要產地有奧地利、德國、愛爾蘭、馬達加斯加、烏拉山。南美洲的哥倫比亞是最著名的祖母綠產地，在石灰岩基中多有產出。此外，巴西、南非、美國也多有產出。
● 中國主要產地在西北地方。

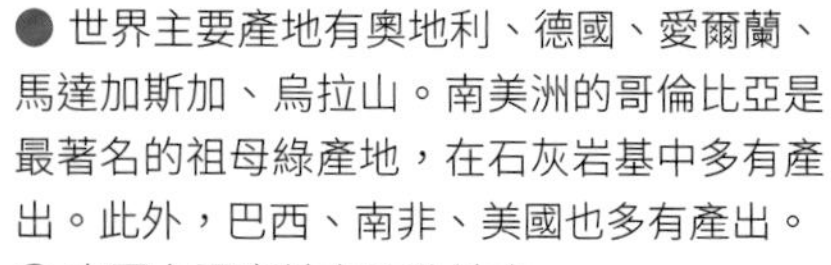

特徵鑑別

綠柱石熔點高，但熔化時邊緣會產生小碎片。
底面不完全解理，貝殼狀至參差狀。
一軸晶，負光性，有玻璃光澤。
具有稀少的貓眼效應和星光效應。

成分：$Be_3Al_2(SiO_3)_6$	硬度：7.5~8.0	比重：2.7~2.9	解理：不完全	斷口：貝殼狀至參差狀

電氣石

電氣石，又稱碧璽、托瑪琳石，是電氣石族礦物的總稱，因具有熱電性及壓電性而易帶靜電，故此得名。化學成分較為複雜，是一種以含硼元素為特徵的鐵、鎂、鋁、鋰、鈉元素的矽酸鹽礦物，具有環狀結構。主要的礦種有鐵電氣石、鎂電氣石和鋰電氣石等。

晶體通常呈柱狀、六方柱、三柱、三方單錐，集合體呈棒狀、細針狀、放射狀，緻密塊狀或隱晶體狀等

同一晶體上會呈現多種顏色，如紅色、赤色、粉紅色、黃色、綠色、藍色、茶色、咖啡色、紫色、無色和黑色等

產地區域

● 世界產地以巴西和美國出產的電氣石品質最優。

● 中國只有新疆阿勒泰、雲南、內蒙古出產電氣石。

主要用途

電氣石透過物理或化學方法與其他材料複合，可製造多種功能材料，廣泛應用於化工、電子、建材、輕工、環保和醫藥等，也可作為寶石。
生活中多用於寶石飾品、建築材料、水處理等。

具有玻璃光澤，透明至不透明

自然成因

電氣石主要在花崗岩、偉晶岩及一些變質岩中形成，通常與鋯石、綠柱石、長石、石英等共生。

溶解度

電氣石不溶於任何酸性物質。

特徵鑑別

電氣石熔點高。
有壓電性、熱電性、遠紅外輻射和釋放負離子性等。

成分：$Na_3Al_6(BO_3)_3Si_6 \cdot O_{18}(OH,F)_4$　硬度：7.0~7.5　比重：3.0~3.2　解理：不清楚　斷口：參差狀至貝殼狀

堇青石

堇青石，又稱水藍寶石，屬於一種矽酸鹽礦物。常見雙晶，但完好的晶體在自然界中並不多見，顏色呈藍色和藍紫色的可作寶石。堇青石具有明顯的多色性，在不同的方向會發出不同顏色。晶體內常見尖晶石、奎線石、鋯石、磷灰石及雲母等包裹體。

斜方晶系，
晶體通常呈假六方形的短柱狀，
集合體呈塊狀和粒狀

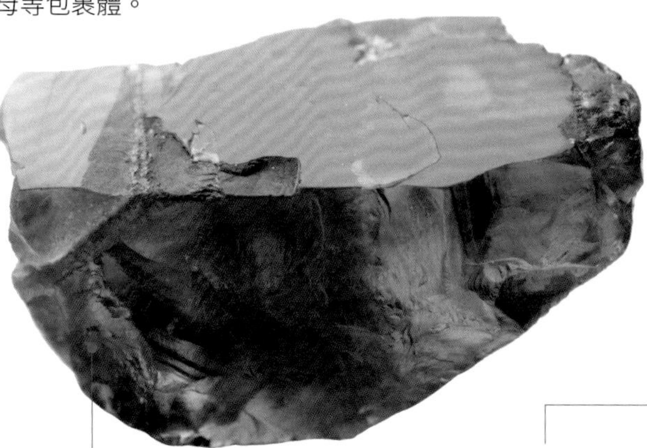

具有玻璃光澤，透明至半透明

主要用途

堇青石耐高溫、受熱膨脹率低，可作為汽車淨化器的蜂窩狀載體材料。品質優、顏色美的常被當作寶石。

顏色多呈淺藍色或淺紫色，也有黃白色、淺黃色、淺褐色或無色等

自然成因

堇青石主要在片麻岩、含鋁量較高的片岩及蝕變的岩漿岩中形成，有時也在花崗岩中形成，常與紅柱石、石榴子石、尖晶石、矽線石、剛玉和石英等共生。

溶解度

堇青石溶解性差。

產地區域

● 世界主要的產地有美國、加拿大、德國、捷克、芬蘭、挪威、瑞典、西班牙、塔吉克、馬達加斯加、斯里蘭卡、南非、澳洲、巴西、阿根廷、墨西哥、緬甸、坦尚尼亞等。

● 台灣也有產出。

分類鑑別

堇青石按種類細分為三種，即鐵堇青石、堇青石和血點堇青石。

特徵鑑別

堇青石熔點低，具有星光效應、貓眼效應及砂金效應。

成分：$Mg_2Al_4Si_5O_{18}$	硬度：7.0~7.5	比重：2.53~2.78	解理：清楚	斷口：貝殼狀

斧石

斧石屬三斜晶系，通常具有強三色性，光性特徵為非均質體，二軸晶，負光性。晶體顏色多為紫色、粉紅色、褐色、紅褐色、紫褐色、紫色、褐黃色、藍色等，條痕為無色。斷口呈現貝殼狀或階梯狀，斷口有玻璃光澤。

主要用途

斧石可以加工成刻面寶石，因易破損，多用於收藏。

溶解度

斧石可緩慢溶解於氫氟酸溶液中，但需慎與鹽酸接觸。

自然成因

斧石主要在接觸變質作用和交代作用中形成，通常與方解石、陽起石和石英等伴生。

三斜晶系，晶體通常呈板狀，集合體呈塊狀和片狀

具有玻璃光澤

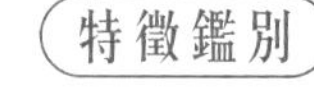

特徵鑑別

斧石在紫外線下無螢光。

黃色品種在短波紫色線下會發出紅色螢光。

新澤西產出的斧石在短波紫外線下具紅色螢光，長波惰性。

坦尚尼亞產出的斧石在短波紫外線下具暗紅色螢光，長波具橙紅色螢光。

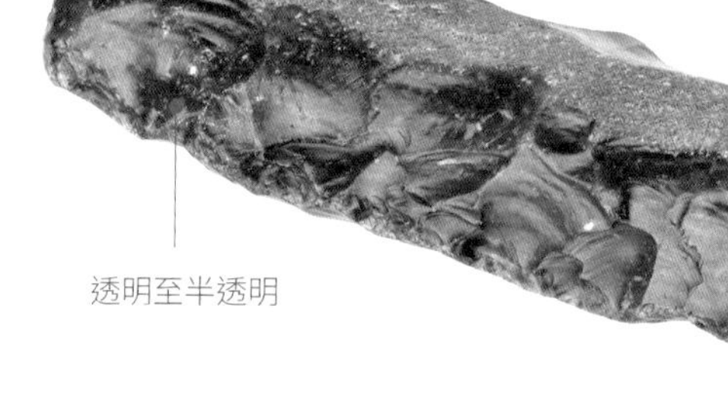

透明至半透明

產地區域

● 主要產地有法國阿爾卑斯山和澳洲的塔斯馬尼亞州，美國內華達州、斯里蘭卡、坦尚尼亞等地也都有產出。

成分：（Ca, Fe, Mn, Mg）$_3Al_2BSi_4O_{15}$（OH） 硬度：6.0~7.0 比重：3.2~3.4 解理：良好 斷口：參差狀至貝殼狀

透輝石

透輝石是一種含有鈣和鎂的矽酸鹽礦物，是輝石中常見的一種。晶體顏色多為藍綠色至黃綠色、黃色、綠色、褐色、紫色、灰色、白色或無色等，條痕為無色至淺綠色。有玻璃光澤，透明，非常美麗。

單斜晶系，晶體通常呈柱狀和粗短柱狀

主要用途

透輝石一般可以用於陶瓷工業，若質地透明、色彩美麗，也可作寶石。

自然成因

透輝石主要在熱液礦脈及岩漿活動中形成，在基性與超基性岩中廣泛分布，也有部分在火成岩的鎂鐵質和超鎂鐵質岩石中產生，常與石榴石、矽灰石、符山石、方解石等共生。

產地區域

● 主要的產地有緬甸、巴西、南非、印度、義大利、巴基斯坦，以及西伯利亞等。

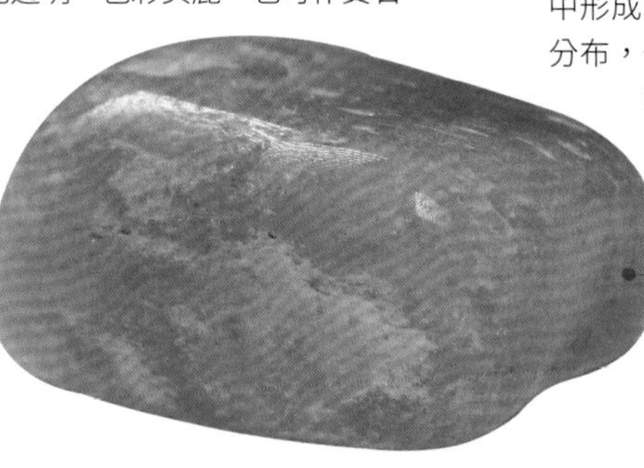

集合體呈粒狀、片狀或長柱體

特徵鑑別

透輝石具有貓眼效應和星光效應；有磁性；在紫外線的照射下會發出藍色、乳白色、橙黃色或淺紫色的螢光。

成分：$CaMgSi_2O_6$	硬度：5.5~6.0	比重：3.22~3.56	解理：完全	斷口：參差狀

硬玉

硬玉，又稱輝石玉、輝玉，是翡翠屬的主要礦物，主要化學成分為二氧化矽、氧化鈉、氧化鈣、氧化鎂和三氧化二鐵。晶體在自然界中很少形成，質地堅密，顏色十分豐富，多為紅色、粉紅色、橙色、綠色、藍色、紫色、褐色、黑色和白色等，其中以綠色為佳品。

晶體呈細長的小柱狀，集合體常呈粒狀、柱狀、纖維狀及緻密塊狀等

主要用途

硬玉的類型多種多樣，和軟玉不同，硬玉常被用作雕刻材料。

自然成因

硬玉主要在蛇紋岩化超基性岩以及某些片岩中形成，有時也在變質岩中產生。

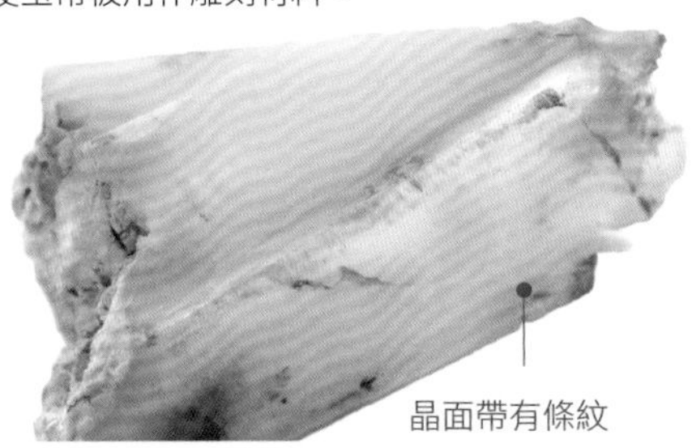

晶面帶有條紋

產地區域

● 主要產地有緬甸、日本和美國。

特徵鑑別

礦物學上把玉分為軟玉和硬玉兩類，兩者都屬於鏈狀矽酸鹽類。硬玉於長波紫外線照射下，會發出暗淡的白色螢光。

成分：Na（Al，Fe）Si_2O_6	硬度：6.5~7.0	比重：3.33	解理：良好	斷口：多片狀

鐵閃石

鐵閃石是常見的變質礦物之一，是一種矽酸鹽礦物，產於變質岩中，屬於角閃石族礦物，成分中含有30%的鎂閃石，另外還混有少量的鐵和錳。晶體顏色常呈暗色至褐色，條痕則淺黃色，具有多色性。

單斜晶系，
晶體通常呈片狀或纖維狀

主要用途

鐵閃石在工業上有廣泛應用，如水泥、紡織、過濾劑、石棉紙、電木和絕緣材料等。

溶解度

鐵閃石不溶於任何酸性物質。

集合體常呈針狀、柱狀和纖維狀

自然成因

鐵閃石主要在接觸變質岩中形成，常與角閃石共生，有時也在片岩和變粒岩中產生，與斜長石及普通角閃石共生。

特徵鑑別

鐵閃石呈玻璃或絲絹光澤，具有多色性，透明至半透明，斷口呈貝殼狀。

鐵閃石的消光性質表現為縱切面斜消光，消光角隨鐵元素含量多少而改變。

成分：$(Fe, Mg)_7Si_8O_{22}(OH)_2$	硬度：5.0~6.0	比重：3.35~3.70	解理：中等	斷口：貝殼狀

透閃石

單斜晶系，
晶體通常呈長柱狀、針狀或纖維狀

透閃石是變種的角閃石，常含有鐵元素。晶體為單斜晶體，常呈輻射狀或柱狀排列，有玻璃光澤或絲狀光澤，顏色通常為無色、白色、灰色、淺灰色、淺綠色、粉紅色、淺紫色或褐色等，條痕為無色。

主要用途

透閃石可以作為陶瓷和玻璃的原料、填料及軟玉材料等。

自然成因

透閃石主要在接觸變質灰岩、白雲岩中形成，有時也在蛇紋岩中產生。也可由不純灰岩、基性岩或硬砂岩等在區域變質作用下形成。

產地區域

● 世界著名產地有瑞士、義大利、奧地利和美國東部等。

集合體呈放射狀或纖維狀

溶解度

透閃石不溶於酸。

特徵鑑別

透閃石具有一定的螢光作用。

其品質鑑定最關鍵的是看色澤，優質透閃石細膩溫潤有油性。綹裂、瑕疵都有一定影響，也因瑕疵位置而定，可剔除則影響不大，無法剔除或影響全貌則嚴重影響其價值。

成分：$Ca_2(Mg, Fe)_5Si_8O_{22}(OH)_2$	硬度：5.0~6.0	比重：2.9~3.2	解理：良好	斷口：參差狀至亞貝殼狀

針鈉鈣石

針鈉鈣石是一種矽酸鹽礦物，晶體顏色多為無色、白色及灰白色，條痕為白色，性質較脆。

三斜晶系，晶體通常呈纖維狀、球粒狀、放射狀及緻密針狀的集合體

自然成因

針鈉鈣石主要在基性噴出岩的杏仁體中形成，分布較為廣泛，也常在橄欖岩、蛇紋岩及富鈣的變質岩和矽卡岩中產生，與方解石、沸石、葡萄石和矽硼鈣石等共生。

具有玻璃光澤或絲絹光澤

產地區域

● 主要產地有美國、英國、德國、俄羅斯、加拿大、義大利、蘇格蘭、印度和南非等。

溶解度

針鈉鈣石溶於鹽酸，同時分解析出矽膠。

成分：$NaCa_2Si_3O_8(OH)$	硬度：4.5~5.0	比重：2.74~2.88	解理：完全	斷口：參差狀

滑石

滑石屬於一種層狀結構的矽酸鹽礦物，又名脫石、冷石、番石、液石，在自然界之中較為常見，質地是所有已知礦物中最軟的，並且具有滑膩的手感，柔軟的滑石也可替代粉筆畫出白色的痕跡。

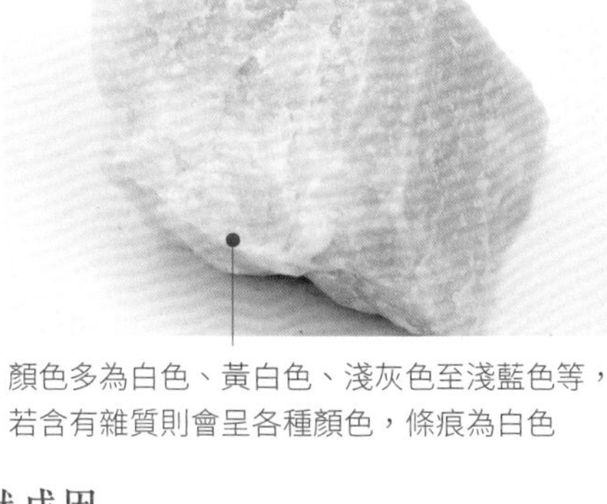

顏色多為白色、黃白色、淺灰色至淺藍色等，若含有雜質則會呈各種顏色，條痕為白色

主要用途

滑石的用途較為廣泛，可作耐火材料、橡膠填料、絕緣材料、造紙、潤滑劑、農藥吸收劑、皮革塗料、雕刻用料及化妝材料等。

自然成因

滑石主要由富鎂礦物經熱液蝕變而形成，常呈橄欖石、角閃石、透閃石、頑火輝石等假象。

產地區域

● 中國遼寧有產出。

三斜晶系，晶體通常呈緻密塊狀、片狀、放射狀或纖維狀的集合體

特徵鑑別

滑石若置於水中，則不會崩散；質地軟，指甲可留下劃痕；無味，無臭，具微涼感，絕熱性及絕緣性較強。

成分：$Mg_3Si_4O_{10}(OH)_2$	硬度：1.0	比重：2.6~2.8	解理：完全	斷口：參差狀

矽灰石

矽灰石是一種典型的變質礦物，又稱矽酸鈣，屬於一種單鏈矽酸鹽礦物。晶體顏色多呈白色、灰白色、紅色、黃色、淺綠色、粉紅色、棕色等，條痕為白色。具有較好的絕緣性，吸油性和電導率都比較低，同時還有較高的耐熱及耐候性能，具有致癌性。

具有玻璃光澤，解理面呈珍珠光澤

主要用途

矽灰石廣泛應用於造紙、陶瓷、水泥、橡膠、塗料、塑膠、建材等領域；也可作為氣體過濾材料和隔熱材料；還可作為冶金的助熔劑等。

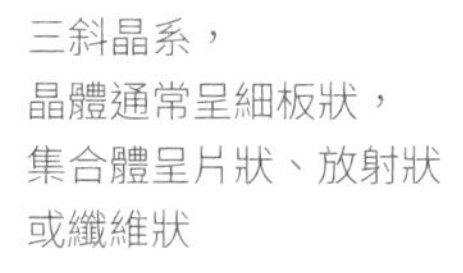

三斜晶系，
晶體通常呈細板狀，
集合體呈片狀、放射狀
或纖維狀

不透明

產地區域

● 主要產地有中國、印度、加拿大、美國、芬蘭、南非、蘇丹、墨西哥、土耳其、哈薩克、烏茲別克、塔吉克、納米比亞等。

自然成因

矽灰石主要在酸性侵入岩與石灰岩的接觸變質帶中形成，偶爾有少量會在深變質的鈣質結晶片岩、火山噴出物及某些鹼性岩中產生。多與石榴石、符山石共生。

溶解度

矽灰石溶於濃鹽酸。

特徵鑑別

矽灰石白色微帶灰色。
產品纖維長易分離，含鐵量低，白度高。

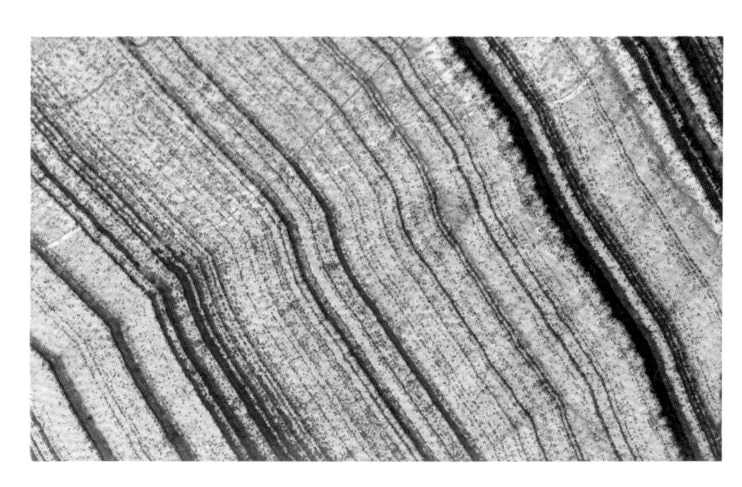

成分：$CaSiO_3$	硬度：4.5~5.0	比重：2.86~3.09	解理：完全	斷口：多片狀

柱星葉石

柱星葉石屬於一種片狀或層狀的矽酸鹽礦物，當成分中的錳元素含量過高時稱為錳柱星葉石，而當成分中的鈦被鈮所替代則稱為海神石。

自然成因

柱星葉石主要在蛇紋岩等中性深成岩中形成，常與霓石、鈉沸石、藍錐礦和矽鈉鋇鈦石等共生。

產地區域

● 世界著名產地有美國加州、加拿大魁北克、俄羅斯、澳洲和丹麥等。

單斜晶系，晶體通常呈柱狀或片狀，橫截面呈正方形

顏色通常為黑色、深紅褐色，條痕為褐色和紅褐色

溶解度

柱星葉石不溶於鹽酸。

特徵鑑別

柱星葉石加熱不易熔化。

成分：$KNa_2Li(Fe^{2+}, Mn^{2+})_2Ti_2Si_8O_{24}$	硬度：5.0~6.0	比重：3.19~3.23	解理：完全	斷口：貝殼狀

纖蛇紋石

纖蛇紋石是一種石棉礦物，屬於變種的蛇紋石，又稱溫石棉，通常是由矽氧四面體和氫氧化鎂石八面體組成的雙層型結構的三八面體矽酸鹽礦物。因四面體層和八面體層不協調，形成了三種不同的結構及礦物，如平整結構的板狀蛇紋石，交替波狀結構的葉蛇紋石和捲曲狀圓柱形結構的纖蛇紋石。

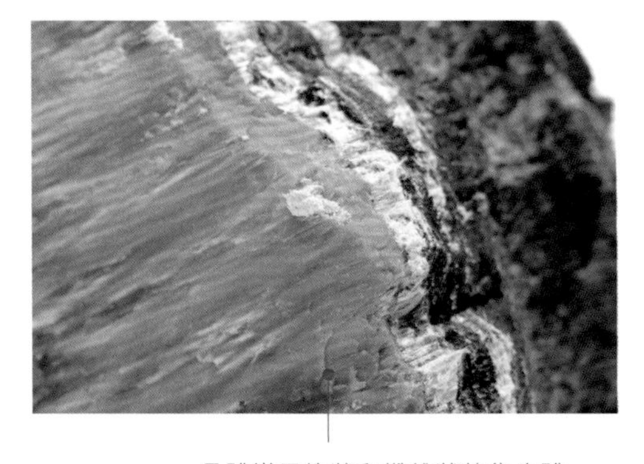

晶體常呈塊狀和纖維狀的集合體，若呈纖維狀，也可分離成柔軟的纖維

主要用途

纖蛇紋石是一種較為安全的無機纖維材料，通常應用於建築行業。

自然成因

纖蛇紋石主要在超基性岩蝕變成的蛇紋岩中形成。

溶解度

纖蛇紋石溶於鹽酸。

顏色多為白色、灰色、黃色、綠色或棕色等

成分：$Mg_3Si_2O_5(OH)_4$	硬度：2.0~2.5	比重：2.56	解理：無	斷口：參差狀

矽孔雀石

矽孔雀石是一種水合銅元素的矽酸鹽礦物，又稱鳳凰石。針狀晶體較為罕見，顏色多為綠色和淺藍綠色，含有雜質時則會呈褐色和黑色。

主要用途

矽孔雀石可以提煉銅，但不是主要的礦物原料，也可作裝飾材料，還可藥用。

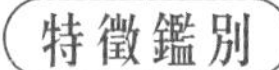

特徵鑑別

矽孔雀石遇火加熱後，顏色會呈暗黑色。

自然成因

矽孔雀石主要在熱液礦床中形成，多見於含銅礦床的氧化帶中，常與自然銅、孔雀石、赤銅礦、藍銅礦共生，也常與玉髓相伴而生。

常呈皮殼狀、葡萄狀、纖維狀、鐘乳狀、土狀或輻射狀的集合體

產地區域

- 世界主要產地有美國、英國、俄羅斯、墨西哥、澳洲、捷克、以色列、尚比亞、納米比亞、剛果、智利等。
- 台灣也有產出。

陶瓷狀外觀，具有油脂光澤或玻璃光澤，土狀者會呈土狀光澤

成分：（Cu，Al）$_2H_2Si_2O_5(OH)_4 \cdot nH_2O$	硬度：2.0~4.0	比重：2.0~2.4	解理：無	斷口：參差狀至貝殼狀

矽鈹石

矽鈹石是一種自然產生的矽酸鈹礦物，比較罕見，因外形酷似水晶，有「似晶石」之稱。

主要用途

矽鈹石是提煉鈹的礦物原料；因折射率極高，所以亮度也很高，顏色好、透明的可作寶石。

三方晶系，晶體通常呈菱面體或菱面體柱狀，也呈細粒狀的集合體

產地區域

- 世界主要的產地有俄羅斯烏拉、巴西米納斯吉拉斯、納米比亞克利因・斯比茲奇帕、坦尚尼亞烏剎加拉、美國緬因州和科羅拉多州和法國亞爾薩斯等。

自然成因

矽鈹石主要在偉晶岩、矽卡岩和熱液礦脈中形成，還可在某些片岩中形成，常與綠柱石、磷灰石、金綠寶石、黃玉、雲母和石英伴生。

顏色多為無色、淺紅色、黃色或褐色等

溶解度

矽鈹石不溶於酸。

特徵鑑別

矽鈹石光性特徵為非均質體，一軸晶，正光性。
放大檢查可見各種包體。

成分：Be_2SiO_4	硬度：7.0~8.0	比重：2.93~3.00	解理：清楚	斷口：貝殼狀

葉蠟石

葉蠟石，又稱壽山石、青田石、豐順石等，是一種含有羥基的層狀鋁奎酸鹽礦物，也是黏土礦物的一種。至今未發現完整獨立的晶體，晶體顏色多呈白色，含雜質時會呈黃色、淡黃、淡藍、淺綠、灰綠、褐綠、淺褐等，條痕呈白色。

透明至半透明

單斜晶系，
晶體通常呈扁長板狀，
也呈緻密塊狀、片狀、纖維狀
和放射狀的集合體

自然成因

葉蠟石主要在火山岩的交代礦床及結晶狀的片岩中形成，常與滑石、天藍石、矽線石和紅柱石共生；也可在熱液礦脈中形成，與雲母、石英等共生。

主要用途

葉蠟石應用較廣泛，可作耐火材料、陶瓷、電瓷、坩堝和玻璃纖維等；因具有低鋁高矽的特性，也可用來生產耐鹼磚。

溶解度

葉蠟石不溶於大多數酸，高溫下能被硫酸分解。

具有玻璃光澤或油脂光澤，新鮮斷面呈珍珠光澤

特徵鑑別

葉蠟石遇火在加熱時會成片剝落，觸摸時會有油脂感，同時具有較好的耐熱性和絕緣性。

成分：$Al_2Si_4O_{10}(OH)_2$ | 硬度：1.0~2.0 | 比重：2.65~2.90 | 解理：完全 | 斷口：參差狀

白雲母

白雲母是雲母類礦物的一種，又稱為雲母、普通雲母或鉀雲母，屬於層狀構造的矽酸鹽，與黑雲母同為雲母族礦物。它在自然界中分布很廣，在各種地質環境中都可以形成。是良好的電絕緣體和熱絕緣體。因為能大量出產，所以具有重要的經濟價值。

單斜晶系，
晶體通常呈六方片狀，
集合體呈大板塊狀、六方晶體、細粒狀、片狀或鱗片狀

主要用途

白雲母可作為電氣設備和電工器材等；還可作為日用化工原料、雲母陶瓷原料、油漆添料、塑膠和橡膠添料、建築材料；用於焊條藥皮的保護層和鑽井泥漿添加劑等。

產地區域

● 中國主要產地有內蒙古、新疆、青海、四川、河南、陝西等。

溶解度

白雲母不溶於酸。

具有玻璃光澤至絲絹光澤，斷面呈珍珠光澤

自然成因

白雲母主要在岩漿岩及花崗岩類的酸性岩中形成，也可在變質岩和沉積岩中產生。

顏色多為無色至白色，也呈淺黃色、淺綠色或淺棕色，條痕呈無色

特徵鑑別

白雲母具有絕緣性，耐高溫。
呈透明狀，有玻璃光澤至絲絹光澤，顏色從無色到淺彩色多變。
單斜晶系，薄片，具有彈性。

成分：$KAl_2(Si_3Al)O_{10}(OH,F)_2$　硬度：2.5~3.0　比重：2.76~3.1　解理：完全　斷口：參差狀

鋰雲母

鋰雲母是一種較常見的鋰礦物，又稱鱗雲母，常含有銣、銫等元素。同時屬於鉀和鋰的基性鋁矽酸鹽，是雲母類礦物中的一種。呈短柱體，底面解理極完全，小薄片集合體或大板狀晶體，顏色為紫色和粉色，並可淺至無色，具珍珠光澤。

主要用途

鋰雲母是提煉鋰的重要礦物原料，也可用來提煉銣和銫，同時也是氫彈、火箭、核潛艇和新型噴射機的重要燃料。

在軍事方面可用作信號彈、照明彈的紅色發光劑以及飛機用的稠潤滑劑。

在冶金方面主要用於製作鋰製輕質合金和金屬製品的純淨劑。

自然成因

鋰雲母主要在花崗偉晶岩中形成，也常在雲英岩和高溫熱液礦脈中產生。

顏色多呈紫色至粉紅色，有時也呈淺色至無色等

溶解度

鋰雲母不溶於酸，而熔化後會受酸類物質影響。

具有珍珠光澤或玻璃光澤

特徵鑑別

鋰雲母熔點低，熔化時會發泡，並生成深紅色的鋰焰。一般只產在花崗偉晶岩中。

成分：$K(Li,Al)_3(Si,Al)_4O_{10}(F,OH)_2$	硬度：2.0~3.0	比重：2.8~2.9	解理：完全	斷口：參差狀

蛭石

蛭石是一種含有鎂元素和鋁元素的矽酸鹽次生變質礦物，天然、無機、無毒，因形狀與水蛭相似而得名。晶體在自然界中比較少見，外形與雲母較為相似。

主要用途

蛭石能夠廣泛地用於絕熱材料、防火材料、育苗種花、電絕緣材料、塗料、板材、油漆、橡膠、耐火材料、冶煉、建築等工業。

自然成因

蛭石主要在黑雲母和金雲母經低溫熱液蝕變作用下形成，有時也由黑雲母經過風化作用緩慢形成，通常與石棉一起產生。

單斜晶系，晶體通常呈扁平狀

產地區域

- 世界主要產地有俄羅斯、南非、澳洲、辛巴威和美國等。
- 中國分布較多，主要有新疆、內蒙古、遼寧、甘肅、山西、陝西、河北、河南、四川、湖北等。

具有油脂光澤或珍珠光澤，半透明

溶解度

蛭石不溶於水。

顏色多為褐色、黃褐色、金黃色、綠色或青銅色等，條痕為淡黃色，加熱後會變成灰色

特徵鑑別

蛭石在灼燒後體積會膨脹數倍，膨脹蛭石具有良好的電絕緣性、吸水性以及耐火性。

成分：$(Mg, Fe, Al)_3(Al, Si)_4O_{10}(OH)_2 \cdot 4H_2O$　硬度：1.0~1.5　比重：2.4~2.7　解理：完全　斷口：參差狀

黑雲母

黑雲母屬於雲母的一種，主要為矽酸鹽礦物，含有矽、鎂、鉀、鋁等礦物元素。晶體具彈性，硬度小於指甲，易撕成碎片，其光學性質和力學性質都與白雲母相似，但黑雲母因鐵元素含量高，絕緣性能較差。

顏色多呈黑色、紅棕色和深褐色，有時也呈淺紅、淺綠等，含鈦呈淺紅褐色，含鐵呈綠色，條痕為白色略帶淺綠色

主要用途

黑雲母的應用較為廣泛，常應用於建材、消防、造紙、瀝青紙、塑膠、橡膠、滅火劑、電焊條、電絕緣、珠光顏料等化工工業。

自然成因

黑雲母主要在變質岩、花崗岩中形成，也會在其他的岩石中產生，特別是酸性或偏鹼性的岩石中。

晶體通常呈板狀或柱狀，集合體呈鱗片狀

產地區域

● 中國主要的產地有新疆、內蒙古、四川、河北、山西、遼寧、吉林、黑龍江、山東、河南、陝西、青海、雲南和西藏等。

溶解度

黑雲母溶於沸硫酸，得到乳狀溶液。

具玻璃光澤，解理面呈珍珠光澤，透明至半透明

特徵鑑別

黑雲母在受熱後會微帶磁性，具極高的電絕緣性。易被強酸腐蝕，同時會造成脫色現象。

成分：$K(Mg,Fe)_3(Al,Si_3)O_{10}(OH,F)_2$ ｜ 硬度：2.5~3.0 ｜ 比重：3.02~3.12 ｜ 解理：完全 ｜ 斷口：參差狀

葡萄石

葡萄石屬於一種矽酸鹽礦物，質感與金水菩提相似，只是硬度和光學效應會較差，具有脆性。晶體顏色常見為綠色，以黃金色最為珍貴稀有，具有纖維狀結構，呈放射狀排列。

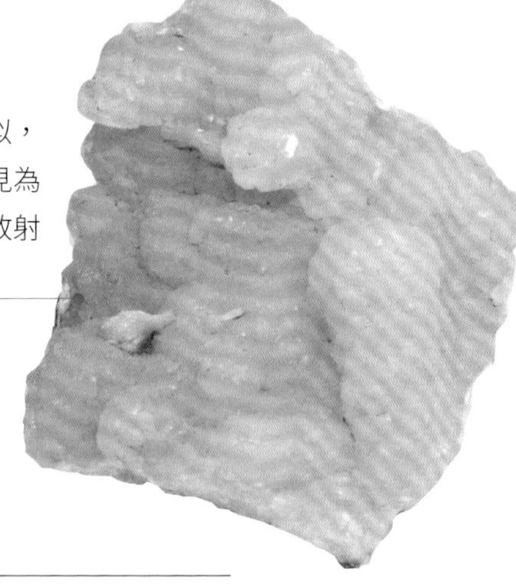

斜方晶系，
晶體通常呈現片狀、塊狀、板狀、葡萄狀、腎狀或放射狀的集合體

主要用途

葡萄石若質地通透、顏色漂亮可作寶石，這種寶石被稱為好望角祖母綠。

自然成因

葡萄石是一種經熱液蝕變而形成的次生礦物，主要在玄武岩和其他基性噴出岩的氣孔和裂隙中形成，通常與沸石類礦物、方解石、矽硼鈣石和針鈉鈣石等伴生。若部分火成岩發生變化，內部的鈣斜長石也會轉變為葡萄石。

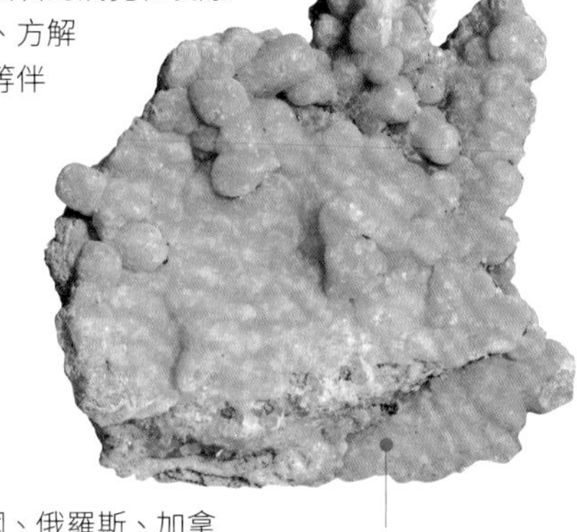

顏色多呈淺綠色至灰色，也呈淺黃色、肉紅色、白色等，條痕呈白色

具有玻璃光澤，透明至半透明

產地區域

- 世界著名產地有美國、法國、俄羅斯、加拿大、德國、義大利、蘇格蘭、葡萄牙、奧地利、瑞士、南非、巴基斯坦、納米比亞、印度、澳洲以及日本等。
- 中國主要產地在四川。

特徵鑑別

葡萄石加熱後熔解，會發泡，生成白色玻璃狀。
有時會具有貓眼效應。

成分：$Ca_2Al_2Si_3O_{10}(OH)_2$	硬度：6.0~6.5	比重：2.90~2.95	解理：中等至完全	斷口：參差狀

魚眼石

魚眼石是屬於一種氟化物矽酸鹽礦物，主要成分為鉀元素和鈣元素，同時與沸石的結構相似。晶柱狀、板狀晶體，假立方晶體。具有多色性，顏色深淺不一，通常為白色、無色、淺黃色、紫色、粉紅色或灰色等。

四方晶系，
晶體通常呈立方體、柱狀、板狀、假立方晶體或金字塔狀

有時會形成晶簇

自然成因

魚眼石主要在玄武岩、片麻岩、花崗岩中形成，時常與沸石共生。

溶解度

魚眼石溶於鹽酸。

主要用途

魚眼石具有安定的功效，對消除負面情緒有輔助作用，可有效緩解壓力。
魚眼石有調節的功效，可以促進再生，緩解疲勞。
魚眼石還有美容養顏的功效。

具有玻璃光澤至珍珠光澤，透明至不透明

產地區域

● 主要產地有英國、義大利、澳洲、印度、巴西和捷克等。

特徵鑑別

魚眼石遇火燃燒，火焰呈紫羅蘭色。
在密閉的試管內加熱，會釋放出水／水蒸氣。放大檢查可見氣液包體。
光性特徵為非均質體，一軸晶，負光性，透明的魚眼石晶體非常閃亮。

成分：$KCa_4Si_8O_{20}(F,OH)\cdot{}_8H_2O$ | 硬度：4.5~5.0 | 比重：2.3~2.5 | 解理：完全 | 斷口：參差狀

微斜長石

微斜長石屬於鹼性長石礦物，是含有鉀和鋁的矽酸鹽，在自然界中較為常見。

晶體顏色多為白色、紅色、灰色至米黃色等，性質也較脆。

三斜晶系，
晶體通常呈短柱狀，
集合體呈塊狀

自然成因

微斜長石主要在酸性和中性侵入岩中廣泛分布，是偉晶岩岩脈的主要成分，通常與霞石鈉長石、石英和雲母等共生。

具有玻璃光澤，
新鮮斷面呈珍珠
光澤

透明至半透明

主要用途

微斜長石可用來提煉銣和銫；還有一種呈綠色的變種，名為天河石，可作寶石，也可作戒面、雕刻工藝品或翡翠的代用品。

白微斜長石和灰微斜長石可用於生產陶瓷釉。

佩戴微斜長石有安神，緩解失眠，舒緩頸骨和脊骨疼痛的作用，孕婦佩戴有安胎作用。

溶解度

微斜長石只溶於氫氟酸，但必須小心使用。

產地區域

- 世界主要產地有美國、加拿大和巴西等。
- 中國主要產地有四川、江蘇、雲南和內蒙古等。

特徵鑑別

微斜長石遇火灼燒時不熔。
色調不均，有玻璃光澤。

成分：$KAlSi_3O_8$	硬度：6.0~6.5	比重：2.54~2.57	解理：完全	斷口：參差狀

培斜長石

培斜長石屬於斜長石的一種，也稱培長石，主要是由鈉長石和鈣長石組成的類質同象系列。

晶體常見為聚片雙晶，顏色多呈白色至灰白色，又呈淺綠色、淺藍色、淺棕色或者無色等。

三斜晶系，
晶體通常呈板狀或柱狀，
集合體呈緻密狀、柱狀、塊狀、板狀或粒狀

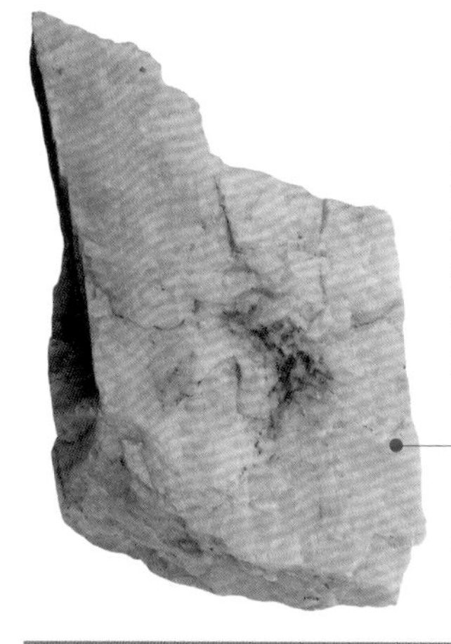

條痕呈白色，
具有玻璃光澤，半透明至透明

自然成因

培斜長石是許多岩漿岩的重要組成部分，例如玄武岩、粗玄岩、斜長岩、輝長石和蘇長石等。也見於某些變質岩中，例如由區域彎質作用形成的片岩和片麻岩。

溶解度

培斜長石溶於鹽酸。

成分：（Na, Ca）Al_{1}-$2Si_{3}$-$2O_{8}$	硬度：6.0~6.5	比重：2.72~2.74	解理：完全	斷口：參差狀至貝殼狀

綠泥石

綠泥石，又稱為碧石，是一種含水的層狀鋁矽酸鹽礦物，是主要的黏土礦物之一。其種類約有十種，含有鉻離子的稱鉻綠泥石。顏色多為淺綠色至深綠色、深灰色等，因含鐵量而呈深淺不一的綠色，條痕同色。石肌通常呈凹凸、扭轉、不規則突球狀。石形多變，有動物、山、湖、島嶼等。

斜晶系或三斜晶系，
晶體通常呈板狀、粒狀、塊狀或六方片狀

主要用途

綠泥石若顏色發紫，可用作裝飾物和工藝品。

產地區域

● 世界主要產地有俄羅斯克瓦依薩礦床。
● 台灣花蓮七星潭也有產出。中國主要產地有遼寧岫岩、青海祁連、四川江油、西藏北部。

自然成因

綠泥石主要在中、低溫熱液作用，淺變質作用或沉積作用中形成，如千枚岩、片岩及偉晶岩中，常與藍晶石、綠泥石、石榴子石、十字石和白雲母等伴生。

特徵鑑別

綠泥石硬度較高，解感佳。
具撓性，薄片可彎曲，但易折斷，無彈性。

成分：K（Fe^{2+}, Mg, Fe^{3+}）$_{8}$（Si, Al）$_{12}$（O, OH）$_{27}$	硬度：2.0~2.5	比重：2.6~3.3	解理：完全	斷口：參差狀

透長石

透長石屬於一種長石族礦物，是正長石的變種，主要的成分為鉀長石，也常含鈉長石分子。顏色多樣，為無色、白色、褐色、綠色、藍綠色和灰黑色等，主要與所含的微量成分及包裹體相關。

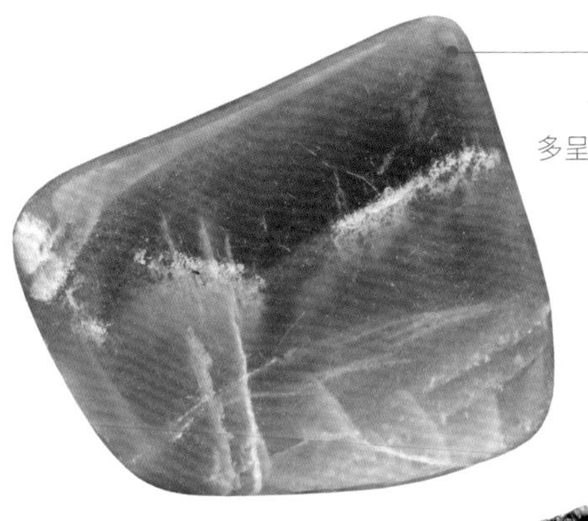

多呈雙晶狀

主要用途

透長石若質地透明、顏色均勻，可作為寶石。

單斜晶系，
晶體通常呈柱狀或板狀

產地區域

- 主要產地有美國、德國、緬甸、印度、肯亞、斯里蘭卡、澳洲、馬達加斯加、坦尚尼亞和巴西等。

自然成因

透長石主要在低溫熱液礦床中形成，主要見於石英二長安岩、響岩、粗面岩、鉀質流紋岩和中酸性凝灰岩中，常呈斑晶產生。

溶解度

透長石不溶於大部分酸，可完全溶於氫氟酸。

具有玻璃光澤，斷面呈珍珠光澤，
透明至不透明

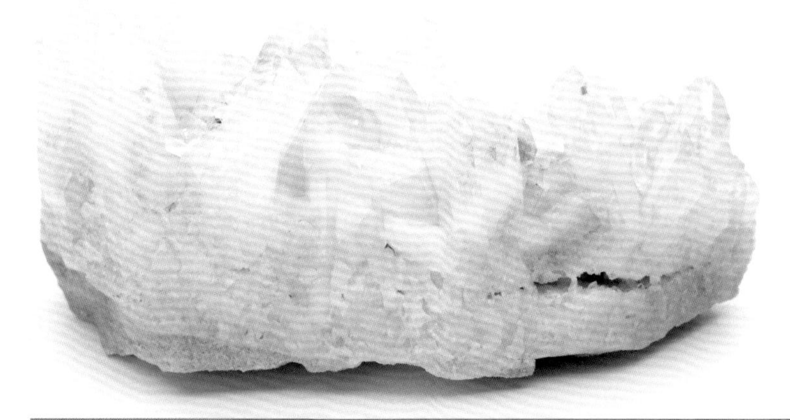

特徵鑑別

透長石通常無色，透明如水，光軸角接近一軸晶。與冰長石相似，但冰長石具有大得多的光軸角。透長石在酸性火山岩之中時，呈無色透明，或白色的玻璃狀透明晶體。

成分：$KAlSi_3O_8$	硬度：6.0~6.5	比重：2.56~2.62	解理：完全	斷口：貝殼狀至參差狀

正長石

正長石是一種矽酸鹽礦物。晶體顏色多呈無色或白色，也呈淺紅色、淺黃色、黃褐色、灰色和綠色等，條痕呈白色。單斜晶系，晶體呈短柱狀或厚板狀，常見雙晶為卡斯巴雙晶，粒狀或塊狀集合體也很常見。

單斜晶系，
晶體通常呈厚板狀或短柱狀，
集合體呈粒狀、塊狀或片狀

主要用途

正長石主要的寶石品種為月光石和黃色的透明正長石；可用於製取鉀肥；同時也是陶瓷業和玻璃業的主要原料，也用作絕緣電瓷和瓷器釉藥的材料。

自然成因

正長石在酸、鹼性的岩漿岩以及火山碎屑岩中廣泛分布，也常見於花崗混合岩、鉀長片麻岩、長石砂岩和硬砂岩中。若風化，則會變成高嶺土。

雙晶體較為常見

具有玻璃光澤至珍珠光澤，半透明至透明

產地區域

● 主要產地有馬達加斯加、斯里蘭卡、格陵蘭等。

溶解度

正長石不溶於鉀鹽和任何酸。

特徵鑑別

正長石呈透明至不透明狀，有玻璃光澤，解理呈珍珠光澤。

成分：$KAlSi_3O_8$	硬度：6.0~6.5	比重：2.55~2.63	解理：完全	斷口：參差狀至貝殼狀

青金石

青金石是一種矽酸鹽礦物，在中國古代稱為青黛、金精、瑾瑜、璆琳。成分中的鈉元素常被鉀元素所置換，硫也會被硫酸根、硒和氯所代替。晶體顏色較為獨特，通常呈深藍色、天藍色、綠藍色、紫藍色等，條痕呈淺藍色。通常以色澤均勻無裂紋，且質地細膩無金星為佳品。

等軸晶系，
晶體通常呈立方體、八面體或十二面體，極為少見，
集合體呈緻密塊狀、粒狀

主要用途

青金石若呈純深藍色、質地細膩且無裂紋和雜質，可作為裝飾品。也可作天然的藍色顏料。

溶解度

青金石溶於鹽酸。

自然成因

青金石主要在高溫變質的石灰岩中形成，多見於接觸交代的矽卡岩型礦床中。

具有玻璃光澤至油脂光澤，半透明至不透明

顏色較為獨特，通常呈深藍色、天藍色、綠藍色、紫藍色等，條痕呈淺藍色

產地區域

● 主要產地有美國、加拿大、緬甸、智利、印度、阿富汗、蒙古、巴基斯坦和安哥拉等。

特徵鑑別

青金石具有螢光性。
與鹽酸發生化學反應時會緩慢釋放出硫化氫。

成分：$(Na, Ca)_{7\text{-}8}(Al, Si)_{12}O_{24}[(SO_4), Cl_2(OH)_2]$ 硬度：5.0~5.5 比重：2.4~2.5 解理：不完全 斷口：參差狀

方鈉石

方鈉石是一種含有氯化物的矽酸鹽礦物，同時也屬於似長石類礦物，因為與青金石的顏色相似，也稱加拿大青金石或藍紋石。晶體在自然界之中極為罕見，多晶結構，性質較脆。顏色多呈藍色，也有少數呈白色、紅色、綠色、紫色和灰色等，條痕為白色或淺藍色。

主要用途

方鈉石若質地透明可磨製翻型寶石，若不透明可作青金石的代用品。

等軸晶系，
晶體通常呈立方十二面體、菱形十二面體和八面體

溶解度

方鈉石溶於鹽酸。

自然成因

方鈉石主要在富鈉貧矽的鹼性岩中形成，多見於粗面岩、響岩和霞石正長岩等，也常在接觸變質的矽卡岩中產生，通常與鋯石、霞石、長石、白榴石等共生。

產地區域

● 主要產地有美國、德國、加拿大、俄羅斯、義大利、格陵蘭、挪威、印度、朝鮮和玻利維亞等。

集合體呈塊狀、粒狀或結核狀

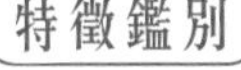

半透明至不透明

特徵鑑別

方鈉石加熱熔化有氣泡產生，變成無色玻璃狀。若加入硝酸和硝酸銀，會有白色的氯化銀沉澱。在紫外線照射下呈橙色或橙紅色的螢光。

成分：$Na_8Al_6Si_6O_{24}Cl_2$　硬度：5.5~6.0　比重：2.14~2.40　解理：中等　斷口：參差狀至貝殼狀

霞石

六方晶系，
晶體通常呈六方短柱狀或厚板狀，
也呈緻密塊狀或粒狀的集合體

霞石是一種矽酸鹽礦物，含有鋁和鈉，是自然界中最常見和最主要的似長石礦物，因斷裂處呈油脂光澤，又稱脂光石。晶體常呈似單晶的雙晶，顏色多為無色或灰白色，含有雜質時會呈淺紅色、淺黃色、淺綠色、淺褐色及灰色等，條痕為無色或白色。

主要用途

霞石主要可以作為提煉鋁的礦物原料，也常用於製作玻璃和陶瓷等。

自然成因

霞石主要在與正長石有關的侵入岩、火山岩及偉晶岩中形成，通常與鹼性輝石、含鈉的鹼性長石和鹼性角閃石等共生。

產地區域

● 世界著名產地有瑞典、挪威、羅馬尼亞、肯亞、俄羅斯的科拉半島和伊爾門山。

具有玻璃光澤，
新鮮斷面呈油脂
光澤

特徵鑑別

將霞石加入鹽酸煮沸後，殘渣中會出現膠狀物。

霞石極易與鹼性長石、石英混淆。剛出產的霞石不易用肉眼識別，斷口具油脂光澤，無完好解理，可與長石區別。霞石多有染色斑點，易風化，可與石英區別。

成分：（Na, K）$AlSiO_4$	硬度：5.5~6.0	比重：2.55~2.66	解理：無	斷口：貝殼狀

鈉沸石

斜方晶系，
晶體通常呈針狀、細長玻璃狀或
纖維狀，晶面有垂直條紋

鈉沸石屬於沸石類，主要是含水的鈉鋁矽酸鹽礦物。屬於斜方晶系，呈針狀，柱面結晶帶上有垂直條紋，多為放射狀晶簇，有角錐狀、纖維狀、塊狀、粒狀以及緻密狀，晶體顏色多為無色或白色，也有少數呈黃色至紅暈色，條痕為白色。

主要用途

鈉沸石是工業、農業、國防和尖端科學技術領域的重要原料，也可作為水產養殖中的水質、池塘底質淨化改良劑和環境保護劑等。

產地區域

● 世界著名產地有捷克波西米亞的奧息格和賽雷樹，美國紐澤西州的伯治丘，法國的普伊秋以及義大利特倫提諾的瓦迪法沙等。

自然成因

鈉沸石主要在玄武岩的岩洞或縫隙中形成，常與其他沸石、方解石、角閃石、霓輝石、鈉長石和石英等共生。

集合體呈緻密狀、
塊狀、粒狀、纖維
狀或角錐狀，
也呈放射狀晶族

特徵鑑別

鈉沸石熔點低，燃燒熔化後呈透明珠體。
具有一個方向的優良解理，因礦物晶體太小而不易辨別。
晶體呈透明至半透明，有玻璃光澤。
鈉沸石與鈣沸石相似，但鈣沸石具有單斜對稱性。

成分：$Na_2Al_2Si_3O_{10}\cdot 2H_2O$	硬度：5.0~5.5	比重：2.20~2.26	解理：完全	斷口：參差狀

輝沸石

輝沸石屬於沸石的一種，是自然產生的含水架狀構造的鋁矽酸鹽礦物。單獨的晶體在自然界中較為罕見，具有玻璃光澤或珍珠光澤，半透明至透明。晶體內部含有許多大小不一的開放性的空洞和通道，具有極大的表面積，因此具有廣泛的應用前景。

主要用途

輝沸石應用較為廣泛，常用於農業、建築業、石油化工、畜禽飼養、能源利用和環境保護等領域。

顏色多呈白色，也有的呈淺紅色、淺黃色或淡褐色等

溶解度

輝沸石可溶於鹽酸。

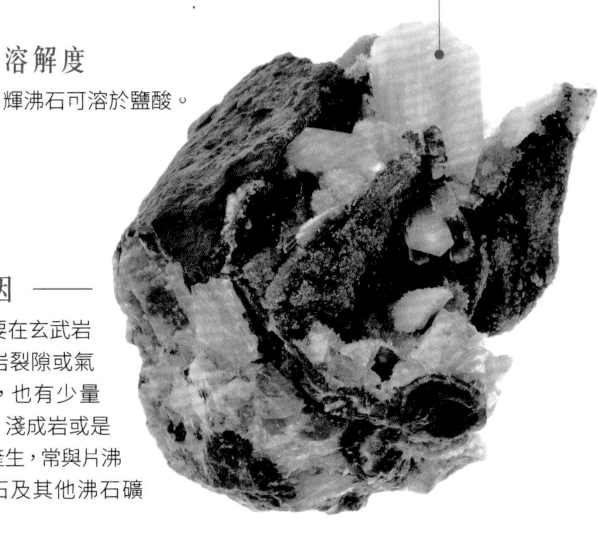

自然成因

輝沸石主要在玄武岩質的火山岩裂隙或氣孔中形成，也有少量在變質岩、淺成岩或是深成岩中產生，常與片沸石、方解石及其他沸石礦物共生。

單斜晶系，晶體通常呈平行板狀，集合體呈球狀、片狀或放射狀

特徵鑑別

晶體有許多大小均一的孔道和孔穴，孔道和孔穴由陽離子與水分子占據。
沸石有吸附和離子交換性能。

條痕呈無色

產地區域

● 主要產地有美國、加拿大、印度、冰島、蘇格蘭以及挪威等。

成分：$NaCa_2Al_5Si1_3O_{36}\cdot14H_2O$	硬度：3.5~4.0	比重：2.09~2.20	解理：完全	斷口：參差狀

鈉長石

鈉長石是一種含有鈉元素的鋁矽酸鹽，屬於常見的長石礦物，架狀矽酸鹽結構，其中鈣長石的含量低於10%，同時也是斜長石固溶體系列的鈉質礦物。晶體顏色多呈白色或無色，也呈紅色、藍色、淺藍色、淺綠色、灰色或黑色等。

三斜晶系，晶體通常呈脆性玻璃狀或扁平板狀，也呈粒狀、塊狀或片狀的集合體，條痕呈白色

自然成因

鈉長石主要在偉晶岩和長英質岩中形成，常見於花崗岩中，有時也在低級變質岩中產生。

主要用途

鈉長石主要可用來製作玻璃和陶瓷，也可用作瓷磚、地板磚、肥皂、磨料磨具等，在陶瓷方面主要應用於釉料。

具有玻璃光澤至珍珠光澤，半透明至透明

產地區域

- 世界主要產地有瑞典等。
- 中國主要產地在湖南衡陽等。

特徵鑑別

鈉長石熔點高，燃燒時火焰呈黃色。

成分：$NaAlSi_3O_8$	硬度：6.0~6.5	比重：2.61~2.64	解理：清楚	斷口：參差狀

海泡石

海泡石屬於一種含水的矽酸鎂礦物，主要的原料為海泡石粉，純天然、無味、無毒、無石棉、無放射性元素，具有非金屬礦物中最大的比表面積和獨特的內容孔道結構，晶體為層鏈狀結構，觸感光滑，並且會黏手。同時有在吸水後會變柔軟、乾燥後又會變硬的特點。

通常呈土狀、塊狀或纖維狀的集合體，有時會呈奇怪的皮殼狀或結核狀

主要用途

海泡石是世界上用途最為廣泛的礦物原料之一，多達130種，多用於化工、建築、釀造、鑄造、陶瓷、塑膠、醫藥、農業和國防現代科學等領域。

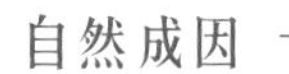

自然成因

海泡石主要在沉積作用或蛇紋岩蝕變中形成，常與石棉共生。

特徵鑑別

海泡石質地較脆，耐磨性較好。

顏色多呈淡白色或灰白色，也呈淺黃色、淺灰色、玫瑰紅、淺藍綠色、黃褐色等

產地區域

- 主要產地有湖南瀏陽、湘潭，江西樂平，河北唐山等。

溶解度

海泡石溶於鹽酸。

成分：$Mg_4Si_6O_{15}(OH)_2 \cdot 6H_2O$	硬度：2.0~2.5	比重：1.0~2.3	解理：未定	斷口：參差狀

高嶺石

高嶺石屬於一種含水的鋁矽酸鹽，又名高嶺土、瓷土，是一種黏土礦物，因在江西景德鎮的高嶺村發現而得名。晶體顏色多為白色，含雜質時會呈紅色、淺紅色、淺黃色、淺綠色、淺藍色或淺灰色，條痕呈白色。具有粗糙感，乾燥時有吸水性，濕潤時有可塑性，遇水不膨脹，硬度也較小。

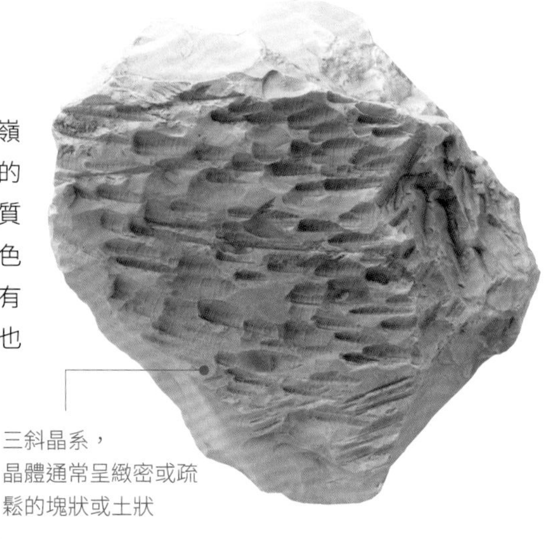

三斜晶系，
晶體通常呈緻密或疏鬆的塊狀或土狀

自然成因

高嶺石主要在長石、普通輝石和鋁矽酸鹽礦物於風化作用中形成，有時也在低溫熱液交代作用下產生，常見於岩漿岩和變質岩的風化殼中。

具有油脂光澤或者暗淡光澤，透明至半透明

集合體呈片狀、放射狀或鱗片狀等

主要用途

高嶺石可用作陶瓷、造紙、耐火材料的原料，也可用於橡膠和塑膠的填料，還可用於合成沸石分子篩以及日用化工產品的填料等。

產地區域

- 世界著名的產地有法國的伊里埃、美國的喬治亞、英國的康瓦爾和德文等。
- 中國主要的產地有江蘇蘇州、江西景德鎮、河北唐山和湖南醴陵等。

特徵鑑別

高嶺石在密閉試管內加熱會失去水；灼燒後，可與硝酸鈷發生反應呈藍色。

成分：$Al_2Si_2O_5(OH)_4$	硬度：2.0~2.5	比重：2.16~2.68	解理：完全	斷口：平坦狀

鋰輝石

鋰輝石是一種輝石族礦物，是主要含鋰元素的礦物之一，同時還含有微量的鈣、鎂等元素，偶爾還有鉻、鉋、氦和稀土等混入其中，又稱為2型鋰輝石。晶體的多色性較強，多呈灰白色、淺綠色、黃綠色、灰綠色、粉紅色、紫色或藍色等，條痕為無色。

晶面帶有條紋

主要用途

鋰輝石是鋰化學製品的原料，常應用於鋰化工、玻璃和陶瓷等行業，有「工業味精」的美稱。因色彩多樣，還可以用來製作手鏈、項鍊或衣服配飾等。

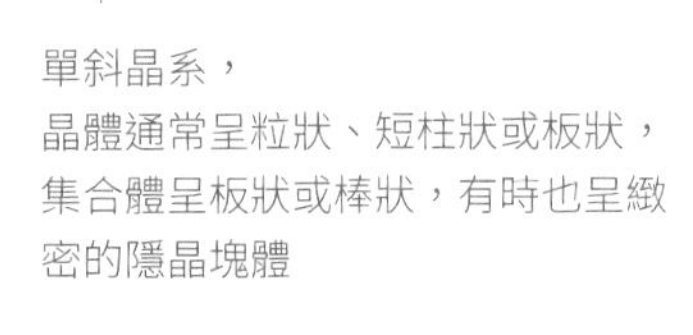

自然成因

鋰輝石主要在富含鋰的花崗偉晶岩中形成，常與石英、鈉長石、微斜長石等共生。

單斜晶系，
晶體通常呈粒狀、短柱狀或板狀，
集合體呈板狀或棒狀，有時也呈緻密的隱晶塊體

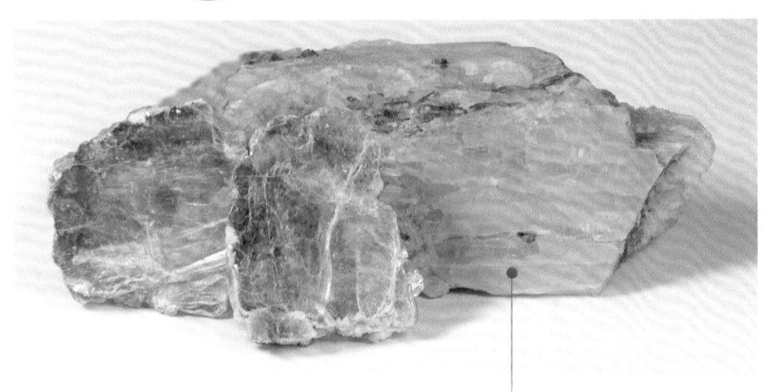

具有玻璃光澤，斷面微帶珍珠變彩，
透明至微透明

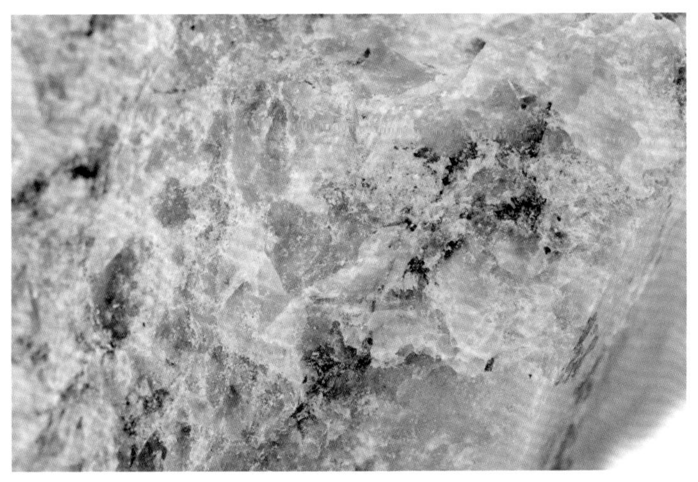

產地區域

- 世界主要產地有巴西、馬達加斯加、美國等。
- 中國主要產地在新疆等。

特徵鑑別

鋰輝石遇熱或在紫外線照射下會變色，在陽光下會失去光澤。

成分：$LiAlSi_2O_6$	硬度：6.5~7.0	比重：3.0~3.2	解理：完全	斷口：參差狀

藍錐礦

藍錐礦屬於一種含有鋇元素和鈦元素的矽酸鹽礦物，又稱矽鋇鈦礦。晶體結構中有較多由三個矽氧四面體組成的環，而環與環之間連接著鋇氧多面體和鈦氧八面體，屬六方晶系中的複三方雙晶族，雙晶在自然界中極為罕見。

六方晶系，
晶體通常呈板狀和柱狀

主要用途

藍錐礦具有鮮明亮麗的外觀，但寶石通常很小，多用於收藏。

自然成因

藍錐礦主要在蛇紋岩中形成，常與鈉沸石、柱晶石等共生。

多為淺藍色、深藍色、紫色或無色等

產地區域

● 主要產地有美國的加州聖貝尼托縣和阿肯色州，日本的新潟縣糸魚川市青海和東京都奧多摩町等。

特徵鑑別

藍錐礦在短波紫外線的照射下會發出藍色至藍白色的螢光，而無色稀有的藍錐礦在長波紫外線的照射下，則會發出暗淡的紅光。

成分：$BaTiSi_3O_9$	硬度：6.5	比重：3.68	解理：不完全	斷口：貝殼狀

符山石

符山石屬於一種島狀結構的矽酸鹽礦物，又稱山石玉、符山玉、加州玉、金翠玉。晶體顏色一般呈黃綠色、棕黃色、淺藍色至綠藍色、灰色和白色等；含鉻元素會呈綠色；含鈦和錳會呈紅褐色或粉紅色；含有銅會呈藍色至藍綠色。

四方晶系，
晶體通常呈柱狀

主要用途

符山石若顏色美麗、質地透明，也可作寶石以及收藏。

溶解度

符山石不溶於酸。

呈緻密塊狀、粒狀、棒狀和放射狀的集合體

產地區域

● 世界主要的產地有美國、挪威、義大利、加拿大、俄羅斯、緬甸、肯亞和阿富汗等。
● 中國主要產地有河北邯鄲、新疆瑪納斯等。

自然成因

符山石主要在花崗岩和石灰岩接觸交代的矽卡岩中形成，常與透輝石、石榴石和奎灰石等共生。

成分：$Ca_{10}Mg_2Al_4(SiO_4)_5(Si_2O_7)_2(OH)_4$	硬度：6.5~7.0	比重：3.32~3.47	斷口：參差狀至貝殼狀

黝簾石

黝簾石屬於一種簾石族礦物，和斜黝簾石同質異樣，含有的鋁元素常被鐵置換，偶爾還會有鋇、錳等元素。晶體顏色多為無色或者白色，也有紅色、藍色、綠色、棕黃色、黃色和灰色等。

斜方晶系，
晶體通常呈柱狀，
集合體呈粒狀、塊狀或棒狀

主要用途

黝簾石若色澤美麗、質地透明，可作為寶石，其中以坦桑石最為著名。

自然成因

黝簾石主要在變質岩、沉積岩以及花崗岩中形成，有時也在熱液蝕變作用下產生。

晶面帶有縱紋

產地區域

● 主要的產地有坦尚尼亞、挪威、肯亞、奧地利、義大利、澳洲西部以及美國卡羅來納州等。

溶解度

黝簾石不溶於酸。

成分：$Ca_2Al_3(SiO_4)(Si_2O_7)_3(OH)$	硬度：6.0~7.0	比重：3.10~3.55	解理：不完全	斷口：貝殼狀至參差狀

中沸石

中沸石是一種矽酸鹽礦物。單斜晶系，晶體通常會呈針狀或纖維狀，集合體呈緻密塊狀、球粒狀或放射狀等。晶體顏色多為無色或白色，也呈淡黃色至紅色等。具有透明的玻璃光澤或絲絹光澤。

自然成因

中沸石主要在玄武岩等噴出岩氣孔中形成，常與其他沸石共生。

單斜晶系，
晶體通常呈針狀或纖維狀

集合體呈緻密塊狀、球粒狀或放射狀，
具有玻璃光澤或絲絹光澤，
透明

溶解度

中沸石溶於酸，同時會產生凝膠。

特徵鑑別

中沸石若置於密閉的試管內加熱，可釋放出水／水蒸氣。

成分：$Na_2Ca_2Al_6Si_9O_{30}\cdot 8H_2O$	硬度：5.0	比重：2.2~2.3	解理：完全	斷口：參差狀

方沸石

方沸石是一種含水的鈉鋁矽酸鹽礦物，在自然界中較為常見，屬於似長石礦物的一種，也可歸為沸石類。晶體顏色多為無色，也有白色、紅色、粉紅色、黃色、綠色或灰色等，條痕為白色。

等軸晶系，晶體通常呈變立方體、偏方三八面體和二十四面體

主要用途

方沸石主要應用於農牧業、環境保護和建材等領域，也可用來生產離子篩及橡塑助劑、矽鋁化合物、土壤改良劑、殺菌劑、重金屬提取劑和特殊氧化劑等。

產地區域

● 主要的產地有挪威、義大利、蘇格蘭、北愛爾蘭、冰島和格陵蘭等。

自然成因

方沸石主要在花崗岩、玄武岩、片麻岩、輝綠岩及洞穴中形成，也常見於鹼性湖底沉積。

呈塊狀、粒狀和緻密狀的集合體

溶解度

方沸石溶於酸。

特徵鑑別

方沸石熔點低，燃燒時火焰呈黃色，若置於密閉的試管內加熱，會釋放出水／水蒸氣。

成分：$NaAlSi_2O_6 \cdot H_2O$	硬度：5.0~5.5	比重：2.22~2.29	解理：不完全	斷口：亞貝殼狀至貝殼狀

藍線石

藍線石是一種酸鹽礦物，因為外觀與青金石、方鈉石等相同，故常作為青金石的仿製品。晶體在自然界中較為罕見，顏色多為藍色，也有粉紅色、紫羅蘭色或棕色，條痕為白色。

斜方晶系，晶體通常呈針狀、柱狀、葉片狀、假六方狀或纖維狀

主要用途

藍線石因顏色漂亮，常用作寶石，但比較罕見。又因外觀與青金石、方鈉石等寶石相同，也常作為其仿製品。

集合體呈束狀和枝狀

自然成因

藍線石主要在花崗偉晶岩、富鋁的變質岩和氣成岩脈中形成，也常見於片麻岩、結晶片岩和深溶混合岩之中，多與藍晶石、天藍石、矽線石、白雲母、石英等共生。

溶解度

藍線石不溶於任何酸性物質。

特徵鑑別

藍線石熔點高，無螢光。

成分：$Al_7(BO_3)(SiO_4)_3O_3$	硬度：7.0	比重：3.41	解理：完全和不完全	斷口：參差狀

紅柱石

紅柱石是一種鋁矽酸鹽礦物，別名菊花石，屬蘭晶石族，與藍晶石和矽線石為同質多象變體。包體主要為金紅石、磷灰石、白雲母、石墨及各種黏土礦物。晶體具有多色性，顏色多為玫瑰紅色、粉紅色、紅褐色、黃色或灰白色，綠色、藍色和紫色較為少見，條痕為白色。性質較脆。

斜方晶系，
晶體通常呈柱狀，
集合體呈粒狀或放射狀

橫斷面形似四方形

主要用途

紅柱石若品質好、質地透明可作寶石；也可作製造耐火材料和瓷器的原料；還可以用來冶煉高強度輕質矽鋁合金，製作金屬纖維以及超音速飛機和太空船的導向型等。

具有玻璃光澤，
透明至半透明

自然成因

紅柱石主要在低級熱變質作用下形成，多見於接觸變質帶的泥質岩中，也常在較高的地溫梯度、壓力及溫度比低的條件下產生。

產地區域

- 世界著名產地有西班牙安達魯西亞、奧地利提洛邦和巴西米納斯吉拉斯等。
- 中國主要產地有北京、遼寧、吉林、青海、山東、甘肅、陝西、河南、湖北、四川、福建和新疆等。

溶解度

紅柱石不溶於任何酸性物質。

特徵鑑別

紅柱石置於火焰上不熔化。

成分：Al_2SiO_5	硬度：7.0~7.5	比重：3.15~3.16	解理：中等	斷口：參差狀至亞貝殼狀

鐵鋁榴石

鐵鋁榴石是一種矽酸鹽礦物，又名貴榴石、紫牙烏，屬於均質體礦物，大多在偏光鏡下有異常消光，與鎂鋁榴石外觀相近，較難區分。晶體內含有較多針狀包裹體，切割琢磨時會有星狀出現，也稱為星彩鐵鋁榴石。

等軸晶系，
晶體通常呈十二面體、八面體、六面體、偏方錐面體及其聚形

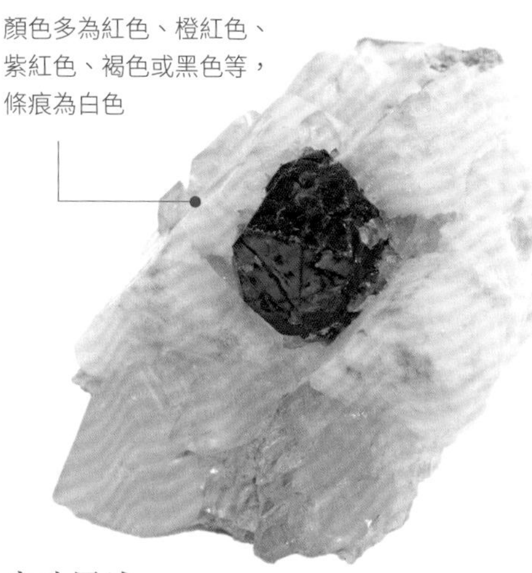

顏色多為紅色、橙紅色、紫紅色、褐色或黑色等，條痕為白色

主要用途

鐵鋁榴石若其顏色深紅透明，可作寶石；因其硬度高，也可作為研磨材料。

自然成因

鐵鋁榴石主要在片岩和片麻岩中形成，常與藍晶石、紅柱石和矽線石共生；偶爾在變粒岩中也有產生；錳元素含量較多時，則會在偉晶花崗岩、花崗岩和流紋岩中產生。

具有玻璃光澤或油脂光澤，
透明至半透明，
集合體呈緻密塊狀或粒狀

產地區域

- 世界主要產地有美國、加拿大、英國、義大利、德國、奧地利、瑞典、挪威、澳洲、捷克、土耳其、格陵蘭島、巴基斯坦、辛巴威、馬達加斯加、坦尚尼亞、肯亞、斯里蘭卡、印度及巴西。
- 台灣也有產出。

溶解度

鐵鋁榴石燃燒熔化後可溶於沸鹽酸，但難溶於氫氟酸。

特徵鑑別

鐵鋁榴石的溶液蒸發後會有氧化矽的膠質殘留，同時略帶磁性。

成分：$Fe_3Al_2(SiO_4)_3$	硬度：7.5	比重：4.1~4.3	解理：無	斷口：參差狀至貝殼狀

鈣鋁榴石

鈣鋁榴石是屬於鈣榴石類中較為常見的一種石榴石，也稱為波西米亞榴石、開普紅寶石，同時也是一種高壓礦物，在自然界中分布較廣，但較大的切割寶石並不常見。晶體的顏色多樣，主要取決於其所含有的化學成分，結構中的鐵、鈦、鉻和錳發生變化，則充當著一定程度的著色劑，若鉻元素含量較高可展現出變化寶石效應。

等軸晶系，
晶體通常呈圓形的顆粒狀或卵石狀，
也呈偏八面體狀和十二面體狀

主要用途

鈣鋁榴石可作為寶石，顏色深，質地易碎。

顏色為無色到黑色，也有玫瑰色、暗紅色、紅橙色、紫紅色、綠色、黃綠色等，條痕為白色

自然成因

鈣鋁榴石主要在橄欖岩和金伯利岩等變質岩中形成，有時也產於高壓下的岩漿岩中。

新鮮斷面呈油脂光澤，
透明至半透明

溶解度

鈣鋁榴石不溶於酸。

產地區域

● 世界著名的產地有波西米亞、斯里蘭卡、馬達加斯加、加拿大、俄羅斯、巴基斯坦、俄羅斯、坦尚尼亞、巴西、南非，以及美國新罕布夏州和加利福尼亞州。

特徵鑑別

鈣鋁榴石中，綠色鈣鋁榴石斑晶顆粒粗大，會形成綠色的點狀色斑，很容易識別。
鈣鋁榴石的綠色部分，在濾鏡下會變為紅色或橙紅色。
鈣鋁榴石的相對密度和折射率都比翡翠高很多。

成分：$Ca_3Al_2(SiO_4)_3$	硬度：7.0~7.5	比重：3.4~3.6	解理：無	斷口：參差狀至貝殼狀

鈉閃石

鈉閃石是一種鈉鐵矽酸鹽礦物，屬閃石礦，又稱藍石棉，主要含有鐵、鈉、鋁等礦物元素，包括鎂鈉閃石和藍閃石。

主要用途

鈉閃石主要用作收藏。

通常呈針狀、柱狀或細絲狀，集合體呈纖維狀

自然成因

鈉閃石主要在含鈉的鹼性花崗岩、鹼性正長岩、霞石正長岩及一部分的噴出岩中形成，也見於岩漿岩和片岩中，多與正長岩和花崗岩等共生。

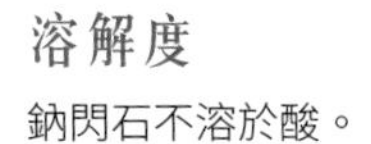

溶解度

鈉閃石不溶於酸。

顏色通常呈暗藍色或暗黑色，也呈綠色，條痕為藍灰色

產地區域

● 世界主要的產地有英國、南非、美國、玻利維亞和阿爾卑斯地區。

成分：$Na_3(Fe^{2+},Mg)_4Fe^{3+}Si_8O_{22}(OH)_2$ | 硬度：5.0 | 比重：3.02~3.42 | 解理：良好 | 斷口：參差狀至貝殼狀

石榴子石

石榴子石是島狀結構矽酸鹽礦物的統稱，成分中含有鐵、鎂、鈣和錳等，在自然界中分布較為廣泛，各種石榴子石有屬於各自的產出條件。通常有鋁系和鈣系兩個系列，含鈦較高的變種稱為鈦榴石。晶體顏色也會隨成分不同而產生變化。

主要用途

石榴子石若顏色美麗、質地透明，可作寶石；也可作為鐳射材料和磨料。

自然成因

石榴子石主要在基性岩和超基性岩中形成，在自然界中分布較廣，也常見於片岩、矽卡岩和片麻岩等岩石中，在變質岩和火成岩中也有產生。

等軸晶系，晶體通常呈四角三八面體、菱形十二面體或是二者的聚形，集合體呈粒狀或緻密塊狀

顏色有玫瑰紅色、橙紅色、紫紅色、紅褐色、深紅色、棕綠色或黑色等

溶解度

石榴子石不溶於酸。

產地區域

● 主要產地有中國新疆等。

成分：$Al_3Be_2(SiO_4)_3$ | 硬度：6.5~7.5 | 比重：3.32~4.19 | 解理：無 | 斷口：參差狀

鐵電氣石

鐵電氣石是一種矽酸鹽礦物，屬於電氣石（碧璽）的一種，主要成分為鐵。晶體通常呈針狀或柱狀，也呈半自形晶。硬度較大，易磨光。

自然成因

鐵電氣石主要在花崗岩、偉晶岩以及一些變質岩中形成，常與鋯石、長石、綠柱石和石英等共生。

集合體呈緻密塊狀、針狀、棒狀、放射狀或隱晶體狀，具有玻璃光澤，透明至不透明

三方晶系，晶體通常呈針狀或柱狀

溶解度

鐵電氣石不溶於任何酸。

成分：$Fe_3Al_6(BO_3)_3Si_6 \cdot O_{18}(OH, F)_4$	硬度：7.0~7.5	比重：3.0~3.2	解理：不清楚	斷口：參差狀至貝殼狀

黑電氣石

黑電氣石，又稱黑碧璽，屬於電氣石的一種，同時也是一種含硼元素的鐵、鋁、鎂、鈉、鋰元素的環狀結構的矽酸鹽礦物，是典型的高溫氣候礦物。晶體顏色通常為黑色，若含雜質則較為多樣，如玫瑰色、黃色、褐色、淡藍色或深綠色。黑電氣石具有較高的硬度。

三方晶系，晶體通常呈柱狀，集合體呈緻密塊狀、棒狀、束狀、放射狀或隱晶質塊狀

主要用途

黑電氣石主要可用於環保、電子、紡織、日化、建材、陶瓷、製冷業、無線電工業、紅外探測以及寶石原料。

柱面帶有縱紋，橫斷面呈球面三角形

自然成因

黑電氣石主要在花崗偉晶岩及氣成熱液礦床中形成。但黑色電氣石在較高溫度下產生，綠色和粉紅色電氣石則在較低溫度下產生，有時也會見於變質礦床中。

產地區域

- 世界主要產地有納米比亞等。
- 中國主要產地在新疆等。

溶解度

黑電氣石不溶於酸。

成分：$Na_3Al_6(BO_3)_3Si_6 \cdot O_{18}(OH, F)_4$	硬度：7.0~7.5	比重：3.0~3.2	解理：不清楚	斷口：參差狀至貝殼狀

鋰電氣石

鋰電氣石，又稱鈉鋰電氣石，成分十分接近鈉鋰，屬於環狀矽鹽酸礦物，常具色帶現象，顏色通常為玫瑰色，也呈黃色、綠色、藍色和白色等，條痕無色。

三方晶系，
晶體形成早期會呈長柱狀，晚期則呈短柱狀，集合體呈棒狀、束針狀、放射狀，或呈緻密塊狀或隱晶質塊狀

主要用途

鋰電氣石若質地透明、顏色美麗，可以用作寶石；同時也廣泛應用於電子、化工、紡織、捲菸、塗料、化妝品、淨化水質和空氣、防電磁輻射、保健品等領域。

溶解度

鋰電氣石不溶於任何酸性物質。

柱面帶有縱紋，橫切面會呈弧線三角形

自然成因

鋰電氣石主要在花崗偉晶岩、雲英岩和熱液礦脈中形成，呈綠色或粉紅色者則形成於較低溫度中，有時也在變質礦床中產生。

具有玻璃光澤，
透明至半透明

產地區域

- 世界主要的產地有巴西、俄羅斯、義大利、斯里蘭卡、緬甸、美國、坦尚尼亞、肯亞、馬達加斯加、莫三比克、阿富汗和巴基斯坦等。
- 中國主要產地有新疆、內蒙古、遼寧、廣西和雲南等。

特徵鑑別

鋰電氣石具有壓電性以及熱電性，硬度高；包裹體較少，內部乾淨。

成分：$Li_3Al_6(BO_3)_3Si_6 \cdot O_{18}(OH,F)_4$　硬度：7.0~7.5　比重：3.03~3.1　解理：不清楚　斷口：參差狀至貝殼狀

鎂電氣石

鎂電氣石是屬於一種電氣石，含有較多的鈉和鎂元素，但在自然界中儲量並沒有黑電氣石多。晶體顏色較為獨特，多呈金棕色至深棕色，或近於黑色的深褐色，因含有雜質，也呈玫瑰色、黃色、淡藍色、深綠色等。含有鎂時則呈褐色。

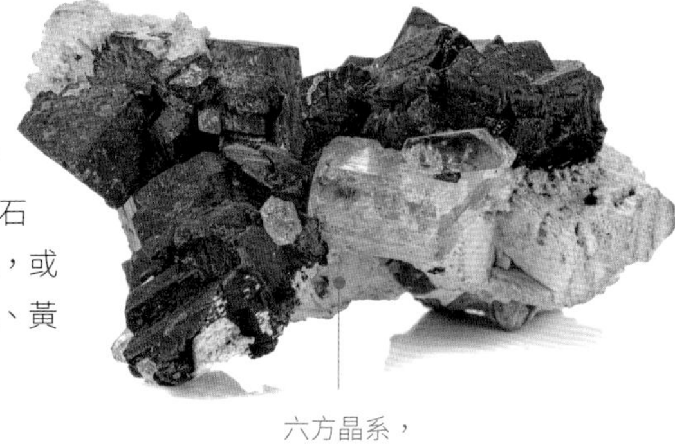

六方晶系，晶體通常呈三角形或六角形的柱狀

主要用途

鎂電氣石應用較為廣泛，經過加工後可製成新型材料應用於電氣石汗蒸房；也可用於桑拿中的石療、沙療、水療等；在紡織、製鞋等領域也有應用；還可製成化妝品等。

柱面帶有縱向條紋，橫斷面呈球面三角形

具有玻璃光澤

自然成因

鎂電氣石主要在花崗偉晶岩及氣成熱液礦床中形成，也常見於變質礦床中。

溶解度

鎂電氣石不溶於任何酸。

產地區域

● 世界著名的產地有美國、加拿大、墨西哥、挪威、瑞士、捷克、奧地利、希臘、俄羅斯、哈薩克、肯亞、尼泊爾、印度、巴西以及澳洲等。

特徵鑑別

鎂電氣石具有壓電性和熱電性。

成分：$Mg_3Al_6(BO_3)_3Si_6 \cdot O_{18}(OH,F)_4$ 硬度：7.0~7.5 比重：3.0~3.2 解理：不清楚 斷口：參差狀至貝殼狀

透視石

透視石是一種含水的銅矽酸鹽礦物，鹼性長石類，又稱翠銅礦、綠銅礦。晶體通常是由菱面體和六方柱兩個單形聚合而成的聚形，呈兩頭尖的小短柱狀，也有少量會呈鞭面體狀，而由聚片雙晶所形成的雙晶紋會十分明顯。

三方晶系，晶體通常呈板狀或短柱狀，多為雙晶

主要用途

透視石因色澤美麗，可作寶石。

顏色多為綠色和藍綠色等，條痕為淺綠色

溶解度

透視石不溶於大多數酸，但可在氫氟酸中完全溶解。

自然成因

透視石主要在近地表的銅礦床中形成，常與方解石、孔雀石、異極礦和彩鉬鉛礦等共生。

具有玻璃光澤，透明至半透明

產地區域

● 主要產地有非洲的剛果（金）、納米比亞；吉爾吉斯草原、外貝加爾地區及羅馬尼亞的雷茲巴、美國亞利桑那州的葛蘭姆等也有產出；在中國較為罕見。

特徵鑑別

透視石放大檢查時可見氣液包體。

成分：$KAlSi_3O_8$ | 硬度：5.0 | 比重：2.56~2.62 | 解理：完全 | 斷口：貝殼狀至參差狀

鐵斧石

鐵斧石屬於一種晶質體，晶體通常會呈現板狀。具有較強的三色性，顏色通常呈紫色、紫褐色、藍色、褐色、褐黃色、紅褐色、粉紅色或者淺黃色等。

通常呈板狀，具有較強的三色性

新鮮斷面具有玻璃光澤，透明至半透明

主要用途

鐵斧石可用作刻面寶石，但極易破損，因此多用於收藏。

自然成因

鐵斧石主要在接觸變質作用和交代作用之下形成，常與方解石、陽起石和石英等伴生。

溶解度

鐵斧石能緩慢溶於氫氟酸，慎與鹽酸接觸。

成分：（Ca, Fe, Mn, Mg）$_3Al_2BSi_4O_{15}$（OH）	硬度：6.0~7.0	比重：2.5	解理：清楚	斷口：貝殼狀或階梯狀

賽黃晶

賽黃晶是一種矽酸鹽礦物，因成分與黃晶非常相似，故此得名。晶體頂端常呈楔形，晶面帶有縱紋，同時還可形成晶簇。顏色多為無色、黃色、粉紅、淡紫色、褐色或灰色等，偶爾帶有條紋。

主要用途

賽黃晶可用來磨製成刻面寶石，但是通常較少直接作為珠寶首飾，多用來收藏。

斜方晶系，晶體通常呈短柱狀，也呈粒狀或塊狀的集合體

具有玻璃光澤

產地區域

● 世界著名產地有馬達加斯加、緬甸抹谷地區、墨西哥以及日本等。

自然成因

賽黃晶主要是在低溫熱液礦脈和變質灰岩中形成，常與正長石和微斜長石等共生，有時也見於沖積砂礦床中。

特徵鑑別

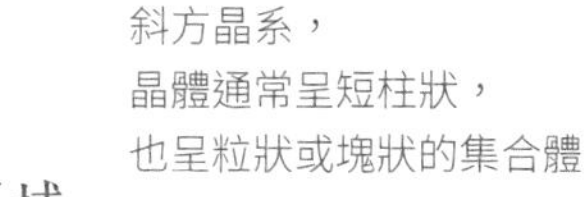

賽黃晶在長波和短波的紫外照射下，會發出藍色的螢光。

成分：$CaB_2(SiO_4)_2$	硬度：6.0~7.0	比重：3.0	解理：不明显	斷口：亞貝殼狀

陽起石

陽起石是一種自然產生的矽酸鹽礦物，由透閃石中的鎂離子 2 %以上被二價鐵離子置換而成，也屬於閃石類，又稱閃石石棉。主要含有鈣、鎂、鐵等礦物元素，若鐵元素含量高，則稱為鐵陽起石。晶體顏色多為灰綠色至暗綠色，也呈白色、淺灰白色或淡綠白色。

單斜晶系，
晶體通常呈針狀、柱狀或毛髮狀，
集合體呈不規則塊狀、扁長條狀或短柱狀

主要用途

陽起石是深色玉石的成分之一，若質地細膩可作為觀賞石，纖維狀的常用作工業石棉。同時具有一定的藥用價值，可溫腎補陽。

若折斷，斷面不平整，呈細柱狀或纖維狀

自然成因

陽起石主要在片麻岩及千枚岩中形成，多與石棉、滑石和蛇紋石等共生。

具有玻璃光澤，透明至不透明

產地區域

● 主要產地有中國湖北、河南、山西等。

溶解度

陽起石不溶於酸。

特徵鑑別

陽起石燃燒時不熔，不導熱，火焰呈紅色，離火後，會略微變黃。
呈乳白色，有相間的縱花紋，表面有纖維狀紋理。
質鬆軟、光滑，撕之成絲綿狀。
氣無，味淡，附黏手上不易去掉。

成分：$Ca_2(Mg,Fe)_5Si_8O_{22}(OH)_2$ 硬度：5.0~6.0 比重：3.00~3.44 解理：完全 斷口：參差狀至貝殼狀

方柱石

方柱石是一種鹼性含鋁的矽酸鹽礦物，自然界之中較為常見。是四方晶系的架狀結構矽酸鹽礦物的統稱，同時也屬似長石礦物，常見管狀包裹體。晶體顏色常見為無色、粉紅、黃色、橙色、藍色、綠色、紫色、紫紅色、綠色、藍灰色或褐色等，呈海藍色的稱海藍柱石，條痕無色。

四方晶系，呈四方柱狀和四方雙錐狀的聚形，又呈緻密塊狀、粒狀和不規則柱狀的集合體

主要用途

方柱石若顏色鮮豔美麗，可作寶石，但極為稀少。

溶解度

方柱石溶於鹽酸，溶解後會形成膠狀體。

自然成因

方柱石主要在含鈣的變質岩、偉晶岩及接觸交代的矽卡岩中形成，也常見於酸性和鹼性岩漿岩與石灰岩或白雲岩的接觸交代礦床中，常與透輝石、石榴石、磷灰石等共生。在火山岩的氣孔中也可見晶簇。

晶面帶有縱紋

具有玻璃光澤，透明至不透明

產地區域

● 著名產地有緬甸、印度、巴西、坦尚尼亞、馬達加斯加、莫三比克以及中國。其中，中國和緬甸主要產出貓眼品種。

特徵鑑別

方柱石在紫外線照射下發出黃色的螢光。

成分：$(Na, Ca, K)_4Al_3(Al, Si)_3Si_6O_{24}(Cl, F)$ 硬度：5.0~6.0 比重：2.50~2.78 斷口：參差狀至貝殼狀

海藍寶石

海藍寶石是一種含有鈹和鋁元素的矽酸鹽礦物，屬於綠柱石的一種，與石榴石、碧璽等均稱為彩色寶石。顏色多為天藍色至海藍色、綠藍色至藍綠色等，若是變種則會顏色不一，如金黃色、粉紅色、淡藍色或深綠色等。其中，深綠色的稱為祖母綠，金黃色的稱為金色綠柱石，粉紅色的稱為銫綠柱石。

六方晶系，
通常呈六方柱狀或六方雙錐狀，
也呈柱狀的集合體

主要用途

海藍寶石明淨無瑕、色彩豔麗，
可用作寶石。

無雜質、顏色
明亮為最佳

特徵鑑別

海藍寶石熔點高，若熔化會有小碎片出現在邊緣。
在X射線照射下不發光，且韌性良好。
不完全解理，斷口呈現貝殼狀至參差狀。

自然成因

海藍寶石主要在鈉長石化偉晶岩礦床中形成。

產地區域

● 世界著名產地為巴西的米納吉拉斯州，其次是俄羅斯、中國等。

成分：$Be_3Al_2Si_6O_{18}$	硬度：7.5~8.0	比重：2.6~2.9	解理：不完全	斷口：參差狀至貝殼狀

天河石

天河石是一種矽酸鹽礦物，屬於長石的一種，又稱亞馬遜石，為微斜長石的藍綠色變種，與翡翠相似，在自然界中十分常見。因具有獨特的聚片雙晶或穿插雙晶結構，故帶有綠色和白色的格子狀色斑，且閃光。若解理少則為優質品。

三斜晶系，
晶體通常呈板狀或短柱狀，
顏色多為藍色、藍綠色、翠綠色等

主要用途

天河石若呈翠綠色可作為翡翠的替代品，也可用作戒面或雕刻品。

自然成因

天河石主要在火山岩中形成。

帶有綠色和白色
的格子狀色斑

產地區域

● 世界主要產地有美國、加拿大、巴西、秘魯和莫三比克等。

● 中國主要的產地有新疆、內蒙古、甘肅、江蘇、四川和雲南等。

特徵鑑別

天河石性脆，容易碎裂。
一般透明度較差，多為半透明至不透明，含斜長石的聚片雙晶、穿插雙晶，常見網格狀色斑，並可見解理面閃光。
顏色為純正的藍色、翠綠色，質地明亮、透明度好、解理少的品質為優。

成分：$KAlSi_3O_8$	硬度：6.0~6.5	比重：2.55~2.63	解理：完全	斷口：參差狀

綠鋰輝石

綠鋰輝石，又稱翠鉻鋰輝石，屬於變種的鋰輝石，含有鉻，是鋰輝石的兩個品種之一，同時也是一種珍貴的寶石。晶體的顏色多為綠色、深綠色、黃綠色，也呈藍色調的綠色或祖母綠，條痕為白色。

主要用途

綠鋰輝石可用來作寶石、首飾等。

自然成因

綠鋰輝石主要在花崗偉晶岩中形成，通常與長石、綠柱石、電氣石、白雲母、黑雲母、鋰雲母、石英和黃玉等共生。

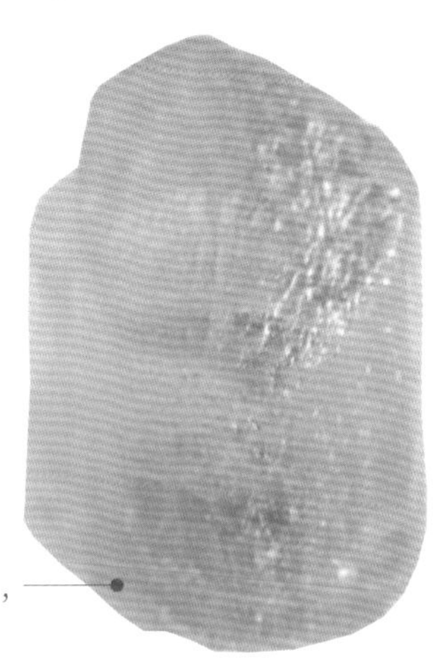

單斜晶系，
晶體通常呈柱狀，
也呈板柱狀、棒狀的集合體，
或呈緻密隱晶塊狀

溶解度

綠鋰輝石溶解性差，但熔點低。

柱面帶有縱紋，
具有玻璃光澤，
斷面呈珍珠光澤，
透明至半透明

產地區域

● 主要產地有美國卡羅來納州、馬達加斯加島和巴西等。

成分：$LiAlSi_2O_6$	硬度：6.5~7.0	比重：3.0~3.2	解理：完全	斷口：參差狀

鐵鋰雲母

鐵鋰雲母是一種含鋰銣礦物，是提煉鋰的主要礦物原料之一。晶體顏色多呈灰褐色至黃褐色，也呈綠色至深綠色、暗灰綠色、棕灰色、淡紫色等。

自然成因

鐵鋰雲母主要在高溫熱液脈、雲英岩和偉晶岩中形成。

單斜晶系，
晶體通常呈六方板狀

產地區域

● 主要產地有德國、俄羅斯、格陵蘭、阿爾及利亞，以及美國科羅拉多州、亞利桑那州和維吉尼亞州等。

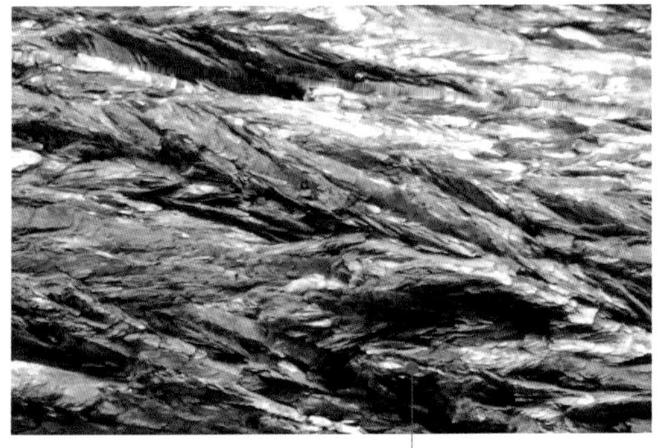

呈鱗片狀的集合體，
具有玻璃光澤或珍珠光澤，
半透明至透明

主要用途

鐵鋰雲母可用來提煉鋰。

特徵鑑別

鐵鋰雲母燃燒時火焰呈紅色，具有弱電磁性，薄片具有彈性。

溶解度

鐵鋰雲母不溶於酸。

成分：$K(Li, Fe^{2+}, Al)_3[(Si, Al)_4O_{10}](F, OH)_2$	硬度：2.0~3.0	比重：2.5~3.0	解理：完全	斷口：參差狀

冰長石

冰長石屬於長石礦物，是一種含鉀鋁矽酸鹽的礦物，當鉀鋁矽酸鹽含量大於80%時，則稱為冰長石。其成分中的鈉含量會比一般的鉀長石低，常含有鋇。在不同的條件下所形成的冰長石會有不同的性質，呈暈彩的稱為月長石。冰長石與微斜長石相差無幾，常被錯認。

擬正交晶系，晶體通常呈柱狀，常見雙晶

主要用途

冰長石主要可作寶石及裝飾品，也可用於礦物發現等。

產地區域

- 世界著名產地有瑞士、美國等。
- 台灣也有產出。中國主要產地有新疆阿勒泰、雲南等。

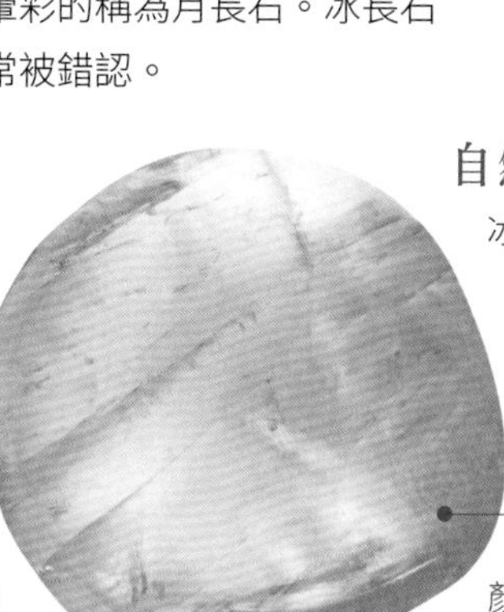

顏色為無色透明，具有玻璃光澤

自然成因

冰長石主要在塊狀硫化物礦床和淺成低溫熱泉型礦床中形成，也常見於長英質深成岩的低溫礦脈中和結晶片岩的洞穴中。

溶解度

冰長石只溶於氫氟酸。

成分：$KAlSi_3O_8$	硬度：6.0~6.5	比重：2.55~2.63	解理：完全	斷口：參差狀

錳鋁榴石

錳鋁榴石是一種矽酸鹽礦物，屬於石榴子石中的重要品種，主要化學成分為錳鋁矽酸鹽。晶體內呈無黑心或無顏色不純的帶狀構造，帶有似羽毛狀的液體包裹體。晶體的顏色多樣，通常會隨成分不同而變化。

等軸晶系，晶體通常呈四角三八面體、菱形十二面及二者的聚形

自然成因

錳鋁榴石主要在花崗質偉晶岩中形成，多與煙晶等共生。

顏色有紅色至橙紅色、玫瑰紅、紫紅色、棕紅色、褐紅色、綠色、黃綠色等，以橙紅色、血紅色為佳品

產地區域

- 世界主要的產地有斯里蘭卡、緬甸、巴西和馬達加斯加。美國加利福尼亞州、澳洲新南威爾斯和納米比亞等。
- 中國主要產地有福建雲霄等。

特徵鑑別

錳鋁榴石韌性較好，含水的鈣鋁榴石在X射線下呈橘紅色螢光。

溶解度

錳鋁榴石只溶於氫氟酸。

成分：$Mn_3Al_2(SiO_4)_3$	硬度：6.5~7.5	比重：3.59~4.50	解理：無	斷口：貝殼狀

黃榴石

黃榴石是鈣鐵榴石的一種變種，因含有鈣和鐵，所以呈現黃色，與黃色托帕石相似，故此得名。黃榴石的顆粒絕大多數比翠榴石還小，因此很難用作寶石。

自然成因

黃榴石主要在接觸變質的石灰岩和大理岩中形成，也有部分是在蛇紋岩、正長岩和綠泥石片岩中產生，常與霞石、長石、綠簾石、白榴石和磁鐵礦共生。

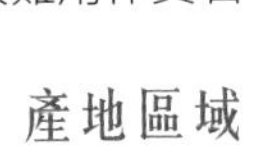

產地區域

● 世界著名產地有美國科羅拉多州、義大利皮埃蒙特阿亞山谷、瑞士策馬特、德國、挪威等。

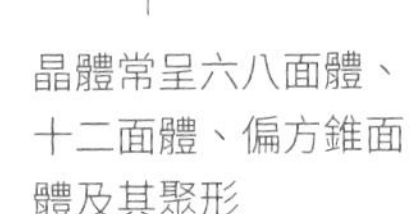

晶體常呈六八面體、十二面體、偏方錐面體及其聚形

溶解度

黃榴石溶於沸鹽酸。

顏色多呈淡黃色至深黃色，條痕為白色

特徵鑑別

黃榴石熔化後會產生磁性，溶液蒸發之後會有膠質氧化矽殘留；具有貓眼效應。

成分：$Ca_3Fe_2(SiO_4)_3$	硬度：6.6~7.5	比重：3.5~4.3	解理：無	斷口：貝殼狀

丁香紫玉

丁香紫玉，又稱丁香紫，主要礦物成分為鋰雲母，也含有少量的鈉長石、鋰輝石、銫榴石以及石英，是一種在中國新發現的玉石品種，因其顏色為丁香花般的紫色而得名。晶體的硬度較低，易琢磨和拋光。

主要用途

丁香紫玉可用來製成戒面、項鍊等首飾，也可用來製作工藝品，雕琢玉器等。

單斜晶系，晶體通常呈鱗片狀，也呈厚板狀或短柱狀的假六方形的集合體

顏色多呈丁香紫色、紫羅蘭色或玫瑰色等

特徵鑑別

丁香紫玉不具螢光性。

產地區域

● 中國僅在新疆烏爾禾魔鬼城方圓100公里內有發現。

自然成因

丁香紫玉主要在鈉鋰型花崗偉晶岩脈中形成，常與鋰輝石、鈉長石、鐵鎦石和石英等共生。

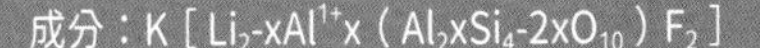

成分：$K[Li_2\text{-}xAl^{1+}x(Al_2xSi_4\text{-}2xO_{10})F_2]$	硬度：6.8~7.2	比重：2.5~3.0	解理：完全	斷口：參差狀

拉長石

拉長石是一種斜長石，因其閃耀著七彩光芒，又被稱為太陽石、日光石、光譜石，是一種名貴的玉石，在自然界中較為常見。晶體中常含有針鐵礦、赤鐵礦和雲母等包裹體，對光反射會出現金黃色耀眼的閃光，稱為「日光效應」。以深色包裹體、反光效應好的為佳品。

單斜晶系或三斜晶系，晶體通常呈柱狀或板狀，集合體呈塊狀等

主要用途

拉長石通常可作為裝飾材料；若是帶有美麗暈彩則可作寶石，具有收藏價值，也可以用來製作飾品及工藝品；還可以用來加強肌肉活力。在中國古代，被用來製作「玉璽」。

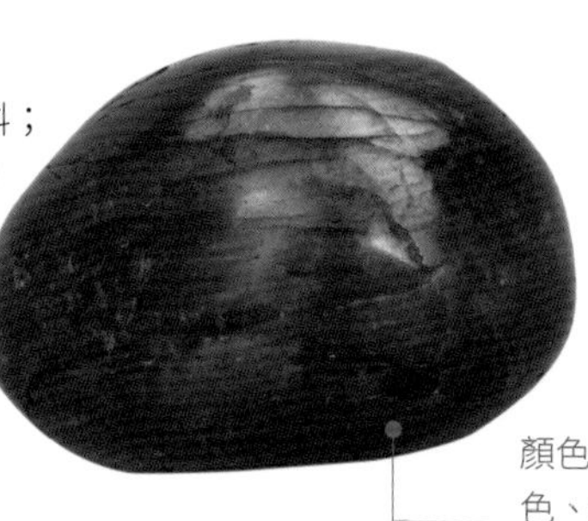

顏色多為紅色、黃色、綠色、褐色、灰色或黑色等，條痕無色

溶解度

拉長石不溶於酸。

產地區域

● 世界著名產地有挪威、美國、加拿大、俄羅斯、印度、馬達加斯加等。

自然成因

拉長石主要在各種中性、基性和超基性岩中形成，常見於偉晶岩和一些長英質岩脈中，也常出現在玄武岩、蘇長岩、輝長岩和粒玄岩等岩石中，與紫蘇輝石伴生。

具有玻璃光澤，透明至微透明

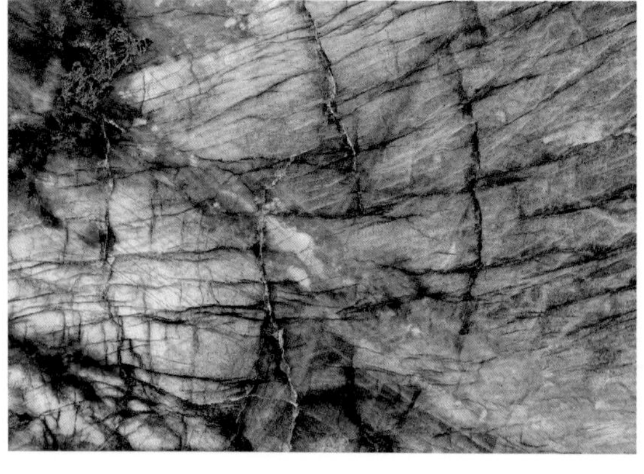

特徵鑑別

拉長石遇火燃燒時，火焰呈紅色。

拉長石是雙色性晶體，在不同偏振方向的光線下呈現的顏色不同。

顏色從黃色到橘黃色，半透明狀，但寶石越透明價值越高，深色包裹體反光效果好則為佳品。

成分：$K(Li,Al)_3(Si,Al)_4O_{10}(F,OH)_2$ | 硬度：6.0~6.5 | 比重：2.55~2.76 | 解理：完全 | 斷口：參差狀

水矽銅鈣石

水矽銅鈣石屬單斜晶系，晶體通常呈板狀。顏色呈深銅藍色，非常漂亮。具有玻璃光澤，半透明。

單斜晶系，晶體通常呈板狀

主要用途

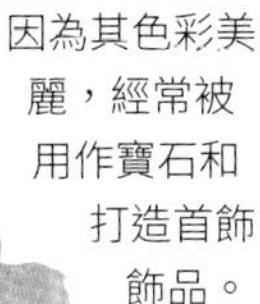

因為其色彩美麗，經常被用作寶石和打造首飾飾品。

自然成因

水矽銅鈣石主要在矽卡岩中產生，通常與魚眼石、自然銅及含銅硫化物伴生。

顏色多為深銅藍色具有玻璃光澤，半透明

溶解度

水矽銅鈣石溶於酸。

成分：$Ca_2Cu_2(H_2O)_2(Si_3O_{10})$	硬度：5.0~5.6	比重：3.2	解理：完全	斷口：參差狀

鎂鋁榴石

鎂鋁榴石是一種含有鎂鋁的石榴石，屬於島狀矽酸鹽。晶體的內含物較少，常見渾圓狀的磷灰石，細小片狀的鈦鐵礦以及其他針狀物，偶爾可見雪環狀小晶體。晶體的顏色多為淡褐紅色至淡紫紅色，也呈紅色、深紅色、紫紅色、黃紅色、粉紅色等，條痕為白色。

等軸晶系，晶體通常呈四角三八面體和菱形十二面體，或是二者的聚形

自然成因

鎂鋁榴石主要在超基性岩和殘破的積砂礦中形成的，也常見於岩漿岩和變質岩中。

溶解度

鎂鋁榴石不溶於酸。

呈粒狀或塊狀的集合體

主要用途

鎂鋁榴石若質地透明，可用作寶石。

產地區域

● 世界主要的產地有捷克、挪威、俄羅斯等。

● 中國主要產地在江蘇等。

特徵鑑別

鎂鋁榴石熔點低，少量具有變化效應，燈光下呈紅色，日光下呈紫色。

成分：$Mg_3Al_2(SiO_4)_3$	硬度：7.0~7.5	比重：3.62~3.87	解理：無	斷口：貝殼狀

十字石

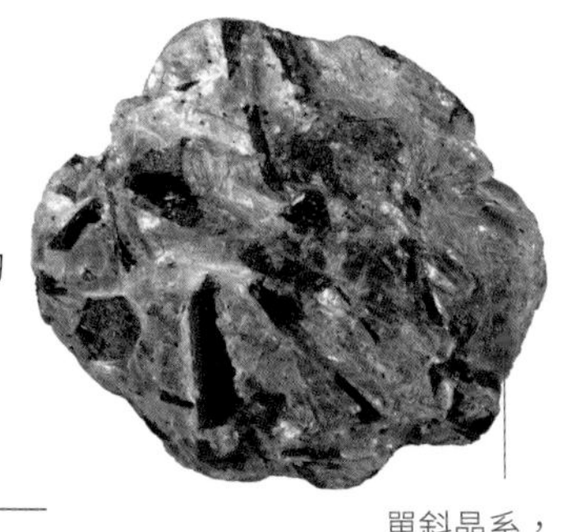

十字石是一種島狀結構的矽酸鹽礦物，因外形呈十分奇特的十字而得名。晶體一般比較粗大，常見雙晶，橫斷面通常呈菱形。顏色多為棕紅色、淡黃褐色、紅褐色或黑色等，質地又硬又脆。

單斜晶系，通常呈短柱狀或粒狀，也呈鱗狀或薄板狀的集合體

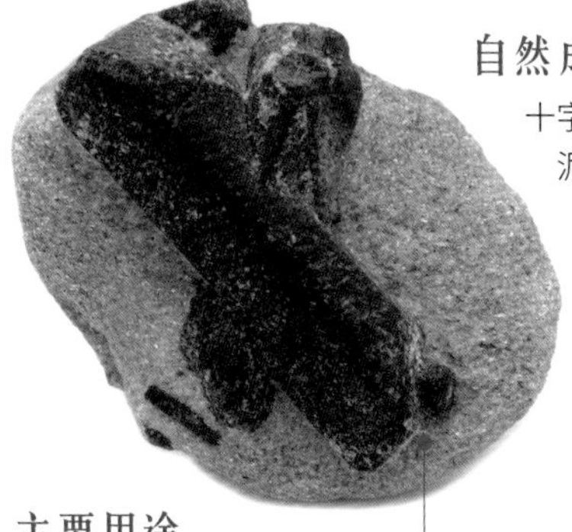

具有玻璃光澤，含雜質時會呈土狀光澤或暗淡無光

自然成因

十字石主要是由富含鐵元素和鋁元素的泥質岩石經區域變質作用而形成的，常見於千枚岩、雲母片岩、片麻岩中，也常與白雲母、藍晶石、石榴子石和石英等變質礦物伴生。

產地區域

● 世界主要產地有巴西、瑞士以及美國等。

特徵鑑別

十字石質地硬而脆，在紫外線的照射下無螢光。

晶體通常粗大，十字形貫穿雙晶常見，短柱狀，橫斷面為菱形，也呈粒狀產出。

與紅柱石相似，不同的是，十字石呈雙晶形狀，深褐色、紅褐色，硬度大，可以此區別。

主要用途

十字石若顏色明亮、質地通透，可作寶石，也可製成裝飾品。

成分：$(Fe, Mg, Zn)_2Al_9(Si, Al)_4O_{22}(OH)_2$	硬度：7.0~7.5	比重：3.65~3.83	斷口：參差狀至貝殼狀

金雲母

金雲母屬於鋁矽酸鹽礦物，含有鐵、鎂和鉀元素，也是白雲母類礦物的一種。晶體顏色多為無色、黃褐色、紅褐色、灰綠色或白色等，條痕為無色。具有極高的電絕緣性，耐熱隔音，抗酸鹼腐蝕，熱膨脹係數小。

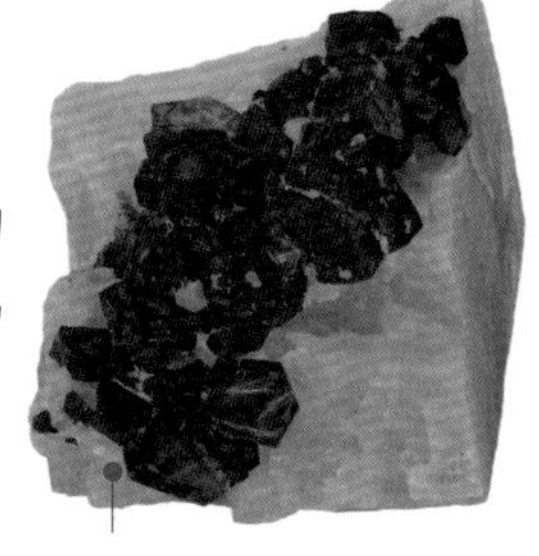

單斜晶系，晶體通常呈短柱狀和假六方板狀，也呈板狀和鱗狀的集合體

自然成因

金雲母主要在富鎂石灰岩與岩漿岩的接觸變質帶中形成，多與鎂橄欖石、透輝石等共生。

溶解度

金雲母溶於濃硫酸，同時生成乳狀溶液。

特徵鑑別

金雲母不導電，薄片具有彈性，在顯微鏡透射光下呈無色或褐黃色。

主要用途

金雲母若鐵含量不多，可作為電絕緣材料；也廣泛應用於建材、消防、滅火劑、電焊條、電絕緣、塑膠、橡膠、造紙、瀝青紙、珠光顏料等化工工業；還可用來製造蒸汽鍋爐、冶煉爐的爐窗和機械上的零件。

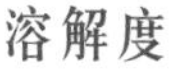

產地區域

● 中國主要產地有新疆、內蒙古、四川、遼寧、吉林、黑龍江、陝西、山東、山西、河北、河南、雲南、西藏及青海等。

成分：$KMg_3Si_3Al_{10}(OH, F)_2$	硬度：2.0~2.5	比重：2.70~2.85	解理：完全	斷口：參差狀

榍石

榍石屬於一種島狀結構的矽酸鹽礦物，常含有釔和鈽，也常有類質同象混入物而形成變種，在較多岩石中都有它的成分。晶體往往以單晶出現，顏色多樣，如黃色、綠色、紅色、褐色和黑色等，深褐色的榍石經過熱處理，可變成紅褐色或橙色。

單斜晶系，晶體通常呈柱狀、片狀或楔形，常見雙晶，也呈緻密塊狀和片狀的集合體

主要用途

榍石是造岩的重要礦物，可以提煉鈦，也可作寶石。

橫斷面呈菱形

產地區域

● 世界著名產地有中國、馬達加斯加、奧地利、瑞士及巴西等。

自然成因

榍石主要在酸性和中性岩漿岩中形成，也常在鹼性偉晶岩中。

溶解度

榍石溶於硫酸。

特徵鑑別

榍石強光澤，折射率高，表面的反射能力強，折射儀上表現為負讀數。
高色散，成品榍石中可見火彩。
強雙折射，肉眼可見雙影像，刻面稜雙影線距離較寬。

成分：$CaTiSiO_5$	硬度：5.0~6.0	比重：3.3~3.6	解理：清楚	斷口：貝殼狀

頑火輝石

頑火輝石是斜方輝石的一種，屬於鐵鎂矽酸鹽礦物，因熔點高而得名。晶體常見雙晶，內部呈針狀礦物的包裹體，並定向平行排列。因硬度較低，表面的耐磨程度差，在破口處可見階梯狀的斷口。

自然成因

頑火輝石主要在基性和超基性岩中形成，也常於岩漿岩、變質岩、層狀侵入岩中產生。

斜方晶系，晶體通常呈柱狀，也呈塊狀、片狀或纖維狀的集合體

主要用途

頑火輝石若鐵元素含量增大增多，晶體顏色會變深，是較好的收藏品。

產地區域

● 世界主要產地有澳洲、緬甸、印度和南非。

顏色通常為無色、灰色、褐色或灰色等，條痕為無色或灰色

溶解度

頑火輝石不溶於任何酸。

特徵鑑別

頑火輝石具有星光效應和貓眼效應。分光鏡下可見典型光譜，二色鏡下呈現多色性，褐色強、綠色弱。

成分：Mg_2SiO_6	硬度：5.5	比重：3.2~3.4	解理：良好	斷口：參差狀

普通輝石

普通輝石是一種含有鈣、鎂、鈦和鋁的矽酸鹽礦物，是最為常見的輝石礦物。晶體較為粗大，具有單鏈狀結構，顏色多呈黑綠色或褐黑色，條痕呈淺綠色或黑色。

單斜晶系，
晶體通常呈短柱狀，
也呈緻密粒狀、塊狀或放射狀的集合體

主要用途

普通輝石可用來磨製黑寶石。

產地區域

● 世界各地均有產出。

自然成因

普通輝石主要在基性和超基性岩中形成，也在中性岩、酸性岩、噴出岩以及某些結晶片岩中產生，通常與橄欖石、基性斜長石等共生。

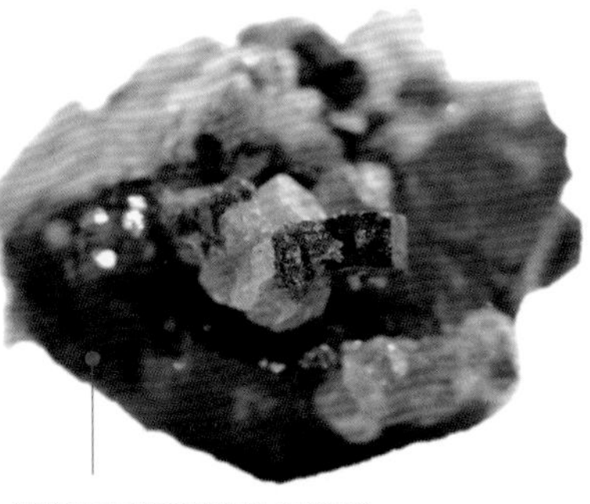

橫斷面呈近等邊的八邊形

溶解度

普通輝石不溶於酸。

特徵鑑別

普通輝石單晶呈短柱狀，集合體成塊狀或粒狀，顏色為綠黑色或黑色，條痕呈淺綠色或黑色。
不透明，有玻璃光澤。
解理中等或完全，解理交角87°。

成分：$(Ca, Na)(Mg, Fe, Al, Ti)(Si, Al)_2O_6$	硬度：5.5~6.0	比重：3.22~3.88	斷口：參差狀至貝殼狀

薔薇輝石

三斜晶系，
晶體通常呈厚板狀或板柱狀，
也呈粒狀或塊狀的集合體

薔薇輝石是一種自然產生的矽酸鹽礦物，又稱玫瑰石，不屬於輝石族，是一種似輝石礦物，主要化學成分為矽酸鈣錳鐵。晶體表面較為粗糙，晶稜會彎曲，易形成聚片雙晶，具有鏈狀結構，同時與三斜錳輝石成同質多象。顏色多為淺粉色或玫瑰紅色，條痕為灰色或黃綠色。

主要用途

薔薇輝石可用來作裝飾石料、飾品及雕塑材料。

產地區域

● 世界主要的產地有美國、瑞典、俄羅斯、澳洲、德國、巴西、墨西哥、日本、羅馬尼亞、南非，以及俄羅斯的烏拉和坦尚尼亞等。
● 中國主要產地有北京、吉林、陝西及青海等。

自然成因

薔薇輝石主要在含錳的經區域變質或接觸交代變質的岩石中形成，常與石榴石、菱錳礦、鈣薔薇輝石等共生；也在偉晶岩和熱液礦床中產生，常與硫化物和其他錳礦物等共生。

氧化後呈黑色含錳的氧化物和氫氧化物薄膜

溶解度

薔薇輝石稍溶於鹽酸。

特徵鑑別

薔薇輝石硬度高，不產生氣泡。在紫外線下無螢光。

成分：$(Mn^{2+}, Fe^{2+}, Mg, Ca)SiO_3$	硬度：5.5~6.5	比重：3.40~3.75	解理：完全	斷口：不平坦

矽鎂鎳礦

矽鎂鎳礦是一種矽酸鹽礦物。晶體通常呈片狀，偶爾也會呈塊狀和微晶皮殼狀，集合體呈緻密塊狀、鐘乳狀或是細粉狀。顏色主要有綠色、淺綠色、褐黃色或白色等，條痕為淺綠色。具有半透明的玻璃光澤。

晶體通常呈片狀，偶爾也呈塊狀和微晶皮殼狀，集合體呈緻密塊狀、鐘乳狀或細粉狀

主要用途

矽鎂鎳礦主要可用來提煉鎳和製造鎳鋼、鎳青銅、鎳黃銅等。

自然成因

矽鎂鎳礦主要形成於岩漿岩中的硫化鎳經熱液蝕變中。

特徵鑑別

矽鎂鎳礦熔點高。

成分：$(Ni, Mg)_6Si_4O_{10}(OH)_8$	硬度：2.0~3.5	比重：2.27~2.93	解理：完全	斷口：裂片狀

星葉石

星葉石是一種矽酸鹽礦物，其成分的變化較大，可與錳星葉石形成類質同象，而錳星葉石還可與鉋錳星葉石構成系列，同系列的還有鋯葉石和鈮葉石，星葉石的晶體為柱狀或板狀，集合體呈放射星狀。

三斜晶系，晶體通常呈柱狀或板狀，也呈放射星狀的集合體

自然成因

星葉石主要在流霞正長岩等鹼性岩中形成，主要與榍石、霓石、異性石、鈉鐵閃石、針鈉鈣石等礦物共生。

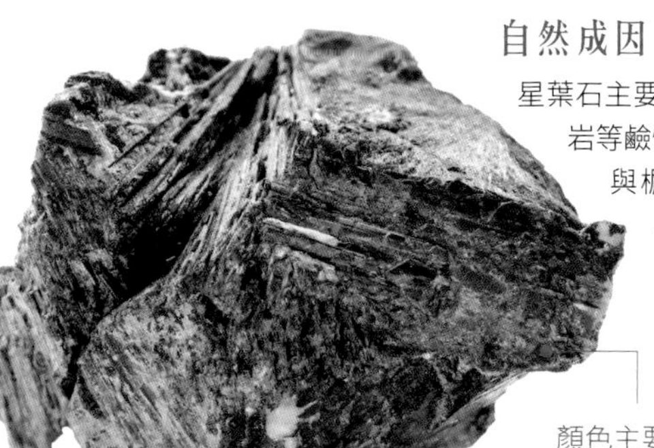

顏色主要呈黃銅色至金黃色，條痕呈淺綠棕色

特徵鑑別

星葉石微溶於酸。
熔點低。
易生成帶弱磁性的深色玻璃狀物質。

成分：$(K, Na)_3(Fe, Mn)_7Ti_2Si_8O_{24}(O, OH)_7$	硬度：3.0~4.0	比重：3.28~3.30	解理：完全	斷口：參差狀

中長石

中長石是一種架狀結構的矽酸鹽礦物，同時也是斜長石的一種。晶體因兩端元結構的差異較大，以至於在某些區間具有不混溶性。顏色主要為白色、無色或灰色等，有時也微帶淺藍色或淺綠色，條痕為白色。

自然成因

中長石主要在變質岩和中性岩中形成，如角閃岩、安山岩等。

特徵鑑別

中長石遇火燃燒時，呈磚紅色或黃色。

成分：（Na, Ca）$Al_{1\text{-}2}Si_{2\text{-}3}O_8$	硬度：6.0~6.5	比重：2.60~2.76	解理：完全	斷口：參差狀至貝殼狀

透鋰長石

透鋰長石主要是一種架狀結構的矽酸鹽礦物。晶體常見雙晶，但在自然界中較為罕見。顏色主要呈無色、白色、黃色或灰色等，偶爾也見粉紅色，條痕為白色。

自然成因

透鋰長石主要在花崗偉晶岩中形成，主要與銫榴石、鋰輝石、彩色電氣石等共生。

主要用途

透鋰長石是提取鋰的主要礦物原料，也是製作陶瓷和特種玻璃的原料。

特徵鑑別

透鋰長石熔點低，遇火燃燒時，火焰會呈深紅色。

溶解度

透鋰長石不溶於酸。

成分：$LiAlSi_4O_{16}$	硬度：6.0~6.5	比重：2.39~2.46	解理：完全	斷口：亞貝殼狀

PART II 第二部分：

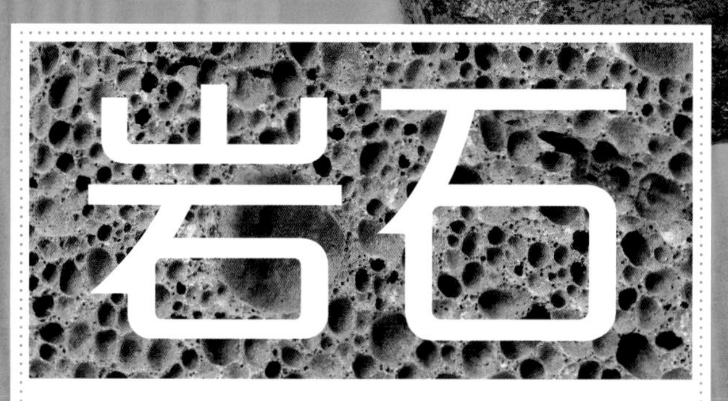

岩石

岩石是幾種礦物的集合體，它也是構成地殼的基礎，根據成因可分為三大類：岩漿岩、變質岩和沉積岩。

岩漿岩是由噴出地表的岩漿結晶而成；沉積岩是組成先成岩的顆粒經過風化、侵蝕和堆積形成的碎屑沉積物；變質岩則是由岩漿岩和沉積岩經高溫、高壓的作用變質而成。

岩石的形成

地球內部的地殼運動從未停息，因此，新的岩石也在不斷地形成。

地球內部的岩漿經過地殼運動而緩慢上升，岩漿岩就在這上升冷卻的過程中形成。之後地球運動使一部分岩漿岩上升到地表，在冰川、流水和風的侵蝕作用下，岩石破碎成顆粒，再被冰川、河流和風力搬運，逐漸在湖泊、三角洲和沙漠中沉積下來，形成沉積岩。此外，在大規模的造山運動中，經過高溫高壓的作用，部分岩漿岩和沉積岩變成變質岩。

▲五花石

▲天河石

岩漿岩的性質

岩漿岩是由液態岩漿或熔岩結晶而成，岩漿的原始成分、侵入地殼的方式及冷卻速度都會影響其組成成分和性質。

▲黃榴石

成因

岩漿岩主要有侵入和噴出兩種成因。侵入成因的岩漿岩是液態岩漿在地殼內部經緩慢冷卻而形成，而噴出成因的岩漿岩則是液態岩漿自然溢流或噴出地表快速冷卻而成。

▲粗粒花崗岩

產狀

產狀指的是熔岩冷卻凝固的形態，如深成岩為大而深的侵入岩，可以綿延數千公尺，岩脈為狹長、不規則的板狀岩體，岩床則為整合的席狀。

▲花崗閃長岩

礦物成分

岩石是礦物的集合體，而長石、雲母、石英和鐵鎂等礦物都是岩石的組成成分，礦物的成分則決定了岩石的化學性質。

▲文象偉晶岩

顆粒大小

一般而言，岩漿岩當中的深成岩顆粒粗大，噴出岩則顆粒細小，如輝長岩等粗粒岩漿岩的晶體直徑超過5公釐，中粒玄武岩的晶體直徑為0.5～5公釐，細粒玄武岩的晶體直徑則是小於0.5公釐。

▲紫蘇花崗岩

晶體形狀

岩漿緩慢冷卻使礦物晶體發育成完好的自形晶，岩漿快速冷卻則會形成劣形晶。

▲更長環斑花崗岩

結構

結構是指礦物顆粒或晶體的排列方式。

▲玄武岩浮岩

顏色

礦物的顏色是礦物化學性質的精確指標，可以反映出某種礦物的含量。酸性岩呈淺色，基性岩呈深色，中性岩則是介於兩者之間。

▲文象偉晶岩

化學成分

根據化學成分，岩漿岩可分為以下幾類：酸性岩，含65%以上的矽酸鹽和10%以上的石英；中性岩，含55%～65%的矽酸鹽；基性岩，含45%～55%的矽酸鹽和10%以下的石英；超基性岩，矽酸鹽含量小於45%。

▲歐泊（蛋白石）

沉積岩的性質

沉積岩有兩個顯著的特徵，可以很容易地與岩漿岩、變質岩區分開來：一是沉積岩以層狀產出，通常可以順層剝離；二是沉積岩一般含生物化石。而岩漿岩從不含化石，變質岩中化石也比較少見。

成因

岩石顆粒經過風力、流水、冰川等搬運，沉積於陸地、河湖以及海洋，主要形成於地表或接近地表的地方。

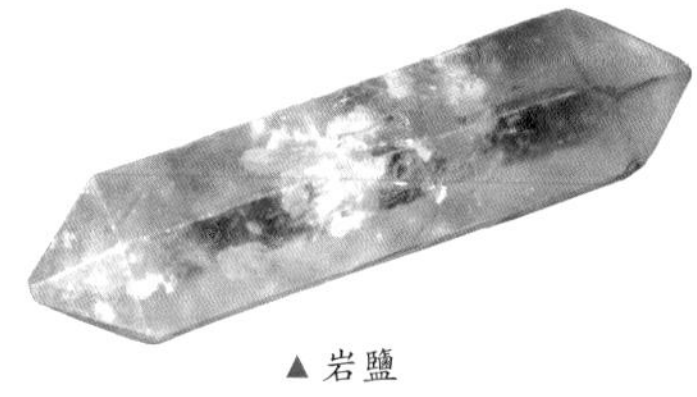
▲岩鹽

化石

沉積岩中保存了大量的動植物化石，這些化石有助於古生物學、地球學等學科的研究，如海洋生物化石可以說明岩石是在海洋環境下形成的。

▲泥岩

顆粒形狀

沉積岩的顆粒形狀取決於它的搬運方式，例如風蝕作用會形成圓形顆粒，流水作用則會形成帶稜角的沙礫狀顆粒。

顆粒大小

沉積岩的顆粒大小通常用粗粒、中粒和細粒等術語來表述。粗粒岩的碎屑肉眼可見，例如礫岩、角礫岩和砂岩；中粒岩的顆粒可用可攜式放大鏡來分辨，如砂岩；細粒岩的顆粒可用顯微鏡觀察，主要包括頁岩、黏土岩和泥岩。

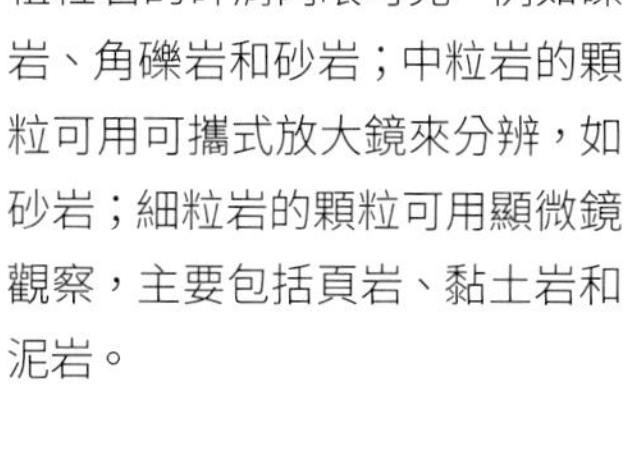
▲貝殼石灰岩

分類

沉積岩可根據其岩石顆粒的來源，分為碎屑岩、生物岩以及化學岩。碎屑岩含有先成岩的顆粒；生物岩含有殼或其他化學碎屑；化學岩是化學沉澱的產物。

▲砂岩

變質作用的類型

變質岩是岩漿岩、沉積岩在高溫、高壓的作用下形成的。

▲石灰華

區域變質作用

區域變質作用是指造山帶附近的溫度和壓力作用，變質作用最強，變質範圍可達幾千平方公里，形成區域變質岩。以下舉例說明在不同的壓力作用下，頁岩是如何形成不同的變質岩的。

無壓力：頁岩是一種細粒沉積岩，含有黏土礦物、石英和化石，無壓力時，不變質。

低壓：在低壓狀態下，頁岩會扭曲或損壞，形成板岩。

中壓：在中壓狀態下，頁岩形成中粒片岩。

高壓：在高壓、高溫熱液活動強烈的地質環境中，頁岩會變成粗粒的片麻岩。

▲鉀鹽

接觸變質作用

接觸變質作用是指岩漿侵入體周圍或熔岩流附近的溫度和壓力作用，接觸變質岩就是在溫度和壓力的直接作用下形成，而變質帶的範圍與岩漿或熔岩的溫度或侵入體的大小有關。高溫不僅改變了原岩中的礦物，引起重結晶，而且也使所含化石消失。如懸崖底部的深色粗粒玄武岩在侵入的黑色頁岩熱流作用下形成較輕的角質岩，砂岩則在溫度和壓力作用之下變成結晶、無孔的石英岩。

動力變質作用

動力變質作用是指在發生大規模地殼運動時，在地殼內，尤其是在斷層附近，產生的擠壓作用。這時大塊岩石擠壓在一起，它們相互接觸的地方被研磨粉碎，形成糜稜岩。

▲化石頁岩

變質岩的性質

變質岩的典型特徵之一就是組成岩石的礦物呈晶體狀，晶體的排列方向由溫度和壓力決定，晶體的顆粒大小直接反映了它們所受的溫度和壓力強度。因此，我們可以透過觀察變質岩中的晶體來確定其成因。

構造

構造是指礦物在岩石中的排列和分布特點，如接觸變質岩晶質構造，晶體排列不規則，而區域變質岩則呈片理構造，壓力使某些礦物排成直線。

▲雲母片岩

顆粒大小

從顆粒大小可以判斷岩石形成的溫度和壓力條件，一般壓力越大、溫度越高，形成的岩石顆粒就會越大。因此，低壓下形成的板岩為細粒，中壓下形成的片岩為中粒，高溫、高壓下形成的片麻岩為粗粒。

▲粒狀片麻岩

溫度和壓力

變質作用所產生的溫度約為250°C～800°C，低於這個溫度則不能產生變質作用，而高於這個溫度，岩石會熔化成岩漿或熔岩。變質作用產生的壓力為2000～10000千帕斯卡，低於這個壓力不能產生變質作用，而高於這個壓力，岩石呈粉末狀。

▲泉華

礦物含量

變質岩中的特有礦物對鑑定很有幫助，如石榴子石和藍晶石存在於片岩和片麻岩中，黃鐵礦晶體常嵌生於板岩的劈理面，而水鎂石則出現在大理岩中。

▲ 白堊

岩石鑑定

岩石鑑定主要分三步驟：

第一步驟，判斷岩石是岩漿岩、沉積岩，還是變質岩。

岩漿岩呈現晶質結構，由礦物晶體互相聯結聚集而成。岩石裡的晶體，或無規律聚集，或顯示出某種方向性。岩漿岩沒有沉積岩的層理結構，也沒有變質岩的片理結構。有些熔岩還充滿氣孔。不含化石。

▲ 橄欖岩

沉積岩有明顯的層理，其礦物顆粒聯結鬆散，用手指即可摳下。除此之外，最重要的是沉積岩含有化石，可依此與岩漿岩和變質岩區別。

▲ 砂岩

變質岩分為兩類，一類是區域變質岩，有獨特的片理結構，呈波浪狀，不像沉積岩的層理面那樣平坦；另一類是接觸變質岩，其晶體呈不規則排列。

▲ 雲母片岩

第二步驟，確定顆粒大小。

在確定岩石的類別之後，就要確定岩石顆粒大小，可分為細粒、中粒、粗粒。這裡要特別注意：顆粒大小是指組成岩石的顆粒大小，而不是嵌生其中的個別晶體的大小。

▲ 玄武岩

第三步驟，考慮岩石的其他特徵，例如：顏色、構造、礦物組合等。

根據前兩步判斷出岩石類別和岩石顆粒大小之後，再綜合其他特徵做出準確判斷。

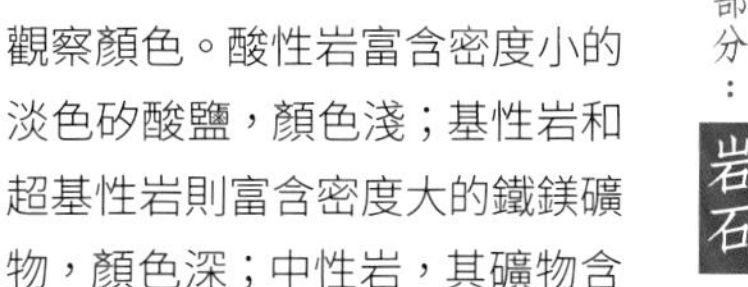

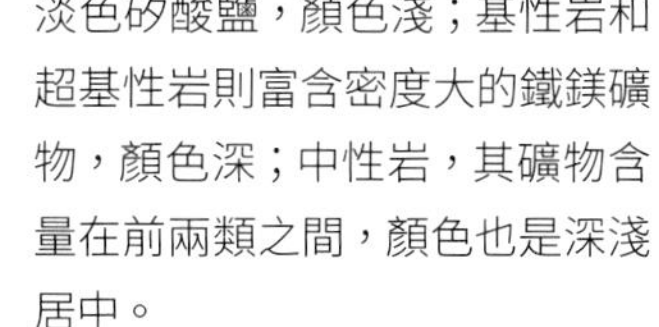

如果是岩漿岩，下一步就是觀察顏色。酸性岩富含密度小的淡色矽酸鹽，顏色淺；基性岩和超基性岩則富含密度大的鐵鎂礦物，顏色深；中性岩，其礦物含量在前兩類之間，顏色也是深淺居中。

▲ 淡輝長岩

如果是沉積岩，就要觀察它的礦物成分。沉積岩按照礦物成分可分為四類：一是主要含岩石碎屑的岩石；二是主要含石英碎屑的岩石，石英通常呈灰色，且很堅硬，易於辨認；三是主要含碳酸鈣的岩石，含碳酸鈣的岩石不僅顏色淺淡，而且與稀鹽酸作用，還會起泡；四是含其他礦物的岩石。

▲ 角礫岩

如果是變質岩，那就應該觀察它是否具有片理結構，片理是變質岩最突出的特徵之一，即在溫度和壓力作用下，某些礦物的定向排列。

▲ 變質石英岩

花崗岩

主要由長石、黑白雲母和石英等組成

花崗岩屬於酸性岩漿岩中的侵入岩，是最常見的一種岩石，有淺肉紅色、淺灰色、灰白色等。中粗粒、細粒結構，塊狀構造。也有一些為斑雜構造、球狀構造、似片麻狀構造等。

岩石結構

主要的礦物為石英、鉀長石和酸性斜長石，次要礦物則為黑雲母、角閃石，有時還會有少量輝石。副礦物種類非常多，常見的有磁鐵礦、榍石、鋯石、磷灰石、電氣石、螢石等。

品種鑑別

粉紅花崗岩主要由長石、黑白雲母和石英等所組成。顏色比較淺，常見為灰白色和肉紅色等。晶體顆粒大於5公釐。

主要用途

粉紅花崗岩的外形美觀、質地堅硬、結構均勻，主要可用來製作牆磚和地磚。

顏色比較淺，常見為灰白色和肉紅色等

主要成分有鉀長石（微斜長石和正長石）、鈉斜長石等

白色花崗岩

白色花崗岩屬於一種酸性岩，矽酸鹽含量高達65%，石英含量也達20%，主要的成分有鉀長石（微斜長石和正長石）、鈉斜長石等。由於其中含角閃石和黑雲母，岩石表面有時會帶有斑點，偶爾也含色淺透明的白雲母。白色花崗岩主要在深成環境中形成。

含有深色的黑雲母和淺色的白雲母

白色微花花崗岩

白色微花花崗岩之中主要含有深色的黑雲母和淺色的白雲母，若黑雲母聚集，它的顏色則會變深。白色微花花崗岩主要在偉晶岩的外緣形成，也常見於中等深度的小型岩漿侵入。晶體較小，0.5～5.0公釐，顆粒的大小均勻，但較多晶體呈他形。

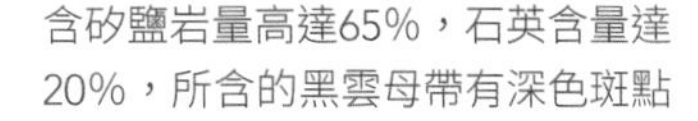

含矽鹽岩量高達65%，石英含量達20%，所含的黑雲母帶有深色斑點

粉紅微花花崗岩

粉紅微花花崗岩是花崗石的一種，主要在岩脈和岩床中產生，由岩漿在地表下凝結成的岩漿岩，構成了地殼的主要成分，為深層侵入岩。晶體的顆粒大小在 0.5～5.0公釐之間，大小基本一致。

形成：侵入　粒度：粗粒　分類：酸性　產狀：深成岩體　顏色：淺色

外形美觀、質地堅硬

黑雲母晶體和石英顆粒清晰可見，而角閃石也加重了表面的斑狀，屬矽酸過飽和狀態

斑狀花崗岩

斑狀花崗岩是岩漿在地殼深處透過兩個階段冷凝而形成的花崗岩。因岩石表面具有似斑狀結構，故又稱似斑狀花崗岩。它是一種分布較為廣泛的酸性深成岩，矽酸岩量高達65%～75%，石英含量達20%。主要的礦物成分為正長石、酸性斜長石、鈉長石和石英，偶爾也含有少量的黑雲母和普通角閃石等。次要礦物為磁鐵礦和斜長石。副礦物為榍石。斑狀花崗岩因斑晶構成花紋，常作為裝飾材料。

顏色通常呈灰白色，粗粒等粒結構，塊狀構造

粗粒花崗岩

粗粒花崗岩主要在地殼深處形成，屬於一種酸性深成岩，在自然界之中比較常見。主要礦物為鉀長石、酸性斜長石和石英，其中鉀長石的含量多於斜長石。在濕熱的條件下，也易受化學風化所影響，石英會保留粗的砂粒，長石則會因高嶺石化成黏土，形成帶黏土的風化物。

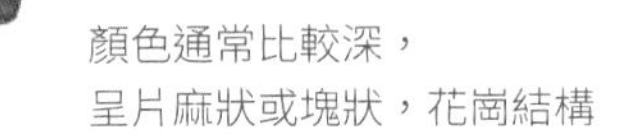

顏色通常比較深，呈片麻狀或塊狀，花崗結構

紫蘇花崗岩

紫蘇花崗岩屬於一種中酸性侵入岩或變質岩，與花崗岩和英雲閃長岩成分相當，與粗粒片麻岩的外貌相似。紫蘇花崗岩主要在高溫、高壓的變質岩區中形成，多與麻粒岩和斜長岩等伴生。主要成分為紫蘇輝石、石榴子石、斜長石、鹼性長石、鉀長石、石英或透輝石等。其次，岩石中普遍存在熔體交代結構，主要由結晶相礦物和殘晶相礦物組成。

具有極為特殊的更長環斑結構，即更長環結構

更長環斑花崗岩

更長環斑花崗岩屬於花崗岩類岩石，具有極為特殊的更長環斑結構，即更長環結構。基質礦物主要為鉀長石、黑雲母、石英和角閃石等，副礦物有磷灰石、鋯石、金屬礦物等。更長環斑花崗岩主要是在地殼內部深處形成，多與其他中酸性侵入岩共生，主要可用來作裝飾石料。

輝長岩

輝長岩是一種基性深成侵入岩，是深部洋殼的代表性岩石之一，在自然界中分布較為廣泛。岩石主要成分為輝石（透輝石、普通輝石、紫蘇輝石）和富鈣斜長石，同時還含有橄欖石、角閃石、黑雲母、正長石、斜方輝石以及含鐵的氧化物等，有時也含有少量的石英和鹼性長石。伴生的礦物有鐵、銅、鈦、鎳、磷等。

主要成分為輝石和富鈣斜長石

主要用途

因其美觀和耐久性，常用作高檔飾面石材。

自然成因

輝長岩主要在深部地殼或上地函的玄武質岩漿經侵入作用形成。

顏色為灰黑色

礦物成分

輝長岩主要礦物成分為輝石和富鈣斜長石，兩者含量近於相等。

次要礦物為橄欖石、角閃石、黑雲母、石英、正長石和鐵的氧化物等。

岩石結構

結構構造均勻，等粒岩石，耐久性很高，有時具美麗的花紋和圖案，磨光後極富裝飾性。

中粒至粗粒，通常呈塊狀構造或層狀構造

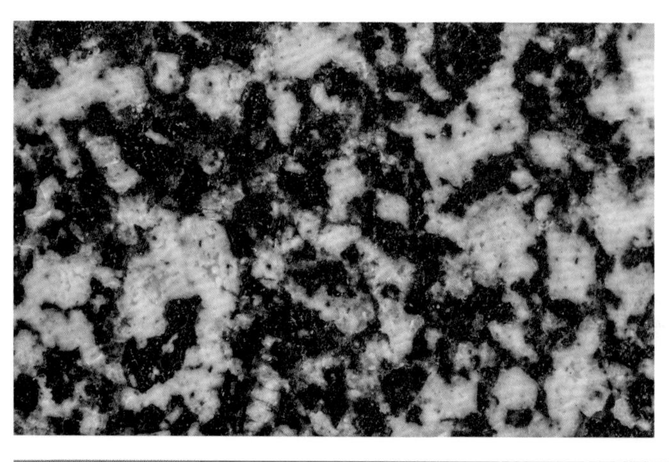

品種鑑別

輝長岩的化學成分與玄武岩類相同，但後者主要是玻璃質。

輝長岩按淺色礦物斜長石和深色礦物輝石、橄欖石成分的百分比含量，分淺色輝長岩、輝長岩和深色輝長岩。按次要礦物的種屬分，分為橄欖輝長岩、角閃輝長岩、正長石輝長岩、石英輝長岩和鐵輝長岩。

形成：侵入	粒度：中粒至粗粒	分類：基性	產狀：深成岩體	顏色：中等

鈣長岩

鈣長岩之中含有較多的斜長石，至少達90%，但矽元素的含量較少，幾乎不含石英，其他礦物還包括輝石、橄欖石和鐵氧化物，偶爾會有石榴子石圍繞它而形成反應邊。

自然成因

鈣長岩主要在深成岩體中形成，常見於岩株、岩脈和層狀的侵入體，通常與輝長岩和在層狀分異中共生。

岩石結構

所包含的深色礦物常平行排列。

含有較多的斜長石，淺色斜長石

顆粒較粗

形成：侵入	粒度：粗粒	分類：基性	產狀：深成岩體	顏色：淺色

蘇長岩

蘇長岩屬於基性侵入岩的一種，主要由拉長石、培長石或中長石和斜方輝石組成，此外還有橄欖石、角閃石、堇青石和黑雲母等。顏色呈灰褐色、黑灰色等，與蘇長岩有關的礦產有銅、鐵、鎳、鉑等。

輝長岩的變種

自然成因

蘇長岩主要形成於深成環境中的岩漿冷凝作用，通常與較大的基性岩體相伴而生，同時多與超鎂鐵質岩及輝長岩共生，偶爾也見於層狀岩漿侵入中。

顏色通常比較深，密度較大

岩石結構

蘇長岩主要結構為中粗粒半自形結構、似斑狀結構，常見的也有輝長結構、輝長輝綠結構、反應邊結構和嵌晶含長結構。

礦物成分

礦物成分主要為斜方輝石和斜長石。

次要礦物為單斜輝石、橄欖石、角閃石等。

特徵鑑別

蘇長岩根據其次要礦物含量和特徵結構可進一步命名為橄欖蘇長岩、輝長蘇長岩。

蘇長岩的蝕變表現為斜長石的鈉黝簾石化、輝石的纖閃石化。

形成：侵入	粒度：中粒	分類：基性	產狀：深成岩體	顏色：深色

閃長岩

閃長岩是一種典型的中性岩，是全晶質中性深成岩的代表。主要成分為斜長石和幾種暗色礦物，其中，暗色礦物常見為角閃石、輝石和黑雲母，還有少量的石英和鉀長石等，也是花崗石石材中主要的岩石類型之一。副礦物主要有磁鐵礦、鈦鐵礦、磷灰石和榍石等。

主要用途

閃長岩具有獨特的風格，可用來作飾面石材，也可用來製作臺階及陽臺地板。

自然成因

閃長岩主要以獨立侵入岩的形式形成，屬於花崗岩岩體的一部分，時常與基性岩、酸性岩或是鹼性岩伴生，成為種類岩石的邊緣部分。

產地區域

● 中國著名產地有山東和吉林等。

顏色較深，常見為灰黑色、淺綠色或帶有深綠斑點的灰色，顆粒均勻

常呈小型岩體產出，如岩脈、岩床和岩株等

通常為半自形粒狀，也呈塊狀構造

岩石結構

閃長岩具有等粒結構，偶爾也由長石或角閃石斑晶構成斑狀結構。

礦物成分

閃長岩主要礦物成分為石英、斜長石、鉀長石。斜長石通常比鉀長石多，暗色礦物含量較高。主要伴生礦物為銅、鐵等。

形成：岩漿	粒度：中粒、粗粒	分類：中性	產狀：深成岩體、岩脈	顏色：中等、深色

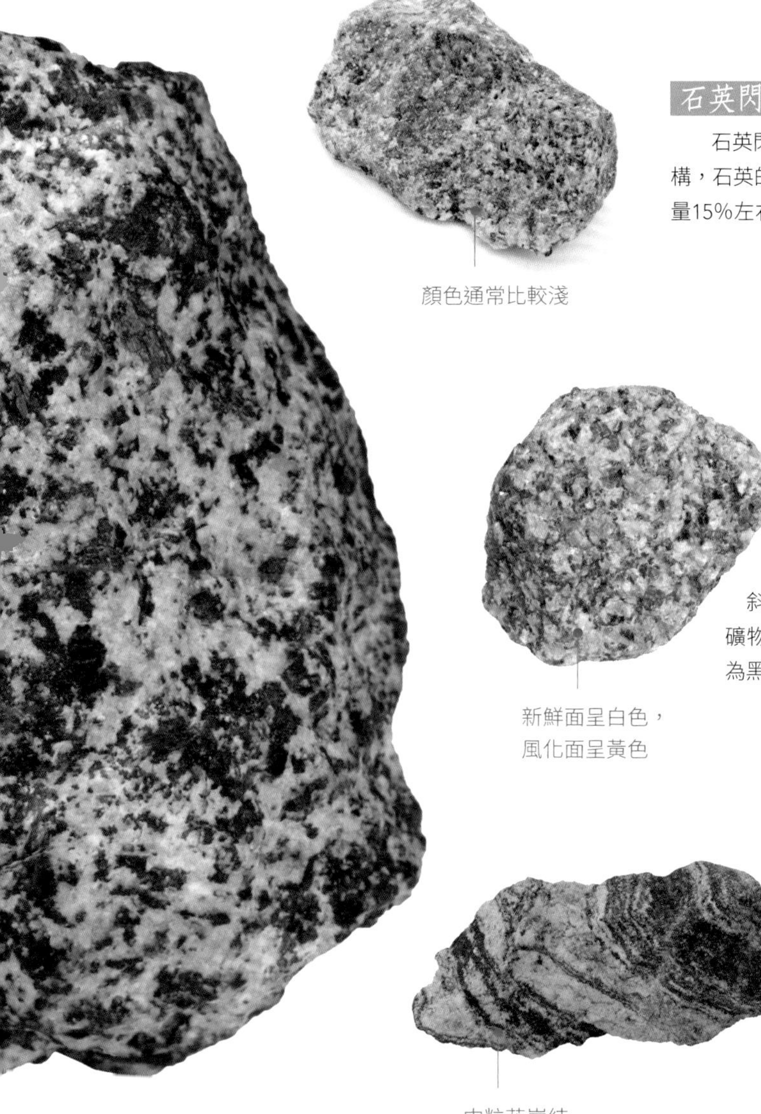

石英閃長岩

石英閃長岩具有半自形粒狀結構，石英的含量較多，暗色礦物含量15%左右，斜長石占一半以上。

花崗閃長岩

花崗閃長岩是花崗岩向閃長岩過渡的一種中酸性岩石，主要礦物成分為石英、斜長石、鉀長石。主要伴生礦物為銅、鐵等。斜長石比鉀長石含量多，斜長石占長石總量的2/3左右，暗色礦物含量較高，以角閃石為主，部分為黑雲母。

英雲閃長岩

英雲閃長岩是一種顯晶質中酸性深成岩。主要由斜長石和石英、黑雲母所組成，有時會含角閃石和輝石，副礦物有磷灰石、榍石、磁鐵礦。

白色花崗閃長岩

白色花崗閃長岩主要在多種岩漿侵入體中形成，晶體發育較為完整，但偶見填隙的石英為他形。所含的矽元素比花崗岩的矽元素含量稍微少些，為55%～65%，但是灰色石英和白色長石這兩種元素占有很大的比例，其中，深色雲母和角閃石呈現出斑狀，主要可用來作建築石材，主要礦物成分為長石、石英、黑雲母和角閃石。

流紋岩

流紋岩是一種火山酸性噴出岩，分布較為廣泛，按特徵和產出的地質環境可以分為鈣鹼性和鹼性兩個系列。其主要礦物成分與花崗岩相同，斑晶通常由石英和鹼性長石組成。熔岩在快速冷凝的過程中產生玻璃質，二氧化矽含量為69%。

顏色主要為粉紅色、磚紅色或灰色

晶體通常呈方形板狀，具有玻璃光澤，有節理，細粒，易產生氣孔和杏仁子

自然成因

流紋岩主要在黏稠的熔岩冷凝作用下形成。

岩石結構

流紋岩的基質晶體十分微小，用肉眼很難加以辨認。常含有斑晶，通常呈斑狀結構。

礦物成分

流紋岩的化學成分很像花崗岩。
斑晶中可能有石英、鹼性長石、奧長石、黑雲母、角閃石或輝石。

產地區域

- 世界範圍的主要產地有美國、日本、俄羅斯等，全球範圍內廣泛分布。
- 中國主要產地為東部沿海地區。

品種鑑別

流紋岩與花崗岩極為相似，區別在於：
花崗岩之中含有白雲母，而流紋岩中白雲母非常罕見。
花崗岩中鹼性長石是一種含鈉很少的微斜長石，但在流紋岩中卻是富含鈉的透長石。
在流紋岩中，鉀元素含量超過鈉元素含量很多。

形成：噴出	粒度：細粒	分類：酸性	產狀：火山	顏色：淺色

浮石

浮石，又名輕石、浮岩和江沫石，是一種玻璃質酸性的火山噴出岩，成分與流紋岩相當。它的主要成分為二氧化矽，一般也由鉀、鋁、鈉的矽酸鹽組成，偶爾也含氯、鎂等海水中存在的物質。岩石質地細膩且軟，孔隙多，比重也較小，能在水面浮起。強度高、品質輕、耐酸鹼、耐腐蝕，同時無汙染、無放射性等。

非晶質，
顏色通常為黑色、黑褐色或暗綠色，也有呈白色和淺灰色，偶爾呈淺紅色

自然成因

浮石主要是由熔融的岩漿隨火山噴發冷凝而成的泡沫狀的熔岩。

氣孔體積較大，占岩石體積的50%以上

產地區域

● 中國的浮石資源十分豐富，大部分分布在北方地區，吉林省東南部長白山天池附近及火山分布區有產出，在沿海地區也多有分布。

玻璃質，偶爾含少量結晶質礦物，表面暗淡或具絲絹光澤，性脆

主要用途

浮石是極天然、綠色、環保的產品，廣泛用於建築、園林、紡織、制衣、製作護膚品等。

岩石結構

浮石具有高度渣狀結構，帶有許多空洞和孔隙。

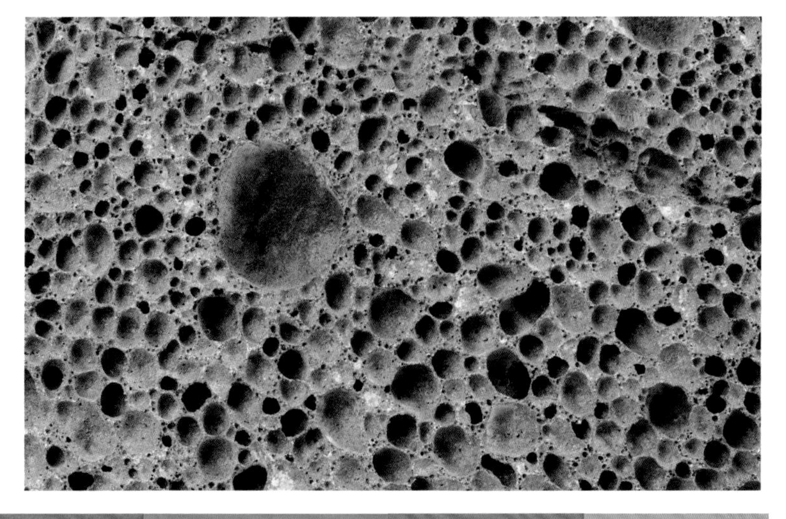

特徵鑑別

多孔、輕質，成分相當於流紋岩。

形成：噴出	粒度：細粒	分類：酸性至基性	產狀：火山	顏色：中等

黑曜岩

黑曜岩是一種酸性玻璃質的火山岩，二氧化矽含量70%，含水量僅2%，成分與花崗岩相似。

除了含有少量的斑晶和雛晶外，幾乎全由玻璃質組成。非晶質，無節理，具有玻璃光澤，斷口呈貝殼狀。

主要用途

黑曜岩的應用較為廣泛，可用於化工、建築、石油、冶金、製藥等。還可用來製作裝飾品和工藝品。

自然成因

黑曜岩主要由黏稠的酸性熔岩快速冷凝而形成，常會與火山岩、珍珠岩、松脂岩等共生，並在流紋岩質熔岩流的上部，有時也作為岩牆和岩床的薄邊產生。

岩石結構

玻璃質，偶爾會有長石斑晶和石英。斷裂後會形成貝殼狀的銳利斷口。

礦物成分

成分與花崗岩接近，其中含有磁鐵礦、輝石成分的微晶和雛晶，和松脂岩、珍珠岩統稱為酸性火山玻璃岩，是一種緻密塊狀或熔渣狀的酸性玻璃質火山岩。

黑曜岩

黑曜岩常具有斑點狀和條帶狀構造。緻密塊狀，偶見石泡構造。具玻璃光澤，斷口為貝殼狀。

晶體通常呈緻密塊狀，有時也呈石泡構造，
偶爾會有長石斑晶和石英

雪花黑曜岩

雪花黑曜岩產生於熔岩迅速冷凝作用下，屬於黑曜岩的一種，也是一種非純晶質的寶石。主要是由火山岩漿流到地面後快速冷卻而產生，當形成黑曜岩的玻璃質不透明時，則會在岩石的表面產生獨特的灰白色「雪花」，因此得名。

顏色多為灰黑色，較暗，
雪花黑曜岩呈白色微晶斑

形成：噴出 | 粒度：極細粒 | 分類：酸性 | 產狀：火山 | 顏色：暗色

玄武岩

玄武岩屬於一種基性火山岩，主要成分為基性長石和輝石，含有橄欖石、黑雲母及角閃石等次生礦物，同時也是地球洋殼和月球月海的主要組成物質。呈斑狀結構，杏仁構造和氣孔構造較為普遍，有些玄武岩因氣孔特別多致使重量比較輕，甚至能浮於水中，因此這種玄武岩也稱「泡石」。

主要用途

玄武岩主要用來生產鑄石；也廣泛用於化工、冶金、電力、煤炭、建材、紡織和輕工等工業領域；也可用來生產玄武岩紙、石灰火山岩無熟料水泥、裝飾板材、人造纖維；還是陶瓷工業中的節能原料。

產地區域

● 中國主要的產地有福建省寧德市福鼎市、河南省洛陽市蔡店鄉、黑龍江省牡丹江市寧安市鏡泊湖北、安徽省滁州市明光市以及雲南省保山市騰衝市騰衝火山群附近。

自然成因

玄武岩主要由火山噴發的岩漿冷卻後凝固而形成，常見於極厚的熔岩層中，同時也是海底的主要構成岩石。

通常呈斑狀，表面較為粗糙，掛膜的速度極快，反復沖洗不易脫落

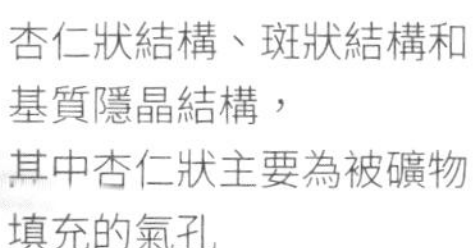

杏仁狀結構、斑狀結構和基質隱晶結構，其中杏仁狀主要為被礦物填充的氣孔

顏色常見為黑色、黑褐色及暗綠色，有時也呈青灰色、暗紅色、黃色、橙色等

玄武岩

玄武岩的顆粒極小，即使置於放大鏡下也不易看清。

杏仁狀玄武岩

杏仁狀玄武岩主要在熔岩冷凝作用下形成，屬於一種深灰色的基性噴出岩，主要成分為輝石和斜長石，基質為斜長石和玻璃質。結晶的情況主要與火山噴出地表的岩漿冷卻速度有關。冷卻緩慢時可形成長的晶體，冷卻迅速時會形成細小的板狀、針狀晶體或非晶質的玻璃狀物。

多孔狀玄武岩

多孔狀玄武岩主要在熔岩的冷凝作用下形成，是一種泡沫狀結構的岩石，主要的礦物成分為氧化鐵、氧化鎂、氧化鈣、二氧化矽、三氧化二鋁等，其中含量最多的是二氧化矽，達45%～50%。岩石具天然蜂窩多孔，同時也是菌膠團最佳的生長環境。無尖粒狀，對水流的阻力較小，不易堵塞，無輻射，同時具有遠紅外磁波。

主要用途

多孔狀武岩屬於一種功能型的環保材料，廣泛應用於建築、濾材、水利、研磨、燒烤炭及園林造景等。

形成：噴出	粒度：細粒	分類：基性	產狀：火山	顏色：暗色

雲母偉晶岩

雲母偉晶岩屬於一種偉晶岩，矽酸鹽含量達65%，石英含量20%，同時也是一種酸性岩，成分與花崗岩相同。常由特別粗大的晶體組成，具有一定的內部構造特徵的規則或不規則的脈伏體。

含有的白雲母能形成大薄片，尺寸超過6公分

自然成因

雲母偉晶岩主要在地表深處的深成岩中形成。因岩漿冷卻速度緩慢，通常與後期熱液伴生，也常帶有稀有元素。

岩石結構

雲母偉晶岩是由岩漿緩慢凝結而成的，它還含有黑雲母和長石。

常發育成巨大的晶體，顏色較淺，極粗粒

形成：岩漿	粒度：極粗粒	分類：酸性	產狀：深成岩體、岩脈、礦床	顏色：淺色

松脂岩

松脂岩屬於一種酸性玻璃質火山岩，含水量為4%～10%，顏色多樣。岩石的容重小，膨脹性較好，耐酸絕緣，基質為玻璃質，斑晶含量較多，斑晶礦物主要為石英、斜長石和鹼性長石，同時還含有較少的輝石和普通角閃石的晶體。

顏色有紅色、黃色、綠色、褐色、白色、灰色或黑色等

主要用途

松脂岩主要用來製作膨脹珍珠岩；並廣泛用於化工、建築、電力、石油、冶金、鑄造、製藥等；還可以用作保溫、隔音材料及土壤改良劑等。

自然成因

松脂岩主要在火山岩中形成，多與珍珠岩、黑曜岩等共生，也形成於黏性的熔岩或岩漿迅速冷凝作用中。

產地區域

● 中國主要產地有內蒙古、遼寧、吉林、黑龍江、山西、山東、河南、河北、江蘇、浙江、江西和湖北等。

岩石結構

松脂岩呈微粒狀，在顯微鏡下觀察難以發現發育完好的晶體。

形成：噴出	粒度：極細粒	分類：酸性至基性	產狀：火山、岩脈、岩床	顏色：暗色

金伯利岩

金伯利岩，舊稱為角礫雲母橄欖岩，主要是一種蛇紋石化的斑狀金雲母橄欖岩，同時也屬於鹼性或偏鹼性的超基性岩，在自然界中不常見，通常呈較小的侵入體產出。金伯利岩主要分布在地殼較為穩定的地區，通常呈岩筒、岩床和岩牆等。

主要礦物有輝石、橄欖石和雲母，次要礦物有鑽石、石榴石和鈦鐵礦

主要用途

金伯利岩是產出金剛石的岩漿岩之一。但並不是所有的金伯利岩都含有金剛石，金剛石含量較豐富的金伯利岩岩體不多。

顏色多為黑色、灰色和暗綠色等

具有斑狀結構、細粒結構和火山碎屑結構

自然成因

金伯利岩主要由地殼深處的岩漿快速上升冷卻而形成。

岩石結構

金伯利岩是金剛石的母岩，具有斑狀結構或角礫狀結構。常見構造包括塊狀構造、角礫狀構造及岩球構造等。

產地區域

- 世界主要產地有澳洲昆士蘭州與北領地地區。
- 中國主要產地有山東、遼寧和新疆和田等。

礦物成分

金伯利岩礦物成分複雜，包括原生礦物、地函地殼礦物、蝕變次生礦物。

形成：噴出	粒度：細粒至粗粒	分類：超基性	產狀：火山	顏色：深灰色

安山岩

主要用途

安山岩主要應用在研究利用有關礦產金、銀、銅、黃鐵礦等，也可以作為建築材料。

自然成因

安山岩主要在快速冷凝的熔岩之中形成，或者在火山熔岩流的形式下形成。

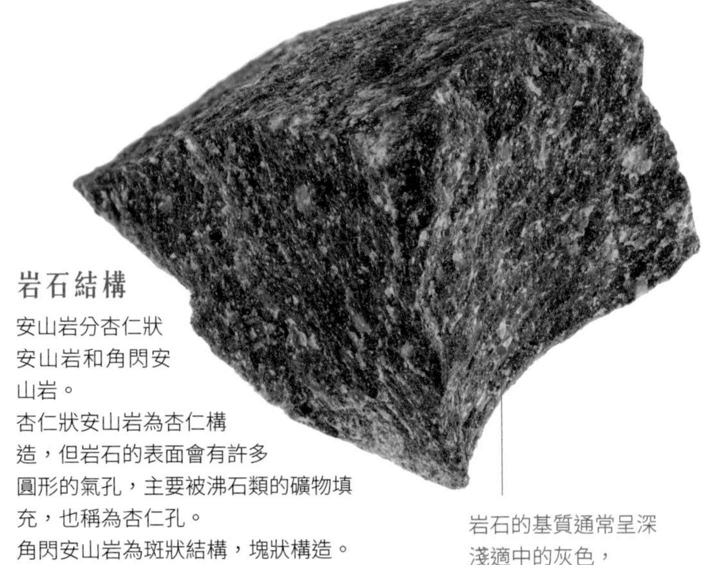

岩石的基質通常呈深淺適中的灰色，細粒

岩石結構

安山岩分杏仁狀安山岩和角閃安山岩。

杏仁狀安山岩為杏仁構造，但岩石的表面會有許多圓形的氣孔，主要被沸石類的礦物填充，也稱為杏仁孔。

角閃安山岩為斑狀結構，塊狀構造。

斑狀結構，也具有隱晶質結構，斑晶多為斜長石

產地區域

● 主要在大陸殼區產出，中國西藏日喀則地區也有產出。

杏仁狀安山岩

杏仁狀安山岩的主要礦物成分有角閃石、斜長石、黑雲母或輝石等。岩石易氧化，成分中的角閃石會變成綠泥石，斜長石則常變為絹雲母，而氣孔的存在也會加強氧化作用。

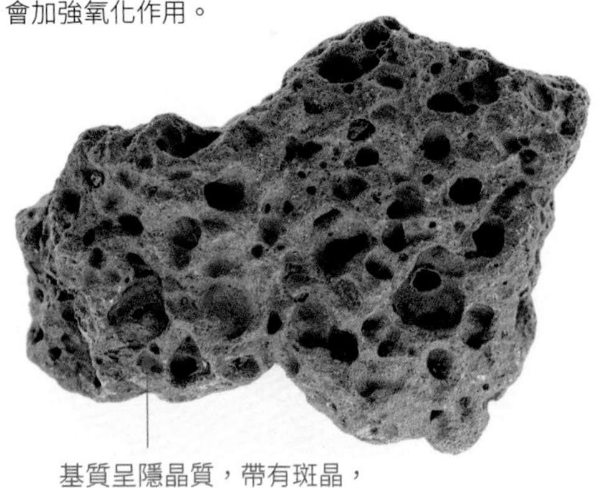

基質呈隱晶質，帶有斑晶，通常呈針狀，具有金屬光澤

角閃安山岩

角閃安山岩屬於一種中性鈣鹼性噴出岩，暗色礦物為角閃石的安山岩。斑晶常由角閃石和中長石組成，含量達20%；角閃石主要為棕色的玄武岩，具暗化邊或全部暗化僅保留其假象。

角閃安山岩在熱液作用之下，易發生青磐岩化，轉變為綠色或灰綠色。原岩礦物變為綠泥石、鈉長石、黝簾石、陽起石、方解石、絹雲母和黃鐵礦，也可發生次生石英岩化、葉蠟石化、高嶺石化等蝕變。

顏色通常為紫色和棕色，具有斑狀結構

形成：噴出	粒度：細粒	分類：中性	產狀：火山	顏色：中等

輝綠岩

輝綠岩屬於一種基性淺成侵入岩岩石，主要的成分為輝石和基性斜長石，同時還含有少量的橄欖石、磷灰石、鈦鐵礦、磁鐵礦、黑雲母和石英等，與輝長岩的淺成岩相似。基性斜長石也常蝕變為綠簾石、黝簾石、鈉長石等礦物集合體及高嶺土等，輝石常蝕變為角閃石、綠泥石和碳酸鹽等。基性斜長石常構成輝綠結構，顯著地較輝石自形。

晶質，
顏色通常呈深灰色、灰黑色等，
呈岩株狀

礦物成分

輝綠岩主要由輝石和基性斜長石組成，含少量的橄欖石、黑雲母、石英、磷灰石、磁鐵礦、鈦鐵礦等。

輝綠岩跟輝長岩的成分相近，不同的是，輝綠岩形成得比較淺，沒有輝長岩深，所以細微性較小。

具有輝綠結構
或次輝綠結構

岩石結構

晶狀物，常呈岩株狀，具有輝綠結構或次輝綠結構。

自然成因

輝綠岩主要由地殼深處的玄武質岩漿侵入淺處結晶而形成，常見於岩脈、岩牆、岩床或玄武岩火山口中，多呈岩株狀，偶爾也在造山帶單獨出現。

主要用途

輝綠岩是造鑄石的原料，同時也是重要的耐磨和耐腐蝕性的工業材料。

產地區域

● 中國主要產地有貴州、浙江、河南、山西等。

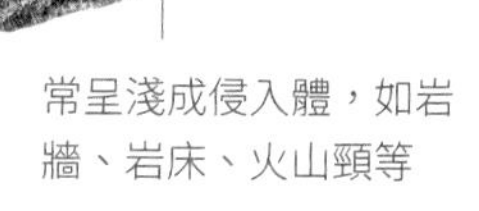

常呈淺成侵入體，如岩牆、岩床、火山頸等

品種鑑別

按次要礦物的不同，輝綠岩可分為橄欖輝綠岩、石英輝綠岩，若含沸石、正長石等，稱鹼性輝綠岩。

輝綠岩常於岩脈、岩牆、岩床或充填於玄武岩火山口中，產出時多呈岩株狀。

輝綠岩也常在造山帶單獨出現。

形成：侵入	粒度：中粒	分類：酸性	產狀：深成岩體	顏色：深灰、灰黑色

石英斑岩

石英斑岩是花崗岩類的熔岩和部分次火山岩的統稱，成分中含有流紋岩，還含有少量的正長石、透長石或黑雲母斑晶，深色礦物含量較少。當石英斑岩中的流紋岩產生次生變化時，長石會變得暗淡無光，石英斑晶會較為明顯，形成石英斑岩。

顏色多為紅色、灰綠色或淺灰色

通常呈斑狀結構，塊狀構造，也常呈脈狀產出，偶爾呈淺成岩體的邊緣相

隱晶質岩石，霏細結構

自然成因

石英斑岩主要在岩漿冷凝過程的兩次結晶中形成。

岩石結構

斑狀結構，塊狀構造。

形成：侵入	粒度：中粒	分類：酸性	產狀：岩脈、岩床	顏色：淺色、中等

石英二長岩

石英二長岩是一種介於花崗石和花崗閃長岩之間的岩石，含有氧化鈣、氧化鉀、氧化鈉、二氧化矽和三氧化二鋁，主要微量元素為鈦、銣、鍶、鋯、鉿等。其主要的成分為鹼性長石、斜長石及石英，其中石英的含量為5%～10%，若鹼性長石和石英含量同時增加，會變成花崗岩。與石英二長岩相關的礦物有銅礦和鉬礦。

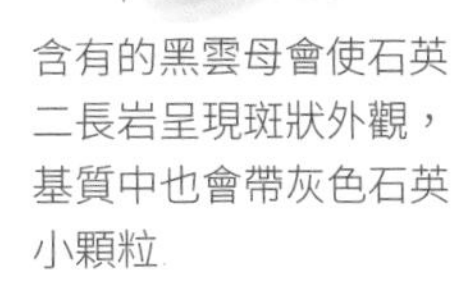

含有的黑雲母會使石英二長岩呈現斑狀外觀，基質中也會帶灰色石英小顆粒

主要用途

石英二長岩的全風化物可用作路堤基床底層填料。因為它具有良好的可壓實性，與粗粒料進行物理改良後，可改善力學性質等優點。

晶體顆粒大小相等，通常呈斑狀

礦物成分

石英二長岩主要造岩礦物成分為斜長岩、鉀長岩、角閃石、石英、黑雲母、輝石等。其礦物成分主要為石英和長石，其次以蒙脫石和高嶺土等礦物為主。

岩石結構

石英二長岩的晶體顆粒大小相等，通常呈斑狀，肉眼可見。

自然成因

石英二長岩主要形成於伴隨著巨大的深成岩體在岩漿中。

形成：侵入	粒度：粗粒	分類：酸性	產狀：深成岩體	顏色：淺色

正長岩

正長岩主要為一種岩漿岩，屬於中性深成的侵入岩，主要成分為長石、角閃石和黑雲母，偶爾也含有少量的石英。次要礦物為暗色礦物、石英和似長石。副礦物有磁鐵礦、磷灰石、榍石和鋯石等。其二氧化矽的含量與閃長岩相同，達60%，但氧化鈉和氧化鉀含量稍高。

顏色多為淺灰色，
具有等粒或似斑狀結構，
也呈塊狀或似片麻狀等構造

主要用途

正長岩主要用來作建築材料。

自然成因

正長岩主要在小侵入體、岩脈和岩床中產生，通常與花崗岩共生。

礦物成分

主要礦物為鹼性長石和斜長石。
次要礦物為暗色礦物、石英、似長石。
副礦物有磷灰石、磁鐵礦、榍石、鋯石等。

岩石結構

正長岩的顆粒大小十分相近，用肉眼就可以分辨出來。
在正長岩與閃長岩過渡的二長岩之中，常見二長結構，鉀長石分布於間隙中，或斜長石斑晶體嵌在大塊的鉀長石之中。

正長斑岩

正長斑岩是一種較為常見的淺成岩，主要成分與正長岩相近。通常呈塊狀構造，是板狀長石呈定向或半定向排列。二長結構主要在與閃長岩過渡的二長岩中出現，斜長石的自形程度比較高，而鹼性長石則呈他形分布在其間隙中，或是斜長石嵌布於大塊的鹼性長石中。正長斑岩主要是在小侵入體、岩脈和岩床中形成，多與花崗岩共生。正長斑岩晶體的顆粒大小較為相近，用肉眼就可以分辨。

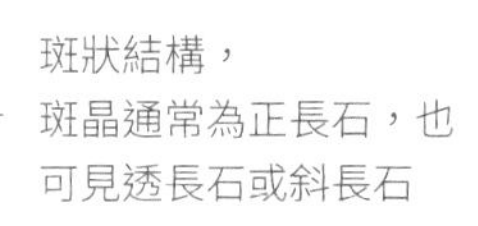

斑狀結構，
斑晶通常為正長石，也
可見透長石或斜長石

基質為微晶、似粗
面結構或交織結構

斜方斑岩

斜方斑岩屬於一種中性岩，又稱微正長岩。斜方斑岩主要在熔岩流和岩脈中形成。主要成分為角閃石、輝石、鹼性長石和黑雲母，其中矽酸鹽含量達55%～65%，石英含量為10%，斜方斑岩中，長石斑晶的橫截面通常呈菱形。

顆粒大小中等，
具有斜長石斑晶

橫截面通常呈菱形

形成：侵入	粒度：粗粒	分類：中性	產狀：深成岩體、岩脈	顏色：淺色、深色

文象偉晶岩

顏色多呈淺灰色

文象偉晶岩主要由長石、石英和白雲母等礦物組成，截面上石英呈長條狀，似楔形文字，故而得名。岩石中的石英和鉀長石形成有規則共生的一種文象結構，可互結成楔形連晶，脈體內部石英顆粒增大，形狀從細長變為粒狀，逐漸過渡為準文象偉晶岩。

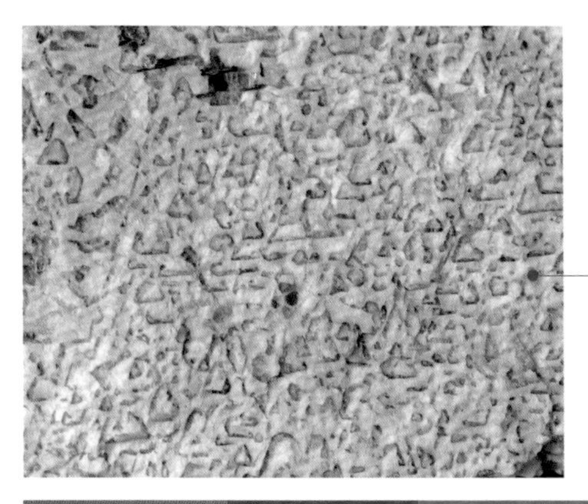
長石與石英共結，截面上石英通常呈長條狀，類似楔形文字

自然成因

文象偉晶岩主要在石英與鹼性長石的共結情況下產生，也在交代作用或固溶體分解的情況下形成，常見於偉晶岩及花崗岩的邊緣帶。

產地區域

● 中國主要產地有新疆可可托海等。

岩石結構

塊狀構造，文象結構。因冷凝的速度緩慢，形成了極粗的顆粒，用肉眼能輕鬆辨別。

形成：侵入	粒度：粗粒	分類：酸性	產狀：深成岩體、岩脈、岩床	顏色：淺色

純橄欖岩

純橄欖岩屬於一種超基性侵入岩，又名鄧尼岩，主要成分為橄欖石，含量高達90%～100%，同時含有少量的磁鐵礦、鈦鐵礦、磁黃鐵礦、鉻鐵礦、自然鉑和輝石。新鮮的純橄欖岩通常為地函岩包體，且易發生蝕變多為蛇紋石化，但新鮮未蛇紋石化的較為少見，通常與橄欖岩、輝長岩、輝石岩等形成雜岩體。

多呈緻密塊狀，半自形粒狀結構，或是粒狀鑲嵌結構，塊狀構造，若富含鐵礦物，則呈海綿隕鐵結構

顏色通常為橄欖綠、褐綠色或黃綠色

岩石結構

粒狀結構和糖粒狀結構，晶體的顆粒直徑大小為0.5～5.0公釐。塊狀構造，富含鐵礦物的常呈海綿隕鐵結構。

自然成因

純橄欖岩主要在深成環境中形成，同時也常在基性岩漿分異過程中形成小超基性岩體。

產地區域

● 世界主要產地有紐西蘭等。
● 中國主要產地有西藏、陝西等。

特徵鑑別

純橄欖岩很容易發生蝕變，多為蛇紋石，常與橄欖岩、輝長岩、輝石岩等形成雜岩體。

形成：侵入	粒度：中粒	分類：超基性	產狀：深成岩體	顏色：深色

蛇紋岩

蛇紋岩是一種含水的富鎂矽酸鹽礦物，也是深成岩的一種，屬於超基性岩，主要的成分為葉蛇紋石、纖蛇紋石、利蛇紋石等。因其顏色青綠相間似蛇皮，故此得名。有關的礦物有鉑、鎳、鉻、鈷、石棉、滑石和菱鎂礦等。蛇紋岩質地緻密，堅硬細膩，具耐火性、抗腐蝕、隔音隔熱和可雕性等特點。

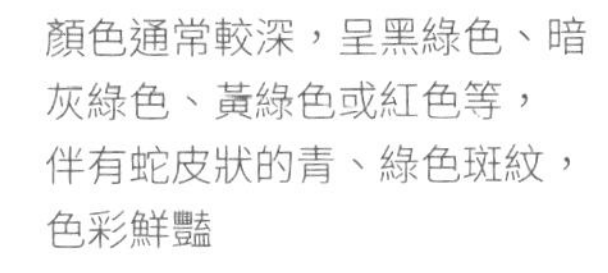

顏色通常較深，呈黑綠色、暗灰綠色、黃綠色或紅色等，伴有蛇皮狀的青、綠色斑紋，色彩鮮豔

主要用途

蛇紋岩應用於冶金工業、化學工業等；其紋理變化多，漂亮的蛇紋石可作為觀賞石；還是一種良好的化肥料。

自然成因

蛇紋岩主要是形成於超基性岩受低、中溫熱液交代作用，使原岩中的輝石和橄欖石發生蛇紋石化所產生，多見於褶皺變質岩中。

產地區域

● 中國主要產地有黑龍江、內蒙古、山東、河南、河北、江蘇、安徽、江西、湖北、四川、福建、廣東、廣西、雲南、陝西、甘肅、青海、新疆等。

岩石結構

蛇紋岩大多顆粒均肉眼可見。

隱晶質結構，在鏡下見顯微鱗片變晶或顯微纖維變晶結構，呈緻密塊狀或帶狀、交代角礫狀等構造

形成：侵入	粒度：粗粒、中粒	分類：超基性	產狀：造山帶	顏色：深色

粗面岩

粗面岩屬於一種中性火山噴出岩，在自然界中的分布不廣。粗面岩因其鹼性長石的微晶近平行定向排列，所以本類岩石具有典型的粗面結構。斑晶主要為透長石和歪長石。含有少量的鐵鎂礦物，主要為黑雲母，並常顯暗化邊。

隱晶質，通常含有斑晶，具有塊狀構造，多孔或有氣孔的熔渣構造，以及流紋構造

自然成因

粗面岩主要形成於熔岩流中，通常以岩脈和岩床的形式產出，多與安山岩、流紋岩等伴生。

礦物成分

粗面岩主要成分為鹼性長石，與正長岩相當，同時還含有少量的斜長石、角閃石、輝石、石英和鐵鎂礦物等。

呈斑狀結構，偶爾也呈流狀

岩石結構

斑狀結構，塊狀構造。

特徵鑑別

粗面岩呈淺灰、淺黃或粉紅色，有氣孔或多孔的熔渣構造。斑狀結構，基質為隱晶質。

形成：噴出	粒度：細粒	分類：中性	產狀：火山	顏色：淺色

雲母片岩

雲母片岩主要由雲母類礦物組成，在自然界中的分布較為廣泛。主要礦物成分為白雲母、黑雲母和矽白雲母等，長石和石英也較為常見，次生礦物有方解石、斜長石、綠泥石、藍晶石、石榴子石、十字石、磁鐵礦和黃鐵礦等。

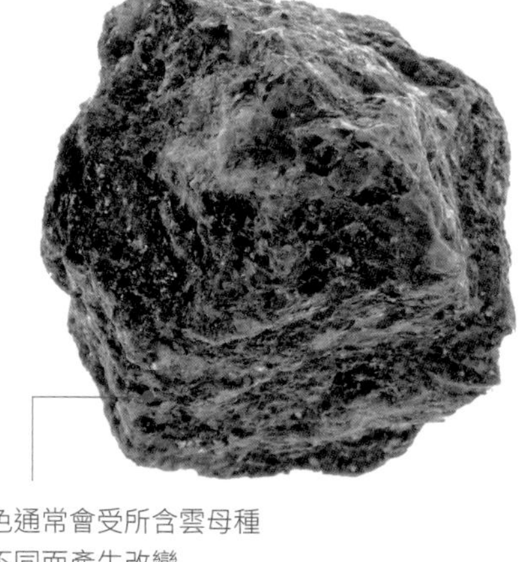

顏色通常會受所含雲母種類不同而產生改變

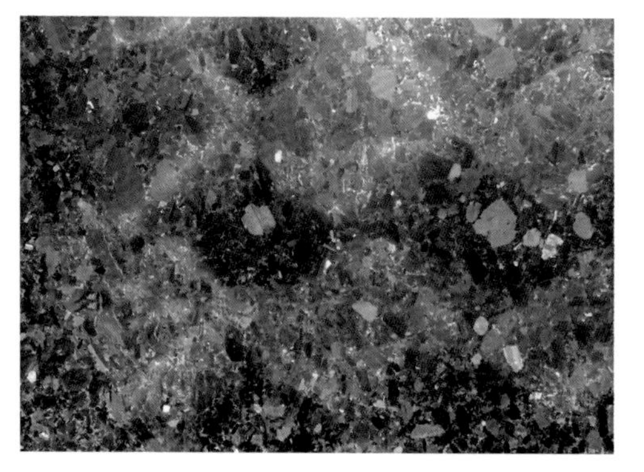

產地區域

● 主要產地為台灣。

片理常呈波浪狀的彎曲構造

主要用途

雲母片岩的應用較為廣泛，可用來製造汽車用離合器片、制動系統、砂輪片等；也可以用於橡膠工業中的無機填料、電子與電器工業中熱和電的絕緣體、電焊條製造等；同時還是製紙、塑膠工業等的重要原料；其碎塊還可用作藥材。

自然成因

雲母片岩主要產生於泥岩、頁岩或凝灰岩等細粒岩經區域變質作用之下，常與千枚岩或其他片岩共生，如綠泥石片岩、石英片岩等。

因有較高含量的雲母，呈現出絹絲光澤，也可順著解理面剝離

岩石結構

礦物晶體用肉眼可以分辨。

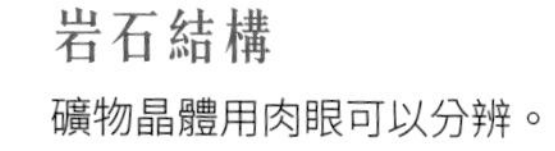

特徵鑑別

具有明顯片理構造，常順著解理面剝離，因雲母含量高，呈現絹絲光澤。若母岩為砂岩，則通常變質成石英雲母片岩，甚至石英片岩。

形成：造山	粒度：中粒	分類：區域變質	壓力：適中	溫度：低到適中

片麻岩

片麻岩屬於一種變質程度較深的變質岩，主要成分為角閃石、長石、雲母和石英等，其中長石和石英的含量均達50%，但長石含量多於石英。當雲母含量較多時，岩塊的抗壓強度會降低，沿片理方向的抗剪強度較小。

具有片麻狀或條帶狀構造

主要用途

片麻岩是構成地殼的古老結晶基底。片麻岩的成分和結構構造是研究地殼演化歷史的重要依據。

片麻岩結構緻密堅固，是優質的建築石材，其中多含非金屬礦物，例如：石墨、剛玉、石榴子石等。

岩石結構

片麻岩是中粗粒變晶結構、片麻狀或條帶狀構造的變質岩。

顏色多暗色與淺色

品種鑑別

因為岩石的成分不同，可以分為斜長片麻岩、富鋁片麻岩、二長片麻岩和鈣質片麻岩。

自然成因

片麻岩主要形成於岩漿岩或沉積岩經深變質作用中，也常在高溫、高壓作用下產生，多與變質岩漿岩、變質沉積岩、花崗岩和混合岩等伴生。

形成：造山	粒度：中粒、粗粒	分類：區域	壓力：高	溫度：高

角閃岩

角閃岩屬於一種葉理狀變質岩，主要成分為角閃石和斜長石，兩者含量相近或前者比後者稍多，同時含有少量的綠簾石、透輝石、紫蘇輝石、鐵鋁榴石、石英和黑雲母等。當角閃石含量高於50%時，稱為斜長角閃岩，而當角閃石含量高於85%時，則稱為角閃石岩。

具有塊狀、片麻狀和條帶狀構造

晶體顆粒為中粒至粗粒

自然成因

角閃岩主要形成於岩漿岩變質作用中，也常由不同種類的岩石形成。

岩石結構

角閃岩有時會形成片理或葉理。

形成：造山	粒度：中粒至粗粒	分類：區域變質	壓力：高	溫度：高

大理岩

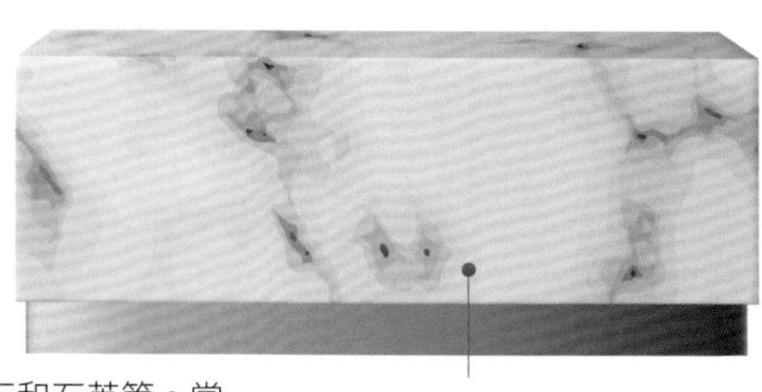
純大理岩顏色通常為白色和灰色

大理岩產於中國的雲南省大理市，故此得名。主要的成分為方解石和白雲石，含量通常達50%，有時也高達99%，同時含有斜長石、矽灰石、透輝石、方鎂石、透閃石、滑石和石英等。當大理岩含有少量的有色礦物和雜質時會產生不同的顏色花紋，如含石墨呈灰色，含錳方解石呈粉紅色，含蛇紋石呈黃綠色，含符山石和鈣鋁榴石呈褐色，含綠泥石、陽起石和透輝石呈綠色，含金雲母和粒矽鎂石為黃色等。

主要用途

大理岩主要應用於裝飾建築石料。純白色、細均粒、透光性強的大理岩主要用於雕刻，透光性強可以提高大理岩的光澤。

含雜質時也常帶有其他顏色和花紋，如淺紅色、淺黃色、綠色、褐色、淺灰色和黑色等

自然成因

大理岩主要形成於石灰岩、白雲岩和白雲質灰岩等經區域變質作用和接觸變質作用中。

特徵鑑別

大理岩遇稀鹽酸會產生氣泡。

具有塊狀結構、粒狀變晶結構或條帶狀構造

岩石結構

在放大鏡或顯微鏡下，常見由方解石晶體相互聯結而形成的鑲嵌結構。

產地區域

● 主要產地為中國雲南大理，其次在北京、遼寧連山關、山東萊陽、河南鎮平、河北涿鹿、江蘇鎮江、湖北大冶、四川南江、廣東雲浮和福建屏南均有產出。

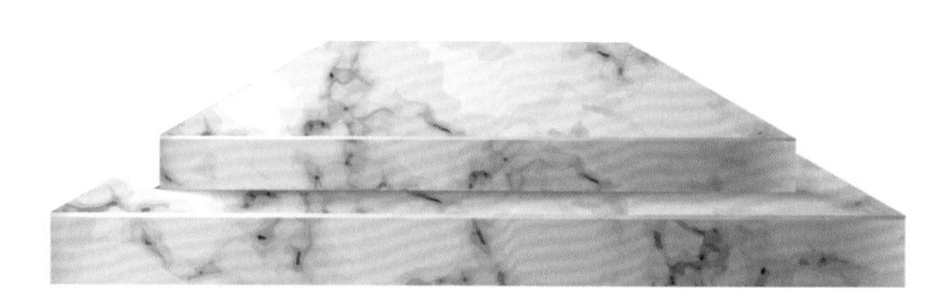

形成：接觸變質帶	粒度：中粒、細粒、粗粒	分類：接觸變質	壓力：低	溫度：高

黑板岩

黑板岩主要分為黏土、長石、石英和雲母等，若含有有機礦物成分的黃鐵礦和石墨，顏色會呈黑色。黑板岩具有獨特的片理，通常是由片狀礦物定向排列所致。

含有有機礦物成分黃鐵礦和石墨，顏色呈黑色，
有獨特的片理

主要用途

黑板岩可用作室內外裝飾、構件和戶外園林用料等。

自然成因

黑板岩主要是形成於細粒泥質沉積物，如泥岩、土岩或頁岩在低溫、低壓條件下經區域的變質作用中。

產地區域

● 主要產地為巴西。

形成：造山	粒度：細粒	分類：區域變質	壓力：低	溫度：低

千枚岩

千枚岩屬於一種低級變質岩，在自然界之中的分布較廣。主要的岩石類型有絹雲千枚岩、石英千枚岩、鈣質千枚岩、綠泥千枚岩和炭質千枚岩等。原岩為泥質岩石（或含有矽、鈣和炭的泥質岩）、粉砂岩和中、酸性凝灰岩。

具有千枚狀構造，
也呈細粒鱗片狀結構

片理面常帶有小皺紋，
呈絲絹光澤

自然成因

千枚岩主要因泥質沉積物在較強壓力和較低溫度的變質作用下產生。

岩石結構

千枚岩呈鱗片狀結構。

形成：造山	粒度：細粒、中粒	分類：區域變質	壓力：低、中	溫度：低

黑色頁岩

含有不少的有機質及細分散黃鐵礦和菱鐵礦，顏色多呈黑色

黑色頁岩的主要成分為黏土礦物的混合物、石英、長石和雲母，此外還含碳質、黃鐵礦以及石膏等，外形與炭質頁岩相似，但並不染手。在層面上也常呈立方體的晶體，具有極薄層理。當厚度大時，還可成為良好的生油岩系。在黑色頁岩中還發現有銅、鈾、鉬、鎳、釩等金屬礦床。

細粒狀結構，在顯微鏡下可見細層理，可沿層面剝離

自然成因

黑色頁岩主要形成於由黏土物質沉積海洋中，也見於湖泊深水區、沼澤及淡化湖等環境中。

主要用途

黑色頁岩可作為石油的指示地層。黑色頁岩富含多種礦產資源，產於大型、超大型多金屬礦床，可用作複合化肥以改良土壤。

岩石結構

細粒狀結構，在顯微鏡下可見。細層理，可沿層面剝離。

特徵鑑別

黑色頁岩風化分解時會釋放出CO_2、產生酸性礦排水、釋出重金屬元素等。這可能會汙染環境，對環境產生嚴重影響。因此，開發利用黑色頁岩，要特別注意其可能引發的環境問題。

形成：海洋	粒度：細粒	分類：碎屑岩	化石：無脊椎動物、脊椎動物	顆粒形態：稜角狀

化石頁岩

化石頁岩屬於頁岩的一種，因含有豐富的化石，故得此名，主要成分與其他頁岩極為相近，其中方解石的含量較高，主要源於所含化石，除了完整化石外還含有化石碎片。因顆粒微小，為稜角狀，故還含有細微構造的化石，如腕足動物化石。頁岩中也常保存有軟體動物，如菊石、腹足類和雙殼類化石，以及節肢動物、三葉蟲化石，同時還含植物和脊椎動物化石。

主要成分與其他頁岩極為相近，表面帶有植物葉片的印跡

自然成因

化石頁岩主要在淺海和淡水環境中形成。

岩石結構

細粒狀，能保存微細構造的化石。

主要用途

化石頁岩中含有多種多樣的化石，具有很高的科學價值。研究化石頁岩可以確定地層的相對時代及劃分、對比地層。
可以提供環境標誌及確定和恢復古沉積環境。
還可以了解化石在成岩成礦中的作用。

頁岩基質，通常呈細粒狀，能保存微細構造的化石

特徵鑑別

化石頁岩呈褐色，泥狀結構，層理構造，含豐富的化石。化石頁岩呈稜角狀，頁岩中含有大量無脊椎動物、脊椎動物及植物的化石。

形成：海洋、淡水	粒度：細粒	分類：碎屑岩	化石：無脊椎動物、脊椎動物	顆粒形態：稜角狀

白堊

白堊屬於一種微細的碳酸鈣沉積物，是方解石的變種，又稱白土粉、白土子、白埴土、白善、白墡、白墠等，含有少量的泥質和粉砂等，在自然界中分布較廣。主要的化學成分為氧化鈣（CaO）。此外，還含有大量的微生物，如石藻類和有孔蟲等，可見於顯微鏡下。同時還含有肉眼可見的化石，如雙殼類、軟體動物、腕足類和棘皮類等動物化石。

晶體通常呈微粒狀，顏色多呈白色或灰色，條痕無色

主要用途

白堊主要可用作粉刷材料，製造粉筆等產品。

具有玻璃光澤

自然成因

白堊主要由碳酸鈣水溶液沉澱而成，也常見於白堊紀海洋，或呈巨厚狀在沉積岩中產生。

質地較軟

溶解度

白堊不溶於水，可以溶於冷稀鹽酸、稀醋酸和稀硝酸，並產生氣泡；不溶於醇。

產地區域

- 世界著名產地有美國紐約州艾塞克斯等。
- 中國著名產地有江西等。

岩石結構

微粒狀結構。

特徵鑑別

白堊具有螢光。無臭、無味。在高溫條件下易分解為氧化鈣和二氧化碳。

遇冷稀鹽酸會起氣泡。

和白雲石共生，而且性狀相似。不同之處在於，白雲石在熱的鹽酸中，才有顯著的氣泡反應。可以從硬度、菱形的解理、淺色、玻璃光澤予以鑑定。

形成：海洋　粒度：細粒　分類：化學岩　化石：無脊椎動物、脊椎動物　顆粒形態：圓形、稜角狀

鐘乳石

鐘乳石，又稱石鐘乳、石筍、石柱、虛中、公乳、留公乳、蘆石、夏石、黃石砂等，主要成分為碳酸鈣。顏色通常比較淡，偶爾會因含有雜質（如氧化鐵）而帶有顏色，在陽光下具有閃星狀的亮光，近中心帶有圓孔，同時具有淺橙黃色同心環層。若含鈣水與空氣接觸，會釋放出二氧化碳，同時會使碳酸鈣慢慢沉積下來，而水分的蒸發會讓這個過程加速。

呈圓錐形或圓柱形的集合體，表面白色、灰白色或棕黃色，粗糙，凹凸不平

主要用途

鐘乳石主要用作藥材。

產地區域

● 中國主要產地有山西、湖北、湖南、四川、廣東、廣西、貴州、雲南等。

自然成因

鐘乳石主要形成於洞穴頂部裂隙滲出的含鈣水沉積作用中。

岩石結構

細長狀結構，多見於洞穴頂部。

特徵鑑別

鐘乳石遇稀鹽酸會產生大量氣泡，生成鈣鹽溶液。
味甘，性溫，無毒，無臭。
體重，質硬，斷面較為平整，易砸碎，光照下觀察可見閃星狀的亮光。
近中心的位置多有圓孔，圓孔周圍有淺橙黃色同心環層，偶見放射狀紋理。
色澤白、灰白及斷面具閃星狀亮光者為佳。

形成：陸地	粒度：晶質	分類：化學岩	化石：無	顆粒形態：結晶

貝殼石灰岩

貝殼石灰岩屬於一種含有大量化石貝殼的石灰岩，多由完整的生物貝殼被泥晶方解石固結而成，主要成分為生物碎屑和方解石，也常含有多種腕足動物和雙殼類動物化石。岩石基質主要為方解石的膠結，同時含有氧化鐵和礦物碎屑。

顏色通常為淺棕色或灰色

主要用途

貝殼石灰岩主要用於科學研究。

自然成因

貝殼石灰岩主要在海洋中形成，也有少數於淡水中產生。

岩石結構

粒屑結構，厚層狀構造。
岩石主要由生物碎屑、方解石構成，多呈灰色。

基質顆粒呈中粒至細粒

特徵鑑別

含有化石的石灰岩，很大一部分都是由化石碎片組成，一半都透過含鈣的泥土膠結而成。
貝殼石灰岩中的生物，多具原地死亡原地埋藏的特徵。

產地區域

● 世界主要產地為美國紐約州。

形成：海洋、淡水	粒度：中粒、細粒	分類：化學岩	化石：無脊椎動物	顆粒形態：稜角狀

無煙煤

無煙煤，又稱為白煤、紅煤，屬於一種堅硬、緻密且高光澤的煤礦，含碳量高達90%，揮發物達10%，煤化程度高，但揮發分產率較低。在所有煤品種中，無煙煤的發熱量是比較低的，但含碳量卻是最高的，雜質含量也最少。

顆粒狀，由泥炭聚積形成

顏色通常為黑色

主要用途

無煙煤的塊煤可以應用於化肥（氮肥、合成氨）、陶瓷、製造鍛造等行業；粉煤可於冶金行業用於高爐噴吹（高爐噴吹煤主要包括無煙煤、氣煤、貧煤和瘦煤）；其次還可用於生活給水及工業用水的過濾淨化處理。

自然成因

無煙煤主要是由泥炭聚積形成。壓力的增大和溫度的增加，導致揮發物質揮發，產生了無煙煤。

產地區域

● 中國主要產地有山西、河南、貴州、寧夏等。

質地堅硬，具有玻璃質感，金屬光澤

岩石結構

顆粒狀。

特徵鑑別

無煙煤斷口呈貝殼狀，密度和硬度都較大，燃點高，燃燒時火焰短且不會冒煙。以脂摩擦也不致染汙。

無煙煤和煙煤外形相似，但無煙煤的含碳量較高，揮發分較低，需要較高的溫度才能燃燒。煙煤的含碳量低，揮發分較高，比較容易燃燒。

形成：陸地	粒度：中粒、細粒	分類：化學岩	化石：植物	顆粒形態：無

白雲岩

白雲岩屬於一種沉積碳酸鹽岩石，外形與石灰岩很相似，遇稀鹽酸會緩慢生成氣體或不反應。主要的成分為白雲石，是沉積岩中分布最廣的礦物，也常含有方解石、長石、石英和黏土礦物等雜質。此然還含有鈣、鎂、矽三種礦物元素，因含鎂量較高，在風化後易形成白色石粉。

主要用途

白雲岩在冶金工業中可作為熔劑和耐火材料；在化學工業中可以製造粒狀化肥和鈣鎂磷肥等；也廣泛應用於建材、陶瓷、玻璃、焊接、橡膠、造紙、塑膠等工業中；也用於農業、環保、節能、藥用及保健等領域。

通常呈土狀和緻密狀，顏色常呈無色或白色，也呈淡肉紅色、淺黃色、淺黃灰色、灰褐色和灰白色等

自然成因

白雲岩主要在海洋環境中形成，同時可在交代原石灰岩中二次形成。

溶解度

白雲岩不溶於水。

具有晶粒結構、碎屑結構、殘餘結構或生物結構

品種鑑別

按形成條件可以將白雲岩分為原生白雲岩、成岩白雲岩、次生白雲岩。

按結構特徵可分為結晶白雲岩、殘餘異化粒子白雲岩、碎屑白雲岩、微晶白雲岩等。

岩石結構

晶粒或中粒結構、碎屑結構、殘餘結構或生物結構。

具有玻璃光澤

特徵鑑別

白雲岩性質脆，硬度較大，用鐵器易劃出擦痕。

於野外肉眼識別白雲岩最重要的特徵為：白雲岩風化面上常會有白雲石粉，而且還會有縱橫交錯的刀砍狀溶溝。

形成：海洋　粒度：中粒、細粒　分類：化學岩　化石：無脊椎動物　顆粒形態：結晶

煙煤

煙煤屬於煤變質後的產物，煤化程度為中等，同時也是自然界中分布最廣最多的煤種。含碳量達80%～90%，不含游離的腐殖酸，但含有少量的氧和氫，因燃燒時會產生濃煙而得名。根據揮發分含量和膠質層的厚度或工藝性質，可分為氣煤、肥煤、長焰煤、煉焦煤、瘦煤和貧煤等，其中揮發分含量中等的稱為中煙煤，較低的稱為次煙煤。

有明顯的條帶狀構造和凸鏡狀構造

自然成因

煙煤主要形成於褐煤層的壓力作用下。

主要用途

煙煤的用途較為廣泛，可用於燃料、燃料電池、氣化用煤、煉焦、動力、催化劑或載體、建築材料、土壤改良劑、過濾劑、吸附劑等。

顏色通常呈灰黑色至黑色，粉末呈棕色至黑色，條痕呈黑色

具有玻璃、油脂、瀝青、金屬、金剛等光澤

產地區域

- 世界主要產地有美國、俄羅斯、澳洲、南非和歐洲各國等。
- 中國主要產地分布在北方各地。

岩石結構

條帶狀構造和凸鏡狀構造，結構均勻，外觀與熔合物質相似。

特徵鑑別

煙煤若觸摸可汙手，燃燒時火焰較長而多煙。

形成：陸地	粒度：中粒、細粒	分類：化學岩	化石：植物	顆粒形態：無

褐煤

褐煤，又稱柴煤，屬於一種煤化程度最低的礦產煤，介於泥炭和瀝青煤之間，含碳量達60%～77%，此外還含有較多的雜質和揮發物質。其含水量較高，易碎，遇空氣易風化碎裂，燃燒時會對空氣產生汙染。

顏色通常呈棕色或棕黑色

質地較為粗糙，不如其他煤緻密

產地區域

- 世界主要的產地有墨西哥灣沿岸、太平洋沿岸的美國華盛頓州、俄勒岡州和加利福尼亞州等。
- 中國主要的產地為內蒙古東部和雲南東部，也有少量產自東北和華南地區。

主要用途

褐煤主要用作發電廠的燃料；也可以作化工原料、吸附劑、催化劑載體、淨化汙水和回收金屬等。

自然成因

褐煤主要在第三紀和中生代岩層中形成，偶爾也見於淺層泥炭中。

無光澤

岩石結構

褐煤相比其他煤，不緻密。

品種鑑別

褐煤通常有兩種：

土狀褐煤：質地疏鬆，較軟。

暗色褐煤：質地緻密，較硬。通常用於家庭燃料、工業熱源燃料及發電的燃料；也可作為氣化、低溫乾餾等的原料。

形成：陸地	粒度：中粒、細粒	分類：有機岩	化石：植物	顆粒形態：無

泥炭

泥炭，又稱草炭、泥煤，主要是植物轉變成褐煤和煙煤的初始階段，是煤化程度最低的煤，含碳量較高，同時還含有鈣、錳、鉀、磷、氮等多種元素，是一種無毒、無菌、無汙染、無公害和無殘留的綠色物質。呈微酸性反應，並層狀分布的稱為泥炭層。

顏色通常呈棕色或黑色

含有大量水分和未被徹底分化的植物殘體、腐殖質和一部分礦物質

主要用途

泥炭多被用作日常生活中的燃料來使用；也可以應用於製酒、建植、建築、盆栽、育苗、有機和無機肥的原料及改良土壤等。

質地鬆脆，結構鬆散

自然成因

泥炭主要由植物殘骸在森林、沼澤等地經沉積腐爛而產生。

泥炭是沼澤地形的特徵之一，是沼澤在形成過程中的必然產物，主要的來源是「泥碳苔」或「泥碳蘚」以及其他的有機物質和動物屍體等。

岩石結構

其結構較為鬆散，可見到大量植物碎片及部分礦物質。

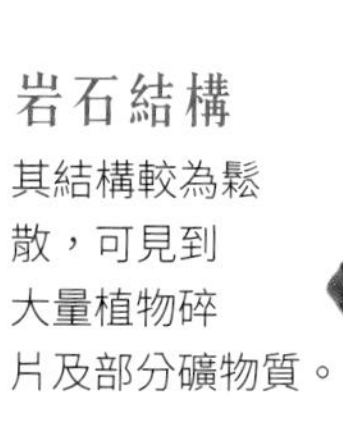

產地區域

● 世界主要產地有美國佛羅里達州，其他地區也有產出。

特徵鑑別

泥炭具有可燃性和吸氣性，質地較為鬆脆，用手即可捻碎。

形成：陸地	粒度：中粒、細粒	分類：化學岩	化石：植物、無脊椎動物	顆粒形態：無

燧石

燧石，又稱火石，是一種較為常見的矽質岩石，主要由隱晶質的二氧化矽組成。通常以矽質結核或片狀產出，特別是在石灰岩類的沉積岩和熔岩中。根據存在的狀態，可分為層狀燧石和結核狀燧石。其中層狀燧石多與含磷和含錳的黏土層共生，結核狀燧石多產於石灰岩中，呈卵狀、球狀、盤狀、棒狀、葫蘆狀和不規則狀等。薄片常被用作工具。

三方偏方面體晶類，常發育成完好柱狀晶體，
常見單形有六方柱、菱面體、三方雙錐及三方偏方面體等，柱面有橫紋

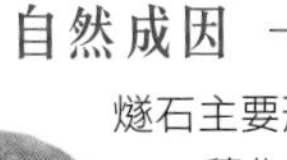

自然成因

燧石主要形成於二氧化矽沉積作用中，通常會以帶狀、膠體狀和結核狀見於海底。

產地區域

● 世界各地均有廣泛分布和產出。

品種鑑別

層狀燧石：通常都是分層存在，與含磷和含錳的黏土層共生，單層厚度不大，總厚度可達幾百公尺，有塊狀和鲕狀的區別。
結核狀燧石：多產於石灰岩中，有球狀、卵狀、棒狀、盤狀、葫蘆狀、不規則狀等結核體。

主要用途

燧石主要用作研磨的原料。

顏色通常呈淺灰色或黑色，條痕為無色至白色

岩石結構

由隱晶質的二氧化矽組成，在顯微鏡下能觀察到它的成分。

具有油脂光澤

特徵鑑別

燧石質地緻密且堅硬，斷裂後呈貝殼狀斷口。

形成：海洋	粒度：細粒	分類：化學岩	化石：無脊椎動物、植物	顆粒形態：結晶

鐵隕石

鐵隕石是一種主要成分為鐵和鎳的隕石，此外還含有少量的隕磷鐵鎳礦、隕硫鉻礦、鉻鐵礦、隕碳鐵、隕硫鐵和石墨等，有少量的鐵隕石會含有矽酸鹽包體，通常會因風化而剝落，易在表面產生麻點，表面凹凸不平。

主要用途

鐵隕石主要可用來製作工具和武器。

自然成因

鐵隕石在自然界中相當罕見，僅占隕石的4%。

呈稜角形、圓形，分為六面體和八面體

產地區域

● 世界主要產地有美國和中國等。

包體會因風化而剝落，易在表面產生麻點

特徵鑑別

六面體鐵隕石的鎳元素含量非常低，沒有魏德曼花紋。

八面體鐵隕石是最為普通的鐵隕石，鎳元素含量較高，有魏德曼花紋。

無紋鐵隕石非常罕見，鎳元素的含量很高，沒有魏德曼花紋。

岩石結構

根據含鎳元素的多少，可呈現由鐵紋石和鎳紋石片晶構成的魏德曼花紋。

當鐵隕石中的鎳元素含量增加時，可能不會出現魏德曼花紋，多為大的鐵紋石單晶體，具六面體解理。

當鐵隕石中鎳元素含量較大時，細粒八面體鐵隕石的魏德曼花紋消失，呈現細粒鐵紋石和鎳紋石角礫斑雜狀的交生現象。

當鎳元素含量最大時，形成主要由鎳紋石組成的無結構的鐵隕石。

表面凹凸不平

形成：外星	粒度：結晶	分類：鐵石	形狀：稜角形、圓形	成分：矽酸鹽、金屬

角礫岩

由顆粒直徑大於2公釐的圓狀、次圓狀或稜角狀岩石碎屑經膠結而成

角礫岩是一種沉積碎屑岩，主要由顆粒直徑大於2公釐的圓狀、次圓狀或稜角狀岩石碎屑經膠結而成。常見分類為濱岸礫岩、河成礫岩、冰磧礫岩、岩溶礫岩、火山礫岩。但大型的稜角狀碎屑堆積會在多種環境中形成，尤其是風化作用中。

主要用途

角礫岩可應用於建築材料。

自然成因

角礫岩主要在懸崖底部的岩屑堆中形成。

表面粗糙，可見明顯的礫石

岩石結構

層理構造，僅在野外的大範圍內才能看清。

品種鑑別

斷層構造角礫岩：原岩在斷層作用下破碎成角礫狀，被破碎細屑充填膠結，以及被外物膠結的岩石。

熱液爆破礫岩：指熱液壓力大於上覆岩層的靜壓力，體積急劇膨脹，使圍岩發生熱液爆破而形成的角礫岩。

岩漿爆破礫岩：成因與熱液爆破角礫岩相似。岩漿隱蔽爆破，可分為氣爆和漿爆以及熱液注入。通常氣爆發生於早期，其次為漿爆，最後為熱液注入。

形成：過渡帶、水	粒度：極粗粒	分類：碎屑岩	化石：不常見	顆粒形態：稜角狀

鉀鹽

鉀鹽是一種天然的含鉀礦物，包括氯化鉀、鉀石岩、光鹵石、硫酸鎂石和鉀鹽鎂礬等。顏色通常為無色透明，若含有氧化鐵則會呈橘紅色，條痕為白色。

無色，也呈微白色、灰色、紅色、黃色、紫色或微藍色

晶體通常呈立方體或八面體，也呈粒狀、致密粒狀、皮殼狀或塊狀的集合體

主要用途

鉀鹽主要是用來製作工業用的鉀化合物和鉀肥。大部分的鉀鹽產品用作肥料，是農業領域的三大肥料之一；少部分應用於工業，如玻璃、陶瓷、罐頭、皮革、電器、冶金等。

自然成因

鉀鹽主要由含鹽溶液沉積而形成，常見於白雲岩、泥灰岩和泥岩等蒸發層，有時也在乾涸的鹽湖中產生，常與石鹽、石膏、光鹵石和雜鹵石等共生。

岩石結構

晶狀物結構。

溶解度

鉀鹽易溶於水。

產地區域

- 世界主要的產地有德國、法國、美國、俄羅斯、加拿大、義大利、西班牙、哈薩克、波蘭和伊朗等。
- 中國主產地有新疆羅布泊現代鹽湖、青海柴達木現代鹽湖和雲南猛野井固體鉀鹽礦。

特徵鑑別

鉀鹽味苦鹹且澀，燃燒時火焰呈紫色。

形成：海洋、鹽湖	粒度：晶質	分類：化學岩	化石：無	顆粒形態：結晶

黃土

黃土是在地質時代中的第四紀期間以風力搬運的黃色粉土沉積物，主要分為原生黃土和次生黃土，由微小稜角狀的石英、方解石顆粒、長石及其他岩石碎屑組成。在風的作用下，黃土顆粒可能會被磨圓，導致很難辨認它的層理。中國具有深厚的黃土層。

顏色通常呈淺黃色或淺棕色

主要用途

黃土主要用作藥材。

自然成因

黃土主要由風力作用搬運沉積而形成，並產生極厚的黃土層。

岩石結構

黃土通常呈土狀和多孔狀，若膠結不佳，則會碎裂。

產地區域

● 世界主要產地為北半球的中緯度乾旱及半乾旱地帶、南美洲及紐西蘭等。

● 中國主要產地為崑崙山、秦嶺、泰山、魯山連線以北的乾旱、半乾旱地區，以及陝西、山西、甘肅東南部和河南西部。在北京、河北、四川、青海、新疆，以及松遼平原和皖北淮河流域等地也有少量分布。

呈土狀和多孔狀

若膠結不佳，則會碎裂

品種鑑別

黃土分原生黃土和次生黃土。

原生黃土：是原生的、成厚層連續分布，與基岩不整合接觸，無層理，常含有古土壤層及鈣質結核層，垂直節理發育。

次生黃土：指黃土狀土，多為洪積、坡積、沖積成因，堆積在洪積扇前沿、低階地與沖積平原上，有層理，垂直節理不發育，不容易形成陡壁。

形成：大陸 | 粒度：細粒 | 分類：碎屑岩 | 化石：罕見，但中國較爲常見 | 顆粒形態：圓形、稜角狀

砂岩

砂岩屬於沉積岩的一種，主要含有鈣、矽、黏土和氧化鐵，分為碎屑和填隙物兩個部分。碎屑常見的礦物有石英、白雲母、長石、方解石、黏土礦物、白雲石、鮞綠泥石和綠泥石等。填隙物也分為膠結物和碎屑雜基，常見膠結物有矽質和碳酸鹽質膠結；雜基成分則是與碎屑同時沉積的顆粒更細的黏土或粉砂質物。

通常呈稜角狀或圓形

通常呈紅色或淡褐色，結構較為穩定

自然成因

砂岩主要在多種地質環境中形成，是較為常見的岩石，常見於水中，少數見於乾旱的內陸。

通常為源區岩石經風化、剝蝕、搬運，在盆地中堆積形成。

產地區域

● 中國主要產地有山東、四川和雲南，也分布在河北、河南、山西、陝西等地。

主要用途

砂岩無光汙染，無輻射，對人體無放射性傷害，是優質天然石材。

砂岩還因其能隔音、吸潮、抗破損，戶外不風化，水中不溶化、不長青苔及易清理等特點，應用非常廣泛。

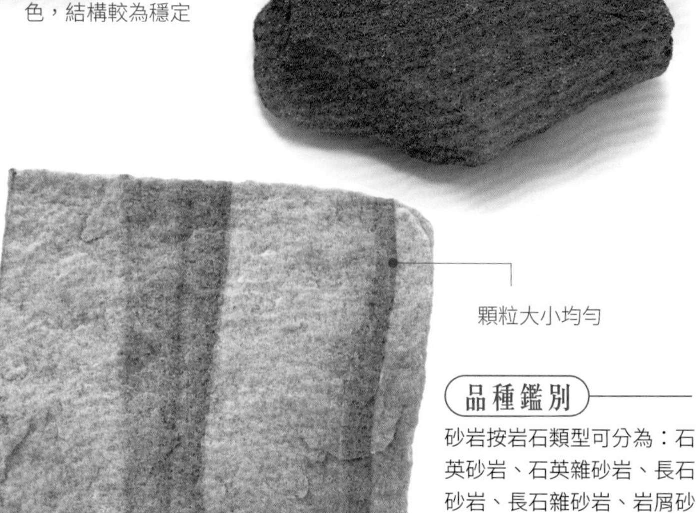

顆粒大小均勻

岩石結構

岩石由碎屑和填隙物兩部分構成。

砂岩的顆粒大小均勻，通常呈稜角狀或圓形，由各種砂粒膠結而成。

品種鑑別

砂岩按岩石類型可分為：石英砂岩、石英雜砂岩、長石砂岩、長石雜砂岩、岩屑砂岩、岩屑雜砂岩。

形成：海洋、淡水、大陸　粒度：中粒　分類：碎屑岩　化石：無脊椎動物、脊椎動物　顆粒形態：稜角狀、圓形

泥岩

泥岩是一種由弱固結的黏土經過中等程度的後生作用而形成的強固結的岩石。礦物的成分較為複雜，主要由黏土礦物組成，如水雲母、高嶺石、蒙脫石等，同時還含有氧化鐵；其次為碎屑礦物，如石英、長石和雲母等；後生礦物，如綠簾石和綠泥石等；以及鐵錳質和有機質。

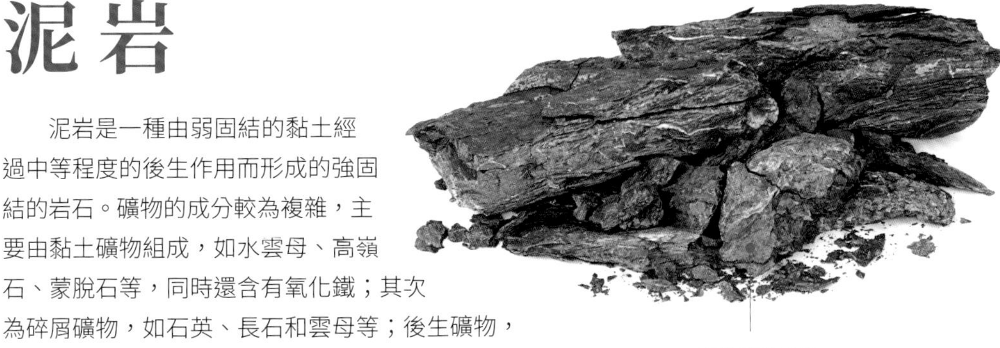

質地較為鬆軟，固結程度較頁岩弱，重結晶不明顯

主要用途

泥岩通常應用於磚瓦、製陶等工業。

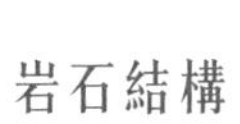

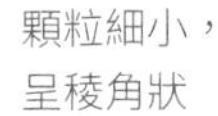

層理不明顯

自然成因

泥岩可在多種沉積環境中形成，主要由混濁的泥質沉積物於海洋和湖泊中沉積產成。

顆粒細小，呈稜角狀

岩石結構

細小顆粒狀，無法用肉眼辨認。固結成岩，層理不明顯，或呈塊狀，局部失去可塑性。

特徵鑑別

泥岩具有耐火性、吸水性以及黏結性。遇水不立即膨脹。

品種鑑別

泥岩可分為：含粉砂泥岩，粉砂質泥岩，鈣質泥岩、矽質泥岩、鐵質泥岩、炭質泥岩、錳質泥岩，黃色泥岩、灰色泥岩、紅色泥岩、黑色泥岩、褐色泥岩，高嶺石黏土岩、伊利石黏土岩、高嶺石－伊利石黏土岩。

形成：海洋、淡水 | 粒度：細粒 | 分類：碎屑岩 | 化石：無脊椎動物、植物 | 顆粒形態：稜角狀

竹葉狀石灰岩

竹葉狀石灰岩屬於寒武系碳酸鹽類的沉積岩，簡稱竹葉狀灰岩，也是石灰岩的一種。通常由碎石經海水長時間侵蝕和衝擊，逐漸變成類似橄欖狀的碎石塊，之後經過地殼運動或是滄海變遷，慢慢被鈣質膠結、黏合或擠壓在一起，再由雨水沖刷或是風力侵蝕等形成。

屬於寒武系碳酸鹽類的沉積岩，顆粒較粗，通常呈稜角狀

主要用途

竹葉狀石灰岩是一種具光澤和花色的石灰岩，可用作建築裝飾材料或製作工藝品。

主要產地

● 中國主要產地有山東蒼山、平邑、濟南張夏饅頭山等，華北地台上寒武統崮山組等。

自然成因

竹葉狀石灰岩主要由淺水海洋中形成的薄層石灰岩，被較為強勁的水動力搬運、撕碎和磨蝕後堆積，再經過成岩作用而形成。

岩石結構

竹葉狀結構。

特徵鑑別

截面有礫石呈竹葉狀。

形成：過渡帶、水	粒度：粗粒	分類：碎屑岩	化石：無脊椎動物	顆粒形態：稜角狀

礫岩

礫岩屬於碎屑岩的一種，主要由圓渾狀的礫石膠結而成。主要成分為岩屑，同時含有少量的礦物碎屑，填隙物為砂、粉砂、黏土物和化學沉澱物等。

層理構造

粗顆粒，直徑2公釐以上

主要用途

礫岩主要可用作建築材料。

填隙物中常含金、鉑和金剛石等貴重礦產

岩石結構

層理構造，在野外大範圍才能被看清。

自然成因

礫岩層主要是在大規模的造山運動之後形成，在地形陡峭、氣候乾燥的山區也可產生。

形成：過渡帶、水	粒度：粗粒	分類：碎屑岩	化石：不常見	顆粒形態：稜角狀

玻璃石英砂岩

玻璃石英砂岩是一種沉積岩，屬沉積碎屑岩中的砂岩，同時也是矽石（石英岩、石英砂岩、石英、脈石英、石英砂岩砂）中的一種。礦物成分中的二氧化矽含量高達96%～97%，三氧化二鐵的含量則低於0.2%。

成分中的二氧化矽含量高達96%～97%，三氧化二鐵的含量則低於0.2%

主要用途

玻璃石英砂岩屬玻璃及冶金輔助原料的礦產。主要是製造各種玻璃及玻璃器皿的矽質原料。

自然成因

玻璃石英砂岩主要在岩石碎屑中形成。

礦物成分

玻璃石英砂岩的礦石成分裡，二氧化矽含量大，三氧化二鐵含量較小。

產地區域

● 中國主要產地為山西，分布於垣曲縣西峰山、虎狼山，忻州白馬山、石人崖，中陽縣柏窪坪和靈石縣盡林頭等地。

岩石結構

結構較為緻密，硬度較大。

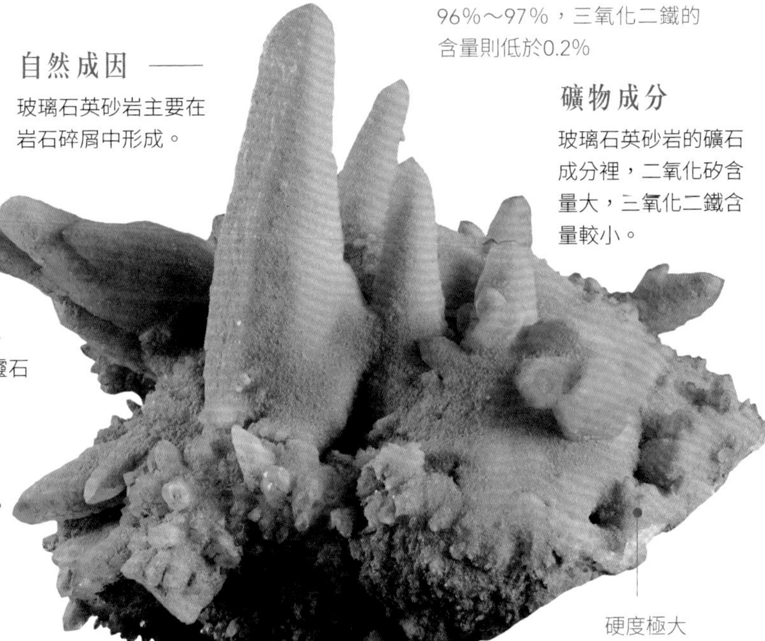

硬度極大

顆粒為稜角狀

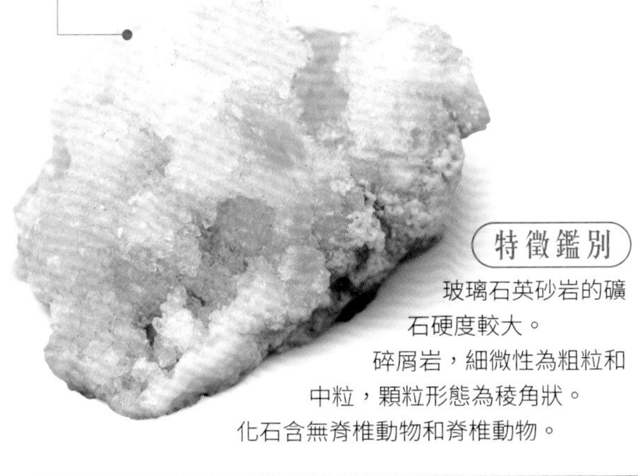

特徵鑑別

玻璃石英砂岩的礦石硬度較大。
碎屑岩，細微性為粗粒和中粒，顆粒形態為稜角狀。
化石含無脊椎動物和脊椎動物。

形成：海洋、淡水、陸地	粒度：粗粒、中粒	分類：碎屑岩	化石：無脊椎動物、脊椎動物	顆粒形態：稜角狀

泉華

泉華是一種溶解有礦物質和礦物鹽的地熱水及蒸氣在岩石裂隙和地表的化學沉積物，分為硫華、矽華、鈣華、鹽華和金屬礦物五大類。非金屬泉華的礦物類別有方解石、蛋白石、文石、自然硫和其他可溶性硫酸鹽礦物、矽酸鹽礦物、碳酸鹽礦物、硝酸鹽礦物和硼酸鹽礦物等；金屬泉華的礦物有黃鐵礦、輝銻礦和辰砂等。若礫石較多，則稱為石質結礫岩。

因含有氧化鐵雜質，顏色呈獨特的紅色和黃色，結晶體，具有沉積紋理，呈皮殼狀

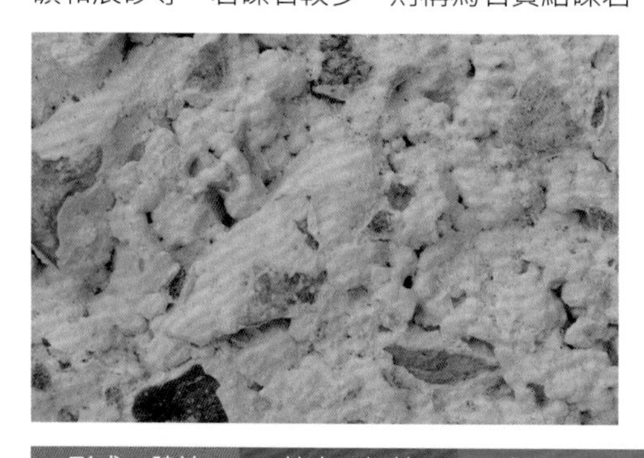

自然成因

泉華主要是由含鈣的水覆蓋住植物和苔蘚而形成帶有皮殼的化石，也常因溫度和壓力變化，在水中沉積而成。

岩石結構

結晶體，具有沉積紋理。

產地區域

● 中國主要產地有雲南中甸的白水台。

形成：陸地	粒度：細粒	分類：化學岩	化石：植物、無脊椎動物	顆粒形態：結晶

石灰華

石灰華，又稱為孔石，是一種更緻密且呈帶狀的泉華，主要成分為碳酸鈣，此外還含有部分碎屑和黏土，幾乎不含化石。顏色通常比較淡，除非含有鐵化合物或其他會使岩石產生顏色的雜質。一般呈塊狀、圓粒狀或葡萄狀，具有隱晶質結構，鐘乳狀構造。

自然成因

石灰華主要產生於固體碳酸鈣沉積作用之中，常見於岩層，多以成層產出。此外還與深源噴出的泉水有關，特別是火山地區的溫泉，多由溫泉的方解石沉積而成。

主要用途

石灰華可藥用，清熱補肺，清熱消炎，主治各種肺炎、肺熱病。

主要由方解石的微小晶體組成，呈不規則塊狀

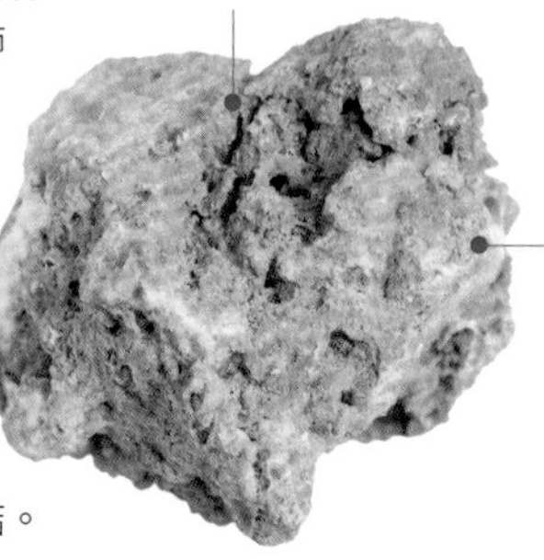

呈塊狀、圓粒狀或葡萄狀，具有帶狀構造

岩石結構

石灰華屬於石灰石和大理石。主要由方解石的微小晶體組成，同時將其他沉積顆粒膠結。

產地區域

● 中國範圍的主要產地為西藏林芝、四川自貢，以及岡底斯山脈。

特徵鑑別

石灰華表面略平滑，體輕鬆脆。
掰成小塊後碾成粉，具有滑潤感，味微甘。

形成：陸地	粒度：晶質	分類：化學岩	化石：罕見	顆粒形態：結晶

採集礦物與岩石

野外裝備

第一，參考資料。包括旅行指南、詳細的地圖、地質圖、大比例尺的地形圖等。

第二，羅盤。它是野外作業必須攜帶的工具之一，尤其在缺少地形特徵的地區，更需要用羅盤定位。

羅盤

第三，硬盔安全帽。在峭壁下或採石場的開採面上工作時，為了保證安全，必須帶上硬盔安全帽。

安全帽

第四，地質錘、鋼鑿（扁頭鑿或是細長尖頭鑿）等採集工具。地質錘主要用來敲打岩石，一般不用它來挖掘，但為了保護所在地區的地質環境不被破壞，儘量少用。鋼鑿主要用來採集各種礦物或岩石。

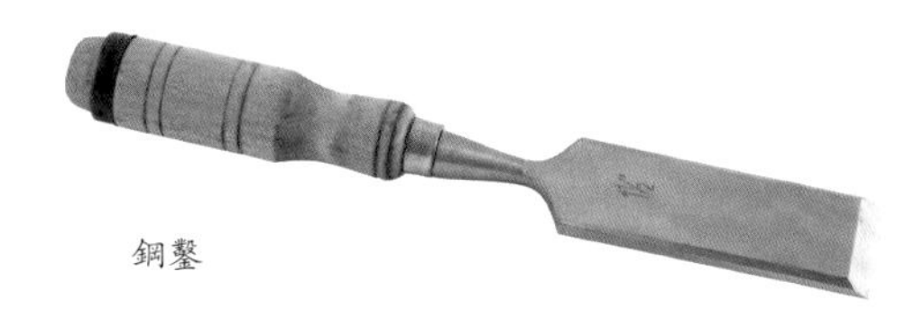

鋼鑿

第五，護目鏡和手套。在使用各種錘子作業時，應戴護目鏡，以防岩石的碎屑濺入眼中，同時也要戴上手套保護雙手。

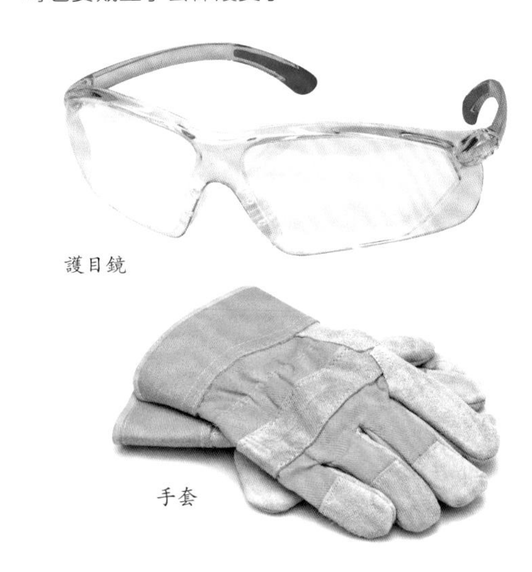

護目鏡

手套

第六，照相機、攝影機、筆記本、原子筆、鉛筆等。缺乏詳細紀錄的礦物與岩石標本沒有科學價值，因此，一定要記下、拍下或攝錄下標本的採集情況，還要在筆記本上記下詳細的筆記，包括採集地點的地層、岩石構造和地質狀況等，並配上草圖。

筆記本

照相機

筆

第七，報紙、布袋或泡沫袋等包裝工具。標本採集之後，要用報紙、布袋或泡沫袋等進行包裝，並在上面做好清楚的標記。

除此之外，還可根據自己的需要帶工具，如可攜式放大鏡、透明的塑膠夾鏈袋、硬塑膠容器以及用來測試硬度的萬能刀等。

室內工具

從野外採集來的標本帶回室內後，為了便於收藏，還要進行一些處理，下面是一些必備的室內工具：

第一，金屬工具。例如：錐、鋒利的尖頭削刮器、藥刀、尖刮刀等，可用來剔除標本上的岩屑，並撬開標本，但注意不能損傷岩石內部。

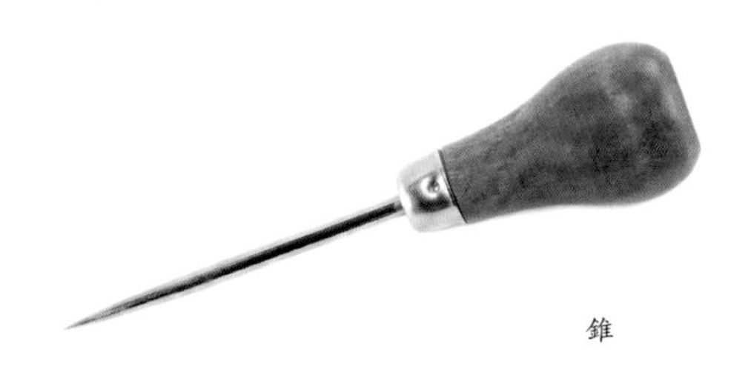

錐

第二，清洗工具。包括毛刷和清洗液。毛刷分為軟毛和硬毛材質，清洗液包括自來水、蒸餾水、酒精等。許多標本都帶有泥土或岩石基質，可用毛刷清除，但千萬不能用重或銳利的工具敲打或剔除標本。如果標本是花崗岩或片麻岩等硬岩石，可用粗毛刷和自來水清洗；如果是方解石等硬度較低的岩石，可用細毛刷和蒸餾水（不含活性化學添加劑）清洗；對於可溶於水的礦物，則必須用其他液體進行清洗，如可用酒精清洗硝酸鹽、硫酸鹽以及硼酸鹽類礦物，可用稀鹽酸清洗矽酸鹽類礦物，把矽酸鹽浸泡在稀鹽酸中 7 ～ 10 個小時，可清除其被覆的碳酸鹽碎片。

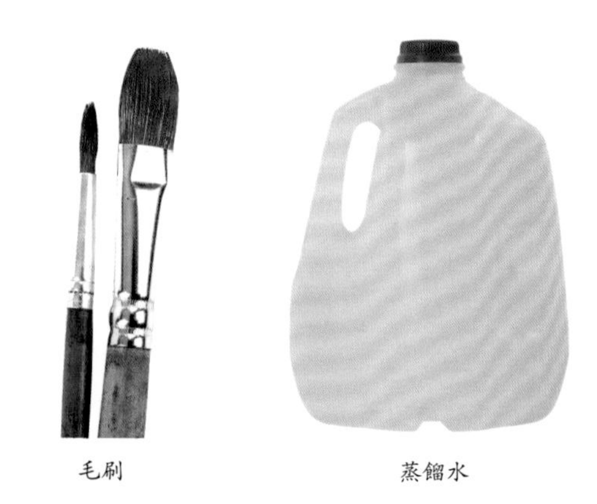

毛刷　　蒸餾水

第三，鑑定工具。主要包括條痕盤、硬度測試工具和可攜式放大鏡等。

除此之外，用來吸乾清洗液的軟紙、可伸進縫隙裡的棉花棒、精製的吹球等都需要準備。

陳放標本

處理過的標本應有條理地陳放在容器中，並為它貼上標籤、編制目錄，否則這些標本就會失去其科學價值。

首先，應把標本放在相應的盒子中。如果標本易碎，為了防止摩擦，可先用棉紙包起來，然後再單獨放進比標本稍大的厚紙匣或厚紙盒中。當然，為了便於觀察，也可以放進蓋子透明的小塑膠盒中。如果標本的硬度較大，可直接放進盒中，再把它們擺放在抽屜或玻璃櫃裡，以免灰塵累積在縫隙裡。

其次，製作標籤和目錄。每個放標本的盒中都要放一張標籤，上面需注明名稱、產地、採集日期以及編號，然後再把標本名稱及編號編入目錄。此外，目錄中還應留出備註一欄，以填寫更詳細的資料，包括所有的地圖參考資料、產地地質狀況等。

除此之外，為了方便使用，還可製作卡片索引，將標本名稱按照字母順序編排，空白處可轉野外記錄，甚至複製現場草圖。